COURS

DE PHYSIQUE

—

DEUXIÈME ANNÉE

CORBEIL. Typ. et stér. de CRÉTÉ.

COURS DE PHYSIQUE

OUVRAGE RÉDIGÉ

Conformément aux programmes officiels de 1882

PAR

J.-Henri FABRE

Docteur ès sciences

DEUXIÈME ANNÉE

PARIS

LIBRAIRIE CH. DELAGRAVE

15, RUE SOUFFLOT, 15

1883

PHYSIQUE

PREMIÈRE PARTIE

CHALEUR

CHAPITRE PREMIER

DILATATION

1. Dilatation linéaire des corps solides. — En gagnant de la chaleur, un corps, qu'il soit solide, liquide ou gazeux, s'allonge suivant toutes ses dimensions, augmente de volume ; enfin il se *dilate*. En perdant de la chaleur, il se raccourcit suivant toutes ses dimensions, il diminue de volume ; enfin il se *contracte*. Ces effets inverses, résultant d'un gain ou d'une perte de chaleur, se nomment *dilatation* et *contraction*. Nous en avons vu, dans la première année de ce cours, des exemples assez variés.

La dilatation linéaire des corps solides est l'accroissement en longueur qu'une élévation de température fait éprouver à ces corps suivant l'une quelconque de leurs dimensions. Cet accroissement s'étudie d'ordinaire sur la dimension longitudinale, où il est plus facile à constater; mais il se produit aussi, toute proportion gardée, suivant les autres dimensions, largeur et épaisseur. Même en se bornant à l'étude de l'accroissement en longueur éprouvé par la dimension longitudinale, l'observation ne manque pas de difficulté, parce que la dilatation est toujours très faible et se réduit à quelques millimètres pour une barre de plusieurs mètres de longueur et dans les circonstances les plus favorables. La mesure directe ne pourrait donner, avec le degré de précision nécessaire, la valeur de l'allongement de la barre. Il faut recourir alors à un moyen détourné qui permette d'apporter en ce genre de délicates recherches une approximation suffisante. Nous allons décrire la méthode employée par Laplace et Lavoisier vers la fin du dernier siècle.

La barre dont il faut évaluer la dilatation linéaire est placée

Fig. 1.

dans une auge horizontale, F, que l'on remplit d'abord de glace fondante pour obtenir la température zéro, et puis d'eau chauffée à une température déterminée. La barre repose sur de petits rouleaux, et elle est maintenue par des

traverses *p*, *q* (fig. 1) ou P, Q (fig. 2), qui lui laissent toute
liberté de glisser sans pouvoir dévier d'un côté ou de
l'autre. Une de ses extrémités s'appuie contre une règle en
verre *s* (fig. 1), S (fig. 2), solidement scellée aux maçonneries CD (fig. 1) au moyen d'une traverse. De ce côté, la

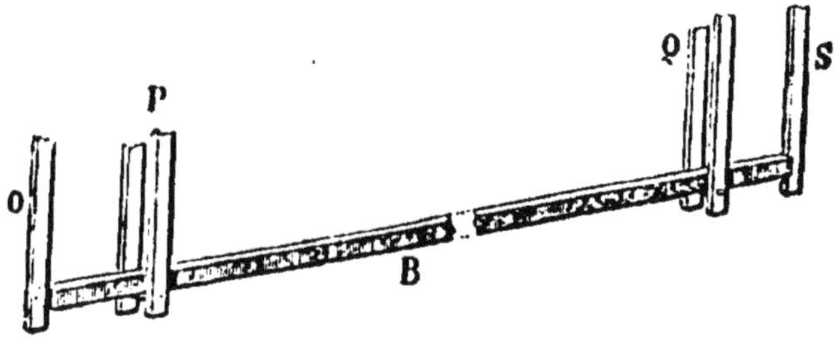

Fig. 2.

barre ne peut donc se déplacer. Mais son autre extrémité
est en contact avec une règle verticale *o* (fig. 1), O (fig. 2),
reliée à un axe horizontal (fig. 1) mobile et entraînant dans
son mouvement la lunette L perpendiculaire à cet axe. C'est
sur cette règle, d'abord verticale, puis plus ou moins oblique par la poussée de la barre dilatée, que se manifestent
les effets de la dilatation. Enfin une échelle divisée en
millimètres est disposée verticalement à une certaine distance de l'appareil, dans le plan où se meut la lunette. Elle
n'est pas représentée dans la figure.

Les choses ainsi disposées, l'auge est remplie de glace
fondante. La barre est alors à 0°, la lunette est horizontale
et sa ligne de visée passe par la division zéro de l'échelle. A
la glace fondante on substitue de l'eau portée à une température connue. La barre s'allonge, elle pousse la règle *o* qui
fait tourner son axe, et par suite la lunette. La ligne de
visée de celle-ci atteint ainsi une division plus élevée de
l'échelle. Connaissant, en millimètres, la valeur de cette
division ; connaissant aussi la distance de l'échelle graduée,
la longueur de la règle *o* qui fait mouvoir la lunette, et la
longueur de la barre expérimentée, on peut calculer de

combien cette barre s'est allongée avec une approximation que nous allons discuter.

2. Dilatation évaluée au moyen de l'appareil de Laplace et Lavoisier. — Représentons par AB la longueur de la barre à 0° (fig. 3). La tige qui supporte la lunette est OB. DE est la règle divisée en millimètres, et OD est la distance de l'appareil à la règle. Au début, c'est-à-dire à 0° de température, la barre AB appuie son extrémité libre B

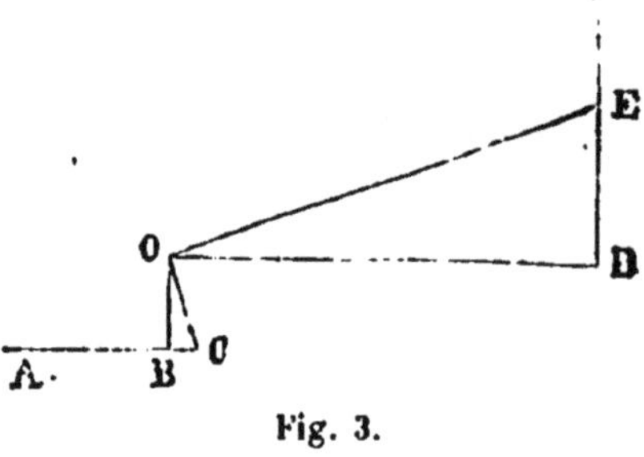

Fig. 3.

contre la tige verticale OB, et la lunette est dirigée suivant la ligne horizontale OD. Dans l'eau chaude la barre s'allonge de la quantité BC ; elle pousse la tige, qui prend la direction oblique OC, et cette tige, à son tour, fait tourner la lunette, qui prend la direction OE. Soient x l'allongement BC, l la longueur de la tige OB, d la distance OD de l'appareil à la règle divisée en millimètres, et m le nombre de millimètres compris entre les deux points de visée de la lunette D et E. Les deux triangles OBC et ODE sont semblables, car ils sont rectangles en B et D, et de plus les angles en O sont égaux comme ayant leurs côtés perpendiculaires deux à deux, savoir : OD direction primitive de la lunette perpendiculaire à OB position première de la ligne mobile, et OE direction finale de la lunette perpendiculaire à OC position finale de la tige mobile. La similitude des deux triangles fournit l'égalité de rapports :

$$\frac{BC}{DE} = \frac{OB}{OD},$$

ou, en remplaçant ces longueurs par les lettres au moyen desquelles nous sommes convenus de les représenter :

$$\frac{x}{m} = \frac{l}{d}.$$

D'où l'on tire : $x = m\,\dfrac{l}{d}$. L'allongement x de la barre sera donc exprimé en fractions de millimètre déterminées par le rapport $\dfrac{l}{d}$. Ces fractions seront d'autant plus petites que l, la longueur de la tige mobile, sera plus courte, et que d, la distance de l'appareil à la règle graduée, sera plus grande. Supposons que la tige mobile ait $0^m,5$ et la distance de l'appareil à la règle 50 mètres. Le rapport $\dfrac{l}{d}$ devient dans ce cas $\dfrac{0,5}{50}$ ou $\dfrac{1}{100}$. L'allongement x est donc évalué en centièmes de millimètre.

3. Coefficients de dilatation linéaire. — Si l'allongement ainsi déterminé est divisé par la longueur de la barre et par la température, on a l'allongement que subit, pour un accroissement de température de 1 degré, l'unité de longueur de la barre ; on a enfin ce qu'on appelle le *coefficient de dilatation linéaire*. Ce coefficient varie d'une substance à l'autre mais en restant toujours très petit. La table suivante contient en millionièmes la valeur de ce coefficient pour diverses substances.

Noms des substances.	Coefficient de dilatation linéaire exprimé en millionièmes.
Verre	8
Platine	9
Acier non trempé	10
Acier trempé	12
Fer	12
Or	15
Cuivre	17
Laiton	18
Argent	19
Étain	22
Plomb	28
Zinc	29

4. Emploi des coefficients. Binôme de dilatation. — Pour nous familiariser avec l'emploi des coefficients de dilatation linéaire, proposons-nous les deux questions suivantes :

1° *Une tringle en cuivre a 3^m,4 de longueur à la température
0°. Quelle sera sa longueur à la température de 50°?* — D'après
la table des coefficients, une tringle de cuivre de 1 mètre
de long s'allonge de 17 millionièmes de mètre pour une
augmentation de température de 1 degré. Si la température
s'élève de 50 degrés, l'accroissement en longueur sera de
$0^m,000017 \times 50$ pour 1 mètre de cuivre, et pour $3^m,4$ il sera de
$0^m,000017 \times 50 \times 3,4$. La longueur totale de la tringle sera
donc égale à $3^m,4$ (longueur à 0°), plus $0^m,000017 \times 50 \times 3,4$
(accroissement de cette longueur produit par l'élévation de
température), ou bien, tout calcul fait, à $3^m,40289$.

Généralisons le calcul que nous venons de faire. On voit
que l'accroissement en longueur s'obtient en multipliant le
coefficient de dilatation linéaire par la longueur de la barre
et par la température. Si à ce produit on ajoute la longueur
primitive, on a la longueur de la barre dilatée. Soient donc
l la longueur de la barre à 0°, t sa température, et k son
coefficient de dilatation linéaire. La longueur L à la température t sera $l + ltk$; ou bien, en mettant l en facteur commun :

$$L = l \, (1 + tk).$$

Le facteur entre parenthèses $1 + tk$ prend le nom de *binôme
de dilatation*. On obtient donc la longueur de la barre à la
température t quand on connaît sa longueur à 0°, en multipliant cette dernière par le binôme de dilatation.

Soit maintenant la question inverse : 2° *La longueur d'une
tringle en cuivre est de 3^m,40289 à la température de 50°. Que
deviendrait cette longueur à 0°?* — De la formule précédente
on tire.

$$l = \frac{L}{1 + tk},$$

c'est-à-dire que la longueur à 0° s'obtient en divisant la longueur à la température t par le binôme de dilatation. En
mettant à la place des lettres leurs valeurs correspondantes,
on a dans le cas actuel :

$$l = \frac{3^m,40289}{1 + 50 \times 0,000017},$$

ou bien, en effectuant les calculs, $l = 3^m,4$. On retombe ainsi, ce qui devait être, sur la longueur que nous avons attribuée dans le premier problème à la tringle de cuivre.

5. Applications. Pendule compensateur. — La marche des horloges est régularisée par les oscillations d'un pendule. Or la rapidité de ces oscillations dépend de la longueur du pendule. Plus long, le pendule oscille plus lentement; plus court, il oscille plus vite. Une horloge avance donc ou retarde suivant qu'il fait froid ou qu'il fait chaud. Avec le froid, la tige de son régulateur pendulaire se raccourcit un peu ; les oscillations deviennent plus rapides, et les rouages, accélérés dans leur marche, font avancer l'aiguille du cadran plus qu'il ne convient. Avec la chaleur, au contraire, la tige du pendule s'allonge, les oscillations deviennent lentes, et l'aiguille du cadran est en retard. Pour éviter ces irrégularités de la marche des horloges, on fait usage d'un *pendule compensateur*, qui conserve une longueur invariable par l'antagonisme des dilatations de deux métaux différents.

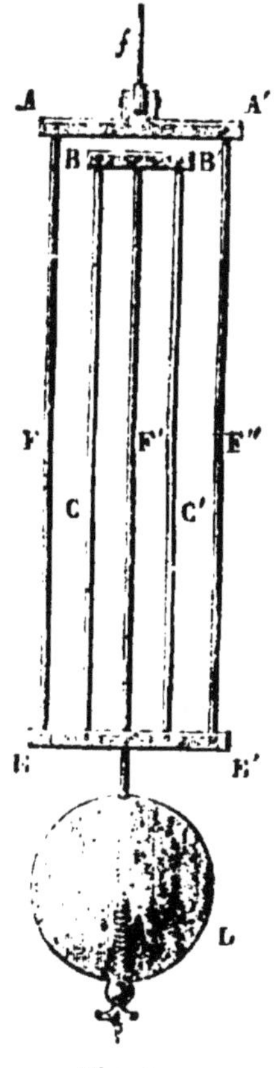

Fig. 4.

La figure 4 représente un pendule compensateur des plus simples. Les deux traverses AA', EE' sont reliées par deux tiges en fer F, F". La traverse inférieure EE' porte en outre deux tiges en cuivre C, C'; la traverse BB', qui joint supérieurement ses deux tiges de cuivre, porte à son tour une tige en fer F', à laquelle la masse lenticulaire L du pendule est fixée. La tige F" passe par un trou de la traverse EE' et peut y glisser librement.

Examinons quel sera l'effet de la dilatation de ces diverses tringles associées. Les tiges en fer F, F″, en se dilatant, poussent la traverse EE′ que rien n'arrête, et allongent le pendule. Il en est de même de la tige F′, qui glisse librement dans la traverse EE′. La dilatation des tringles en fer a donc pour effet d'augmenter la longueur du pendule. Mais les tringles en cuivre C et C′, arrêtées en bas par la traverse EE′ et libres de pousser devant elles la traverse BB′ qui les relie dans le haut, ont pour effet de raccourcir le pendule. De la sorte, les tringles en fer tendent à allonger le pendule quand elles se dilatent; les tringles en cuivre tendent à le raccourcir. Les premières sont plus longues que les secondes, mais le fer se dilate moins que le cuivre, ainsi que le constate la table des coefficients de dilatation; on peut donc disposer des longueurs respectives des tringles en fer et des tringles en cuivre, de manière que les dilatations, agissant en sens contraire, se compensent mutuellement et laissent au pendule une longueur constante.

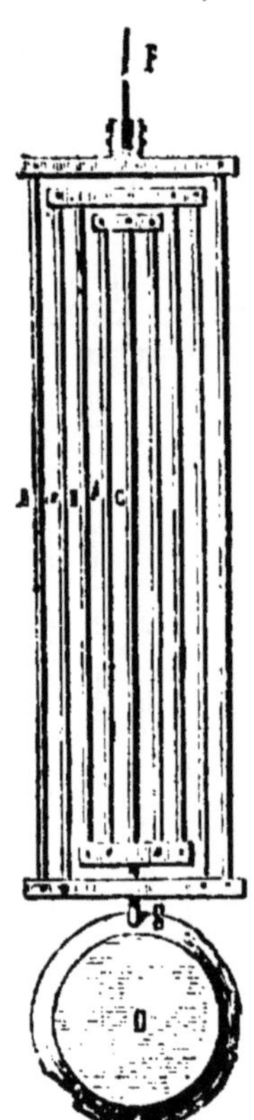

Fig. 5.

Ce que nous disons de la dilatation doit se dire de la contraction. Les tiges en cuivre se contractent par le refroidissement plus que les tiges en fer. Celles-ci, en se raccourcissant, tendent à diminuer la longueur du pendule; les autres tendent à l'augmenter. La longueur inégale des tiges et l'inégale contraction du fer et du cuivre peuvent donc être combinées de telle sorte que le pendule conserve une invariable longueur.

Examinons quelles conditions doivent remplir les tiges en fer et les tiges en cuivre pour que le pendule conserve une même longueur malgré les variations de température. Soit le pendule compensateur de la figure 5, pendule un peu plus compliqué que le précédent, mais dont la disposition fondamentale est la même. La figure à elle seule rend compte de l'agencement des tiges, et une description est inutile. Les tiges A, B, C, dont nous représentons les longueurs par L', L', L''', sont en fer. Il en est de même de la tige P se terminant au point de suspension du pendule, et dont la longueur sera représentée par L. Les tiges a et b sont en cuivre ; leurs longueurs sont l et l'. La longueur totale du pendule se compose de la longueur de la tige P, c'est-à-dire de L; plus la distance de la première traverse supérieure à la seconde, distance égale à $L' - l$; plus la distance de la seconde traverse supérieure à la troisième, distance dont la valeur est $L''' - l'$; plus la longueur de la tige C, c'est-à-dire L''. En résumé, la longueur totale du pendule est :

$$L + L' + L' + L''' - l - l'.$$

Appelons K le coefficient de dilatation du fer et K' le coefficient de dilatation du cuivre. L'accroissement ou l'amoindrissement en longueur du pendule, pour une augmentation ou une diminution de température de t degrés, sera :

$$(L + L' + L' + L''')\,K t - (l + l')\,K' t.$$

Cette valeur doit se réduire à zéro pour que le pendule conserve une longueur invariable. Cette condition est remplie si l'on a :

$$(L + L' + L' + L''')\,K = (l + l')\,K'.$$

Ce qui revient à

$$\frac{L + L' + L' + L'''}{l + l'} = \frac{K'}{K}$$

C'est-à-dire que la somme des longueurs des tiges de fer et la somme des longueurs des tiges en cuivre doivent être en raison inverse des coefficients de dilatation de ces deux métaux. On peut d'ailleurs disposer arbitrairement et suivant les convenances de la construction, des longueurs respectives dés tiges soit en fer soit en cuivre ; pourvu que les sommes des longueurs des deux métaux satisfassent à la condition ci-dessus, le pendule ne changera pas de longueur totale par les variations de température.

6. Thermomètre de Breguet. — Soudons l'une à l'autre deux lames métalliques inégalement dilatables, cuivre et fer, par exemple. La lame complexe ainsi formée s'infléchira tantôt dans un sens tantôt dans l'autre, suivant les variations de température. Si la température augmente, le cuivre, plus dilatable, mais ne pouvant s'allonger indépendamment du fer avec lequel il fait corps, courbera la lame en un arc dont il occupera l'extérieur, parce que le côté convexe est plus long que le côté concave. Si la température baisse, le cuivre, se contractant plus, donne à la lame une courbure inverse et occupe le côté le plus court de l'arc ou le côté concave.

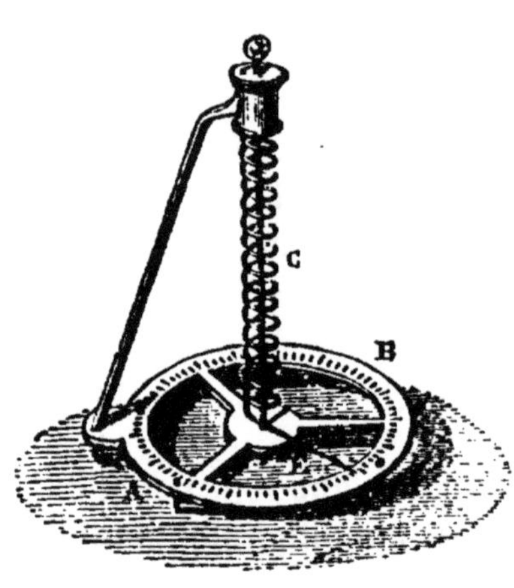

Fig. 6.

Le thermomètre de Breguet est basé sur ces inflexions d'une lame métallique hétérogène. On soude entre elles trois lames, d'argent, d'or et de platine, dans l'ordre même que nous indiquons, c'est-à-dire dans l'ordre décroissant du coefficient de dilatation. La lame complexe est passée au laminoir et réduite en une feuille très mince dans laquelle on découpe un ruban de 2 millimètres de largeur. Ce ruban est enroulé en une hélice dont l'argent, le métal le plus dilatable, occupe l'intérieur, et dont le platine, le moins dilatable des trois métaux, occupe l'extérieur. L'hélice est placée dans une position verticale et fixée par son extrémité supérieure à un support. Son extrémité inférieure se termine en une aiguille horizontale qui parcourt un cadran gradué (fig. 6).

Quand la température s'élève, l'hélice se déroule plus ou

moins, parce que l'argent se dilate plus que le platine, et l'aiguille marche dans le sens du déroulement. Quand la température baisse, l'hélice s'enroule davantage, parce que l'argent se contracte plus que le platine, et l'aiguille progresse dans le sens de l'enroulement. Ce thermomètre est gradué par comparaison avec un thermomètre ordinaire. Cet appareil est remarquable par son extrême sensibilité et par la rapidité de ses indications.

7. Régulateurs des foyers. — La dilatation des corps solides est mise à profit pour accélérer ou ralentir, suivant les convenances, le tirage des foyers et régler ainsi la température. Une barre métallique est placée dans le fourneau dont elle prend la température. Si la chaleur s'élève trop, la barre en s'allongeant agit sur un levier qui fait plus ou moins fermer, au moyen d'une plaque mobile, soit le canal de la cheminée, soit l'ouverture par où l'air arrive au combustible, de telle sorte que le tirage se ralentit et que, par suite, la température décroît. La chaleur, au contraire, est-elle trop faible, la barre, en se contractant, ouvre davantage le registre et augmente ainsi le tirage.

8. Coefficient de dilatation superficielle. — Soumis à l'action de la chaleur, un corps s'allonge dans tous les sens à la fois. En même temps qu'il augmente en longueur, suivant ses diverses dimensions, il augmente aussi en surface et en volume. Or, on entend par coefficient de *dilatation superficielle*, la quantité dont s'accroît l'unité de surface pour une élévation de température de 1 degré. Considérons le cas le plus simple, celui d'un carré ayant 1 mètre de côté à la température 0°. A cette température, la surface est de 1 mètre carré. Que deviendra cette surface si la température s'élève de 1 degré ? Le côté du carré, qui est 1 mètre à 0°, deviendra $1 + K$, K désignant le coefficient de dilatation linéaire. Le nouveau carré aura donc pour expression de sa surface le produit de $1 + K$ par lui-même ou $1 + 2K + K^2$. L'accroissement en surface sera ainsi $2K + K^2$.

Mais remarquons que le nombre K est toujours très petit ; pour le zinc en particulier, un des métaux les plus dilatables, il vaut 29 millionièmes. La seconde puissance K^2 contient alors douze décimales d'après la règle arithmétique qui prescrit de séparer au produit autant de décimales qu'il y en a dans les deux facteurs réunis ; et, dans le cas du zinc, le premier chiffre significatif de ces décimales se trouve au dixième rang. Une décimale de cet ordre et les suivantes, à plus forte raison, sont d'une valeur trop faible pour qu'il en soit tenu compte dans la pratique. On néglige donc la seconde puissance K^2, et l'accroissement en surface du carré primitif se réduit à $2K$. Cette valeur est la quantité dont augmente l'unité de surface pour un accroissement de température de 1 degré ; c'est enfin le coefficient de dilatation superficielle. On voit donc que le coefficient de dilatation superficielle est le double du coefficient de dilatation linéaire.

9. Applications. — D'après ce qui précède, toute question relative à l'accroissement de l'étendue superficielle par l'effet de la température peut se résoudre au moyen de la table des coefficients de dilatation linéaire. Il suffit de doubler les nombres de cette table pour savoir de combien augmente l'unité de surface pour 1 degré de température en plus. Proposons-nous la question suivante afin de fixer les idées. — *Une feuille de zinc employée pour toiture a 5 mètres carrés à la température 0°. En été, elle s'échauffe jusqu'à + 30° ; en hiver, elle se refroidit jusqu'à — 15°. Déterminer la plus grande variation en superficie.*

Le coefficient de dilatation linéaire du zinc étant 29 millionièmes, le coefficient de dilatation superficielle est le double ou 58 millionièmes, c'est-à-dire que pour 1 degré de température en plus, 1 mètre carré de zinc augmente des 58 millionièmes de son étendue. Pour une élévation de 30°, 5 mètres carrés augmenteront donc de $0^{mc},000058 \times 5 \times 30$ ou de 87 centimètres carrés. Pareillement, pour 1 degré en moins, le mètre carré de zinc diminue des 58 millionièmes de son étendue. La contraction éprouvée pendant les froids sera donc $0^{mc},000058 \times 5 \times 15$ ou bien 43 centimètres carrés. La plus grande variation en surface éprouvée par la feuille métallique est ainsi de 87+43 ou 130 centimètres carrés.

On comprend, d'après cet exemple, que les lames en zinc employées pour toiture arracheraient leurs clous ou se déchireraient en se contractant l'hiver, tandis qu'elles se plisseraient, se courberaient en se dilatant l'été, si elles étaient clouées sur tout leur contour à leur support de planches. Pour éviter ces déformations, on ne les cloue que par un seul côté et on laisse libres les autres bords.

10. Coefficient de dilatation cubique. — On désigne ainsi l'accroissement que subit l'unité de volume pour une augmentation de température de 1 degré. Soit un cube de 1 mètre de côté à la température $0°$. Si la température s'élève de 1 degré, le côté du cube devient $1+K$, en désignant par K le coefficient de dilatation linéaire. Pour avoir le volume dilaté, il faut multiplier $1+K$ trois fois par lui-même, ce qui donne $1+3K+3K^2+K^3$. L'accroissement de volume est ainsi $3K+3K^2+K^3$. Mais K étant un nombre très petit, on peut négliger la seconde puissance de ce nombre, comme nous l'avons déjà vu, et à plus forte raison la troisième puissance. Dans le cas le plus favorable, dans le cas du zinc par exemple, cette troisième puissance aurait dix-huit décimales et le premier chiffre significatif se trouverait au quatorzième rang. Négligeons ces valeurs trop petites pour qu'il en soit tenu compte, et nous aurons simplement $3K$ pour l'accroissement que subit l'unité de volume pour 1 degré de température en plus. Cet accroissement n'est autre chose que le coefficient de dilatation cubique. Nous voyons ainsi que le coefficient de dilatation en volume est exprimé par un nombre triple du coefficient de dilatation linéaire.

11. Dilatation des enveloppes. — Application. — Soit un corps solide homogène de forme quelconque. Divisons-le par la pensée en couches emboîtées l'une dans l'autre. Quand le corps se dilate, toutes ces couches prennent part à la dilatation, indépendamment l'une de l'autre et dans une mesure telle que chacune reste toujours en contact, d'une part, avec la couche enveloppante, d'autre part, avec la couche enveloppée. Il faut donc, en particulier, que la couche la plus extérieure se dilate de façon à avoir constamment une capacité susceptible d'être rigoureusement remplie par le noyau que forme l'ensemble des couches suivantes. En d'autres termes, l'augmentation en capacité de l'enveloppe extérieure est égale à l'augmentation en volume du noyau contenu. Il résulte de là que l'accroissement en capacité d'un vase est égal à l'accroissement en volume d'une masse solide de même nature que le vase et qui remplirait exactement ce dernier.

Ce principe établi, proposons-nous la question suivante comme application des coefficients de dilatation cubique.

La capacité du réservoir d'un thermomètre est de 3 centimètres cubes à la température de 0°. Quelle sera la capacité à 100° ? — L'augmentation de cette capacité est égale à la dilatation en volume qu'éprouverait une masse de verre qui la remplirait. Le verre a pour coefficient de dilatation linéaire le nombre 8 millionièmes. Le triple de ce nombre ou 24 millionièmes est le coefficient de dilatation cubique, c'est-à-dire que 1 centimètre cube, volume pris ici pour unité, devient 1 centimètre cube et 24 millionièmes quand la température s'élève de 0° à 1°. Les 3 centimètres cubes pour une élévation de température de 100° augmenteront donc de $0^{cc},000024 \times 3 \times 100$, ou bien de $0^{cc},0072$. Le volume de l'ampoule sera ainsi à 100° de 3 centimètres cubes et 72 dix-millièmes.

12. Dilatation des liquides. — Dilatation apparente et dilatation absolue. — Dans les liquides, on ne considère que la dilatation en volume ou la dilatation cubique. Leur fluidité, qui les empêche de conserver par eux-mêmes une forme déterminée, rend inutile la considération des changements amenés par la chaleur suivant la longueur et suivant l'étendue superficielle. Un liquide est nécessairement contenu dans une enveloppe, dans un vase. Son augmentation de volume par la chaleur est alors un résultat complexe, car si, d'une part, le liquide se dilate, la capacité de l'enveloppe se dilate aussi et fait place à un contenu plus volumineux. On conçoit sans peine quelles singulières apparences pourrait amener le concours des dilatations du contenant et du contenu. Si le vase se dilatait juste autant que le liquide, celui-ci se maintiendrait au même niveau et paraîtrait ne pas changer de volume ; si le vase se dilatait plus, le liquide baisserait de niveau et paraîtrait se contracter par la chaleur. Mais il n'en est pas ainsi, parce que les liquides se dilatent plus que les solides ; le contenu liquide élève toujours son niveau par l'action de la chaleur. Toutefois, on comprend que l'accroissement de volume subi dans un vase dont on néglige l'augmentation en capacité, ne donne qu'une partie de la dilatation réellement éprouvée par le liquide ; à ce résultat brut, il faudrait ajouter l'augmentation en capacité du vase pour avoir la dilatation réellement éprouvée par le liquide. La *dilatation apparente* d'un liquide est l'augmentation de volume que ce liquide paraît éprouver quand on ne tient pas compte du changement de capacité du vase. Cette dilatation est évidemment variable suivant la nature de l'enveloppe. La *dilatation absolue* est l'augmentation de volume que le liquide éprouve réellement. Elle est égale à la dilatation apparente augmentée de la dilatation de l'enveloppe. C'est la plus importante à considérer.

13. Dilatation absolue du mercure. — L'emploi du mercure dans la construction des thermomètres donne une importance exceptionnelle à la dilatation absolue de ce liquide. Cette dilatation est déterminée au moyen d'une mé-
thode d'une élégante simplicité
due à Dulong et Petit.

Deux petits tubes en verre d'égal diamètre communiquent par un canal transversal DC (fig. 7). On y verse du mercure. Si dans les deux branches la température est pareille, le

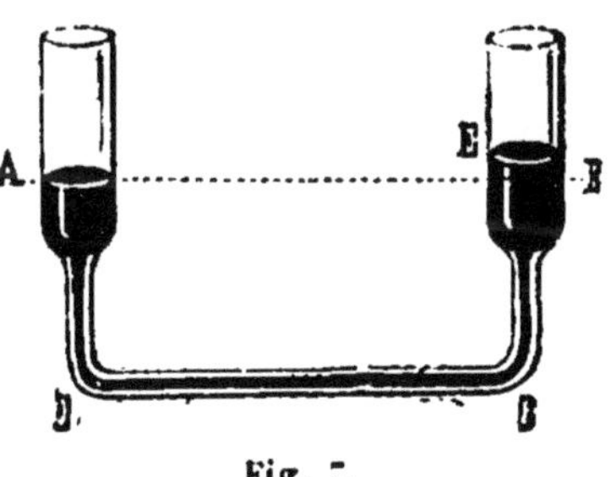

Fig. 7.

liquide a la même densité de part et d'autre, et il se tient au même niveau d'après le principe des vases communiquants. Mais supposons que la branche A soit à la température de 0°, et la branche E à la température *t*. Dans ce cas, le mercure de la branche E se dilate, et par suite diminue de densité. Il ne peut donc se maintenir au même niveau que dans l'autre branche, car, lorsque des liquides de densité différente sont contenus dans des vases communiquants, leurs hauteurs verticales sont en raison inverse des densités. Le niveau du liquide le moins dense se tient plus élevé, et d'autant plus que la densité est moindre. Dans la branche chaude E, le niveau sera donc plus haut que dans la branche froide A. Appelons d la densité du mercure froid, d' la densité du mercure chaud ; appelons enfin h la hauteur verticale du mercure dans la branche froide à partir du tube horizontal DC, et h' la hauteur du mercure dans la branche chaude, nous aurons :

$$\frac{d}{d'} = \frac{h'}{h}.$$

Considérons maintenant à part, en dehors de toute expérience et de tout appareil, une unité de volume de mercure à la température 0°. Ce volume 1 deviendra $1 + A$ à la température t, si l'on désigne par A l'accroissement de volume éprouvé de 0° à t°. Ces deux volumes représentent la même quantité de mercure, d'une part à l'état froid, d'autre part à l'état chaud. Par conséquent, si le volume chaud est deux, trois fois plus grand que le volume froid, la densité correspondante est deux, trois fois plus petite ; en d'autres termes, les densités sont en raison inverse des volumes. Mais au volume 1 correspond la densité d, la densité du mercure froid ; et au volume $1 + A$ correspond la densité d', la densité du mercure chaud. On a donc :

$$\frac{d}{d'} = \frac{1 + A}{1}.$$

De cette égalité et de la précédente résulte celle-ci :

$$\frac{1 + A}{1} = \frac{h'}{h}.$$

D'où l'on déduit :

$$A = \frac{h' - h}{h} \, .$$

Ainsi l'accroissement de l'unité de volume du mercure quand la température s'élève de 0° à *t*°, peut être calculée au moyen des hauteurs *h'* et *h*, hauteurs qu'il est possible d'obtenir très exactement. Si l'on divise cet accroissement par *t*, nombre de degrés dont la température s'est élevée à partir de 0°, on a l'accroissement que subit l'unité de volume pour 1 degré de température; on a enfin le coefficient de dilatation absolue du mercure. On trouve ainsi pour ce coefficient : K = 0,000181.

La figure 8 reproduit l'appareil tel que l'employaient Dulong et Petit. Un manchon en cuivre, contenant de l'huile que l'on peut chauffer jusqu'à 300° au moyen du fourneau N, entoure le tube D; un second manchon E, plein de glace fondante, entoure le tube A.

14. Application. — Correction des lectures barométriques. — La hauteur du mercure dans le baromètre dépend avant tout de la valeur de la pression de l'air au mo-

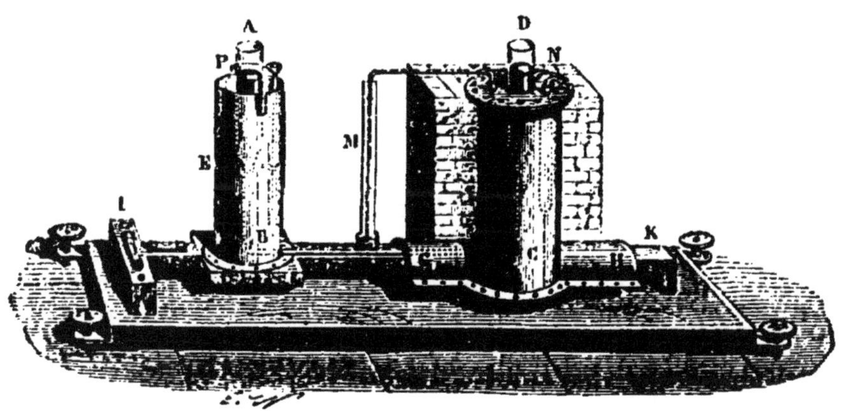

Fig. 8.

ment de l'observation; mais elle dépend aussi, jusqu'à un certain point, de la température. Si la température est plus élevée, le mercure dilaté est de moindre densité et monte davantage pour une même pression de l'air ; si la température est plus basse, le mercure contracté est plus lourd et s'élève moins pour une même pression atmosphérique. La colonne mercurielle du baromètre peut donc être plus longue ou plus courte, suivant la température.

On voit dès lors que les indications barométriques cessent d'être comparables entre elles si l'on ne tient compte des indications du thermomètre. Pour rendre la comparaison possible, on ramène la hauteur barométrique observée à la hauteur qu'on eût trouvée si la température eût été de 0°. Rendons-nous compte du calcul à faire pour effectuer cette correction.

Imaginons le baromètre à mercure chaud, c'est-à-dire le baromètre qui nous a servi pour déterminer la pression de l'air, reposant sur la même cuvette qu'un second baromètre dont le mercure serait à 0°. Dans ce dernier, pour une même pression de l'air, le mercure se tiendrait moins élevé parce que sa densité est plus grande. Les hauteurs dans les deux baromètres équivalent à la même pression de l'air ; elles sont donc en raison inverse des densités du mercure aux deux températures 0° et $t°$. Représentons par h la hauteur du mercure à $t°$ et par d sa densité, par h' la hauteur du mercure à 0° et par d' sa densité, on aura :

$$\frac{h'}{h} = \frac{d}{d'}.$$

Actuellement, comme nous l'avons fait plus haut, considérons à part une unité de volume de mercure à la température 0°. Pour une augmentation de température de t degrés, cette unité de volume deviendra $1 + tK$, K désignant le coefficient de dilatation absolue que nous venons de déterminer. Sous ces deux volumes 1 et $1 + tK$, se trouve la même masse de mercure ; les densités correspondantes sont donc en raison inverse de ces volumes.

$$\frac{d}{d'} = \frac{1}{1 + tK}.$$

Remplaçant $\dfrac{d}{d'}$ par sa valeur dans l'égalité précédente, on a :

$$\frac{h'}{h} = \frac{1}{1 + tK},$$

ou bien :

$$h' = \frac{h}{1 + tK}.$$

Ainsi, la hauteur barométrique à 0° s'obtient en divisant la hauteur barométrique observée à $t°$ par le binôme de la dilatation $1 + tK$.

Prenons un exemple numérique. — *La hauteur barométrique est de* 750^{mm}, *la température étant de* 25°. *Ramener cette hauteur à la température* 0°. — En remplaçant les lettres de la formule précédente par leur valeur, on a :

$$h' = \frac{750^{mm}}{1 + 25 \times 0,000181} = 746^{mm}.$$

15. Dilatation apparente. — Prenons un ballon à col très long et étroit (fig. 9). Nous le remplissons jusqu'en B de mercure à 0°. Le poids de ce mercure donne la capacité du ballon. On ajoute une nouvelle quantité de mercure BD. L'accroissement de poids fait connaître à quelle fraction de la capacité AB le canal BD correspond. On divise BD en un certain nombre de parties d'égale longueur si le tube a partout le même calibre, et une de ces divisions est portée sur DC autant de fois qu'elle peut y être contenue. Le tube BC se trouve ainsi divisé en parties d'égale capacité et dont le rapport avec le volume AB est connu.

Cette graduation faite, on remplace le mercure de l'appareil par le liquide que l'on veut expérimenter. Son niveau arrive en B à la température 0°.

Fig. 9.

Le ballon est plongé dans un bain dont la température est connue. Le liquide monte dans le tube, et le nombre de divisions dont il s'élève fait connaître la dilatation apparente pour le volume AB et la température du bain. Si à cette dilatation apparente on ajoute la dilatation cubique de l'enveloppe de verre, on a la dilatation absolue du liquide.

Les liquides n'ont pas la régularité de la dilatation des corps solides. Leur accroissement en volume est d'autant plus rapide que la température s'élève davantage. Seul, le mercure présente une certaine régularité qui le rend précieux pour la construction des thermomètres; et encore change-t-il de coefficient de dilatation avec la température. Ainsi, entre 0° et 100°, le coefficient de dilatation absolue du mercure est 181 millionièmes; entre 100° et 200°, ce coefficient devient 184 millionièmes; et entre 200° et 300°, 186 millionièmes. La table suivante renferme les coefficients de dilatation de quelques liquides à la température 0°.

Noms des liquides.	Coefficient de dilatation absolue à la température zéro exprimé en millionièmes.
Alcool	1019
Éther	1513
Sulfure de carbone	1148
Brome	1038
Chloroforme	1107

Ces coefficients s'élèvent rapidement avec la température. Ainsi, dans le voisinage de son point d'ébullition, qui a lieu à 78°, l'alcool a pour coefficient de dilatation absolue le nombre 1196. L'irrégularité de dilatation de ce liquide est cause que les indications d'un thermomètre à alcool ne sont pas comparables aux indications d'un thermomètre à mercure, si le premier instrument n'a pas été gradué par comparaison avec le second.

16. Dilatation de l'eau. — Il est de règle générale que les corps se dilatent par un accroissement de température, et se contractent par une diminution de température. Par une exception fort remarquable, l'eau, dans certaines limites, se comporte d'une manière inverse. Avec plus de chaleur, elle se contracte, elle devient plus lourde; avec moins de chaleur, elle se dilate, elle devient plus légère. Ces anomalies n'ont lieu, il est vrai, que dans des limites assez étroites ; elles sont toutefois d'un trop haut intérêt, à cause du rôle immense de l'eau, pour qu'on les passe sous silence. Voici comment l'expérience étudie cette curieuse question :

Dans une éprouvette AB, pleine d'eau (fig. 10), se trouvent deux thermomètres traversant la paroi, l'un *t*, placé dans les couches supérieures du liquide, l'autre *t'*, placé dans les couches inférieures. Un manchon en cuivre C est plein de glace et sert à refroidir l'eau de l'éprouvette. Les premiers effets du refroidissement de l'eau, dont la température initiale est celle de l'appartement dans lequel on opère, sont de faire baisser le thermomètre inférieur plus que le thermomètre supérieur. On voit, par exemple, le thermomètre *t'* accuser 8°, 7°, 6°, etc., pendant que le thermomètre *t* accuse 10°, 9°, 8°, etc. D'où provient cette marche inégale des deux thermomètres, plus rapide pour celui d'en bas ?

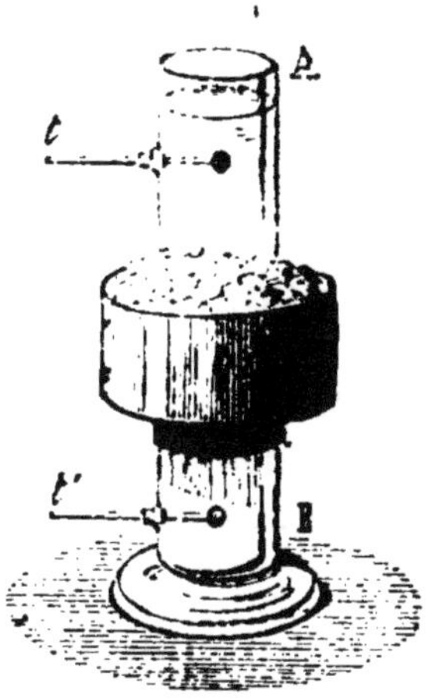

Fig. 10.

Le refroidissement, l'évidence le dit, ne peut s'effectuer simultanément dans la masse entière du liquide ; il se propage de proche en proche. A un moment donné, il y a donc à la fois dans l'éprouvette de l'eau plus froide, de l'eau moins froide, et chacune d'elles gagne telle ou telle région de l'éprouvette, suivant sa densité. La plus lourde descend au fond, la plus légère monte à la surface. Eh bien, en ce moment la température est plus élevée à la surface qu'au fond ; c'est ce que disent les deux thermomètres. Nous en conclurons qu'à 10, à 9, à 8, à 7 degrés, etc., l'eau est plus légère qu'à 8, à 7, à 6, à 5 ; résultat conforme à ce que nous présente l'ensemble des corps qui se dilatent et deviennent plus légers par un surcroît de température.

Un moment arrive où les deux thermomètres, dont la différence va en décroissant, atteignent l'un et l'autre 4°. A partir de ce moment, l'ordre des indications thermométriques est renversé. Le thermomètre supérieur indique une température plus basse que le thermomètre inférieur ; il marque, par exemple, 3, 2, 1, tandis que l'autre marque 4, 3, 2. Comme incontestablement le liquide le plus léger occupe toujours le haut de l'éprouvette, et le plus lourd le fond, il résulte de cette seconde partie de l'observation qu'à 3 degrés, à 2, à 1 l'eau est plus légère qu'à 4 degrés, à 3, à 2.

17. Maximum de densité de l'eau. — Ainsi, d'une part, l'eau devient plus légère à mesure que sa température est plus élevée, à partir de 4° ; d'autre part, elle devient plus légère à mesure que sa température s'abaisse, à partir de 4°. C'est donc à 4° que l'eau est la plus lourde possible, ou, en d'autres termes, qu'elle possède son *maximum de densité*. A partir de cette température elle devient plus légère, elle augmente de volume, soit qu'elle devienne plus chaude, soit qu'elle devienne plus froide. On comprend maintenant pour quel motif le centimètre cube d'eau, dont le poids doit faire le *gramme*, est pris à la température de 4°. C'est la température la plus remarquable de l'eau, puisqu'elle correspond à la densité la plus forte de ce liquide.

18. Dilatation des gaz. — La dilatation des gaz s'obtient par une méthode analogue à celle que nous venons de décrire au sujet de la dilatation apparente des liquides. L'air, ou tout autre gaz, est introduit dans un réservoir H terminé par un long col capillaire GH divisé en parties d'égale capacité et dont le rapport avec le volume du réservoir est connu (fig. 11). A cet effet l'appareil est mis en communication avec des tubes II remplis de substances propres à absorber l'humidité. Ces tubes sont eux-mêmes en rapport avec une petite pompe A. On chauffe l'ampoule H et en même temps on fait le vide avec la pompe. L'humidité et l'air que pouvait contenir l'ampoule H sont ainsi chassés. On ouvre alors le tube latéral C, qui communique directement avec l'atmosphère si l'on veut expérimenter avec l'air ordinaire, ou bien avec un réservoir contenant tout autre gaz. Le gaz rentre

lentement, se dessèche en parcourant les tubes II et arrive
dans le réservoir II.

Pour l'isoler, on soulève un peu l'extrémité G du tube ren-
flée en ampoule et contenant une gouttelette de mercure. Le
mercure pénètre dans le tube à la suite du gaz et forme un
index qui le sépare désormais de l'air extérieur. Cet index

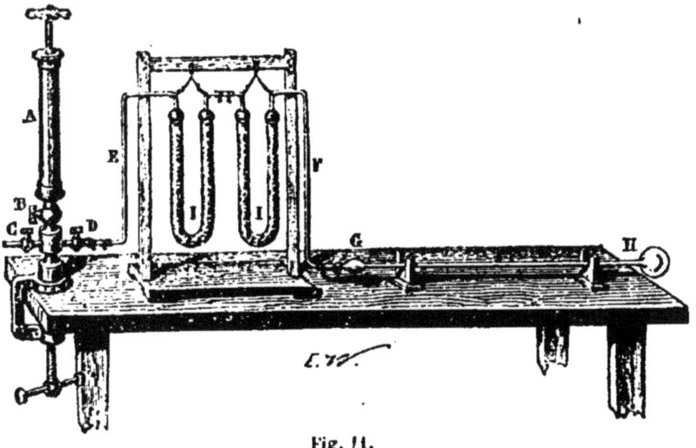

Fig. 11.

plonge plus avant à mesure que l'ampoule se refroidit et finit
par se fixer vers la base du tube capillaire. On détache alors
le tube GII par un trait de lime donné en dessous de l'ampoule G, et on le porte dans une petite cuve en fer-blanc
(fig. 12) contenant de la glace fondante. Il est disposé horizontalement et son col s'engage dans le bouchon d'une ouverture latérale. Une ouverture latérale opposée porte un
thermomètre horizontal F ; et une ouverture supérieure, un
thermomètre vertical G. Quand le gaz de l'ampoule a pris la
température de la glace fondante, l'index de mercure s'arrête
en un point E que l'on amène, s'il y a lieu, en dehors de la
cuve en tirant un peu le tube à soi. On note la position de
l'index et l'on remplace la glace fondante par de l'eau dont
on élève lentement la température au moyen du fourneau CD.

A mesure que la température s'élève, l'index E s'achemine plus loin, poussé par le gaz dilaté. Il est alors facile, d'après la position de l'index à une température indiquée par le thermomètre, de reconnaître de combien le gaz se dilate pour cette température. Il suffit d'observer de combien de divisions l'index se déplace dans le tube. Connaissant la valeur de l'une de ces divisions par rapport au volume occupé par

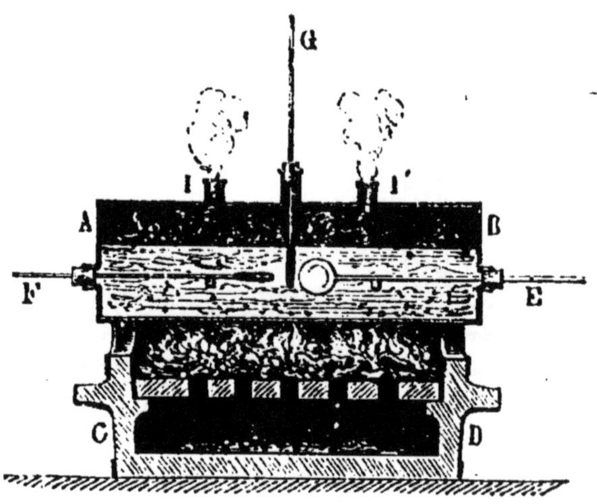

Fig. 12.

le gaz à la température 0°, on a tous les éléments nécessaires pour résoudre la question. Au moyen de cette méthode, Gay-Lussac a trouvé que tous les gaz se dilatent à très peu près de la même quantité et que le coefficient de dilatation commun à tous est 0,00367.

19. Pyromètre à air. — Vers 350°, le thermomètre à mercure cesse de pouvoir servir à la mesure des températures, parce que le liquide entre en ébullition et se réduit en vapeurs. Pour évaluer des températures plus élevées, il faut donc recourir à d'autres appareils, appareils qui prennent le nom de *pyromètres*, expression empruntée à la langue grecque et signifiant mesure du feu, mesure de la chaleur. C'est sur la dilatation des gaz, de l'air en particulier, qu'est basé le pyromètre le plus employé.

Un récipient en platine V (fig. 13), métal infusible à la température des fourneaux ordinaires, se termine par un tube deux fois coudé *ab* C. Il est plein d'air sec à une température et à une pression déterminées. On met ce récipient dans le foyer dont il faut prendre la température. Le tube est hors du foyer et plonge dans une cuvette AB pleine de mercure. L'air chauffé se dilate et s'échappe en partie hors de l'appareil. De la quantité d'air ainsi expulsé, on peut déduire la température du foyer.

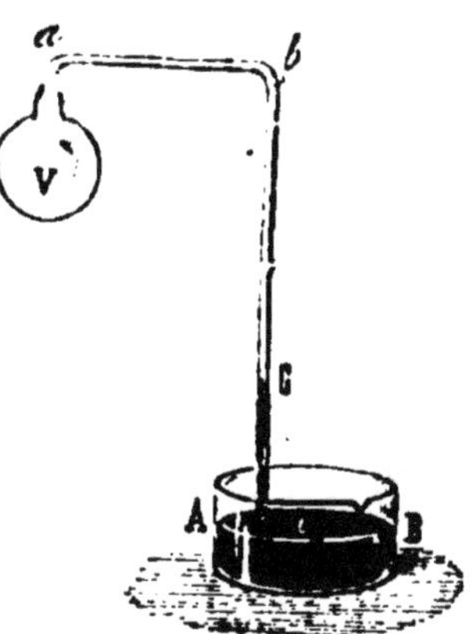

Fig. 13.

Pour avoir une idée élémentaire de la méthode employée, négligeons la dilatation de l'enveloppe en platine, qui d'ailleurs est très petite par rapport à la dilatation de l'air ; admettons aussi que l'air se dilate de la même façon à toutes les températures, ce qui n'est pas tout à fait exact. Le gaz expulsé par la chaleur est recueilli dans une éprouvette graduée en parties d'une capacité connue par rapport au volume totale du pyromètre, réservoir et tube compris. Supposons qu'il s'échappe 400 parties d'air sur 500 que contenait au début le pyromètre. Il est bien entendu que la mesure de l'air expulsé doit être faite à la température et à la pression de l'air du pyromètre avant l'expérience. De la sorte, la dilatation que l'air primitif de l'appareil a éprouvée par l'effet de la température inconnue du foyer est les $\frac{4}{5}$ de son volume initial. Or le volume i d'air se dilate de $0,00367 \times x$ pour une température de x degrés. On a donc :

$$0,00367 \times x = \frac{4}{5},$$

ou bien :

$$x^\circ = \frac{4}{5 \times 0,00367} = 214^\circ.$$

Le pyromètre a donc été exposé à une température de 214 degrés.

En faisant usage du pyromètre à air, on a trouvé les températures suivantes correspondant aux diverses teintes que prend le platine sous l'influence de la chaleur.

Couleurs du platine.	Température.
Rouge naissant	525°
Rouge sombre	700°
Cerise naissant	800°
Cerise	900°
Orangé foncé	1100°
Orangé clair	1200°
Blanc	1300°
Blanc éblouissant	1500°

20. Montgolfières. — Le principe d'Archimède est applicable aux corps plongés dans les gaz. Ainsi, un corps plongé dans l'air éprouve une poussée de bas en haut égale au poids de l'air dont il occupe la place. D'autre part, il tend à tomber en vertu de son poids. Si la poussée de l'air ambiant est plus forte que le poids du corps, celui-ci s'élève. Tel est le principe des aérostats, et en particulier des montgolfières ou ballons à air chaud. Une montgolfière s'élève parce que le poids de l'air chaud qu'elle renferme, réuni au poids de l'enveloppe et de la charge emportée, est moindre que le poids de l'air déplacé.

Proposons-nous de *déterminer le poids maximum qu'une montgolfière peut supporter par mètre cube d'air chauffé à 100 degrés, l'air ambiant étant supposé sec à 0° et à 760ᵐᵐ de pression.* — Ce poids maximum est égal à la différence entre le poids de 1 mètre cube d'air froid et le poids de 1 mètre cube d'air chaud. L'air sec à 0° et à 760ᵐᵐ de pression pèse 1ᵍʳ,293 par litre, ou 1293 grammes par mètre cube. Il reste à trouver le poids de l'air chauffé à 100°. A cet effet, nous disons : le volume 1 d'air froid devient $1 + 100K$ à la température de 100 degrés, en désignant par K son coefficient de dilatation. Si le volume dilaté est le double, le triple du volume primitif, le poids par mètre cube d'air chaud est deux fois, trois fois moindre que le poids par mètre cube

d'air froid, c'est-à-dire que l'on a, en désignant par x le poids
de 1 mètre cube d'air à 100°,

$$\frac{x}{1293^{gr}} = \frac{1}{1 + 100 \, K},$$

ou bien :

$$\frac{x}{1293^{gr}} = \frac{1}{1 + 100 \times 0,00367},$$

d'où

$$x = \frac{1293^{gr}}{1 + 100 \times 0,00367} = 945^{gr}.$$

La différence entre les poids de 1 mètre d'air froid et de
1 mètre cube d'air chaud est ainsi $1293^{gr} - 945^{gr}$, ou bien
348^{gr}. Par conséquent, si le poids de l'enveloppe réuni à celui de la charge est inférieur à 348 grammes par mètre cube,
la montgolfière s'élèvera ; dans le cas contraire, non. Quant
à la force ascensionnelle, elle sera égale, par mètre cube, à
l'excès de ces 348 grammes sur le poids de l'enveloppe et de
la charge.

CHAPITRE II

CONDUCTIBILITÉ

1. Conductibilité des solides. — Un morceau de charbon peut être impunément saisi avec les doigts par l'une de
ses extrémités, pendant que l'autre est tout embrasée ; mais
on ne saisirait pas sans brûlure, par le bout froid en apparence, une tige de fer, même assez longue, rougie à l'autre
bout. La chaleur ne se distribue donc pas avec la même facilité dans tous les corps ; elle se propage aisément dans le
fer, elle ne pénètre le charbon qu'avec difficulté. En d'autres
termes, le fer *conduit* bien la chaleur, le charbon la *conduit*

mal. A ce point de vue, on classe les corps en deux catégories : ceux qui se laissent facilement pénétrer par la chaleur ou qui la conduisent bien, et ceux qui se laissent difficilement pénétrer par la chaleur ou qui la conduisent mal. Les premiers sont appelés *bons conducteurs*, tel est le fer ; les seconds sont appelés *mauvais conducteurs*, tel est le charbon.

2. Appareil d'Ingenhouz. — Pour comparer les divers corps solides sous le rapport de leur facilité à conduire la chaleur, on emploie un appareil fort simple connu sous le nom d'appareil d'Ingenhouz. C'est une cuvette rectangulaire en laiton qui, sur l'un de ses flancs, porte, implantées dans la paroi, diverses substances façonnées en baguettes de même grosseur (fig. 14). On plonge à la fois ces baguettes dans un bain de cire fondue, et on les retire aussitôt. Chacune d'elles se trouve ainsi revêtue d'un mince enduit de cire d'égale épaisseur pour toutes. On

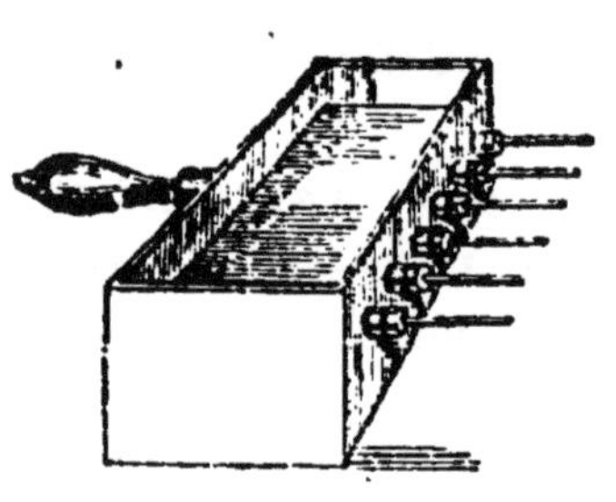

Fig. 14.

remplit alors la cuvette d'eau chaude. La chaleur de l'eau se propage dans les baguettes, plus loin pour les unes, moins loin pour les autres, et amène la fusion de la cire. La baguette sur laquelle la fusion s'est effectuée le plus loin est celle qui conduit le mieux la chaleur ; la baguette où la fusion s'est arrêtée le plus tôt est celle dont la conductibilité est la plus faible. On trouve de la sorte que les métaux, spécialement l'argent, le cuivre, l'or, conduisent mieux la chaleur que les substances non métalliques ; et parmi ces dernières, celles qui conduisent le moins bien la chaleur sont le verre, le charbon, le bois, le soufre, la brique, etc.

3. Comment les liquides s'échauffent. — Les substances liquides conduisent mal la chaleur. Pour faire bouillir de l'eau, on fait du feu au-dessous du vase qui la contient, ou au moins tout à côté. Mais si l'on s'avisait de ne faire du feu qu'au-dessus du vase, par exemple sur une fouille de tôle qui en couvrirait l'orifice, l'eau ne s'échaufferait presque pas. En effet, quand le foyer est allumé en dessus, la couche superficielle de l'eau s'échauffe, il est vrai ; mais comme en s'échauffant elle se dilate et devient plus légère, elle reste constamment à la surface. Alors les couches inférieures ne peuvent venir se mettre en rapport avec le foyer, et ne reçoivent d'autre chaleur que celle qui se transmet de proche en proche, de haut en bas, par l'effet de la conductibilité du liquide. Cette conductibilité étant extrêmement faible, l'eau ne s'échauffe donc que très peu ou point.

Au contraire, si le foyer est allumé au-dessous du vase, la couche la plus profonde s'échauffe, devient plus légère et monte, aussitôt remplacée par de l'eau plus froide, plus lourde, qui vient s'échauffer à son tour au contact du foyer.

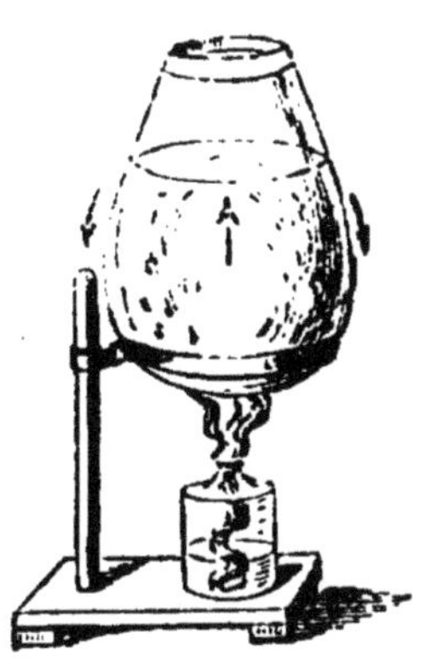

Fig. 15.

Il s'établit ainsi dans le vase un courant d'eau chaude qui monte et un courant d'eau froide qui descend. Ces courants peuvent être rendus sensibles au moyen d'un peu de sciure de bois, dont les parcelles, en suspension dans l'eau, accusent les mouvements de celle-ci par leurs propres mouvements (fig. 15). On peut constater alors que les courants descendants apparaissent vers les parois du vase, parce que c'est là que le liquide est le plus froid à cause du contact de l'air environnant ; et que les courants ascendants ont lieu dans les couches centrales abritées par les autres contre le refroidissement. C'est ce qu'indiquent les flèches de la figure. Il est visible qu'à la faveur de ces courants inverses, toutes les parties du liquide doivent, à tour de rôle, gagner le fond du vase et participer également à la chaleur du foyer. C'est donc par suite d'un mouvement qui en mélange toutes les parties et les expose l'une après l'autre à l'action du foyer, que l'eau finit par s'échauffer dans toute sa masse, malgré sa faible conductibilité.

4. Comment les gaz s'échauffent. — Expérience de

Rumford. — L'air et les autres gaz se comportent comme l'eau. Très faibles conducteurs de la chaleur, ils ne s'échauffent dans toute leur masse qu'à la faveur d'un va-et-vient général. Si ce mouvement est rendu impossible, la propagation de la chaleur à travers les gaz est des plus faibles, comme le constate la singulière expérience suivante.

Rumford, à qui l'on doit de belles recherches sur la chaleur, faisait placer un fromage à la glace au milieu d'un plat. Sur ce fromage, on versait la mousse bien écumeuse obtenue avec des blancs d'œufs battus. Enfin, on recouvrait le tout d'un four bien chaud pour faire prendre rapidement cette mousse. On obtenait ainsi une omelette soufflée brûlante, au milieu de laquelle, sans avoir rien perdu de sa fraîcheur, se trouvait le fromage glacé. La cause de cette singularité est tout entière dans la faible conductibilité de l'air. C'était l'air emprisonné dans l'écume des œufs qui préservait le fromage de l'ardeur du four, arrêtait la chaleur au passage et l'empêchait de pénétrer plus avant.

5. Suivant leur conductibilité, des corps possédant la même température paraissent plus chauds ou plus froids. — Des corps possédant en réalité même température produisent sur nous, suivant leur degré de conductibilité, une impression différente de froid ou de chaleur. — Un morceau de bois et un morceau de fer, par exemple, sont l'un et l'autre à l'ombre à une température d'une dizaine de degrés. Ils ne sont ni plus chauds ni plus froids l'un que l'autre ; cependant, si nous touchons le fer, nous éprouvons une sensation de froid, et si nous touchons le bois, nous n'éprouvons rien ou peu s'en faut. La main, plus chaude que le fer, cède au métal une partie de sa chaleur ; et comme celui-ci est doué d'une grande conductibilité, la soustraction de notre chaleur propre est rapide, abondante, et se traduit par une impression de froid. Au contraire, le bois, mauvais conducteur, ne prend que peu ou point de chaleur à la main et n'amène aucune impression bien sensible.

Dans les climats polaires, pendant les rigueurs de l'hiver, il serait imprudent de saisir sans précaution un objet en métal. La grande conductibilité des matières métalliques occasionnerait une perte de chaleur si vive, que la peau se désorganiserait comme par l'effet d'une brûlure. Cependant, un morceau de bois de même température pourrait être saisi sans danger. Sa faible conductibilité l'empêcherait de soustraire rapidement de la chaleur et d'endolorir la main.

Plongée dans de l'huile à la température ordinaire, la main n'éprouve aucune impression de refroidissement ; dans de l'eau, elle éprouve une certaine fraîcheur ; dans le mercure, elle éprouve un froid assez vif. Les trois liquides ont toutefois la même température ; dans tous les trois le thermomètre se tiendrait au même degré. Mais l'eau conduit mieux la chaleur que l'huile, le mercure la conduit mieux que l'eau et que les divers autres liquides, à cause de sa nature métallique. La main éprouve donc une perte plus ou moins grande de chaleur suivant qu'on la plonge dans l'un ou l'autre de ces liquides, et de là résulte la diversité d'impression dans des milieux en réalité également chauds.

Pareillement, avec des corps d'une même température plus élevée que la nôtre, une impression de chaleur se produit, mais bien différente, suivant la conductibilité. Un corps qui nous refroidit vite quand il est plus froid que nous, nous échauffe vite quand il est plus chaud. Il cède de la chaleur avec la même facilité qu'il en prend. Mais un corps qui, par sa faible conductibilité, ne peut soustraire de la chaleur et refroidir, ne peut aussi céder de la chaleur et réchauffer.

Un morceau de bois et un morceau de fer sont exposés au soleil d'été. Ils ont même température, plus élevée que la nôtre. Nous touchons le bois, nous n'éprouvons rien de bien marqué ; nous touchons le fer, il nous paraît brûlant. Le premier ne cède que fort peu de sa chaleur, le second en cède beaucoup. Qui appliquerait la main sur un poêle en fonte bien chaud ne s'en trouverait pas bien ; qui appliquerait la main sur une brique aussi chaude que le poêle n'aurait pas à redouter une brûlure. La fonte conduit bien la chaleur, la brique la conduit mal. Dans nos poches, les pièces de monnaie nous semblent plus chaudes que le vêtement. Ces pièces sont en métal, elles conduisent bien la chaleur, la propagent aux doigts; le vêtement est fait d'une étoffe conduisant mal la chaleur. Tout le secret est là.

6. Faible conductibilité des matières filamenteuses et des matières pulvérulentes. — Une substance conduisant mal la chaleur peut servir à deux usages qui semblent d'abord s'exclure l'un l'autre, et qui cependant reconnaissent les mêmes principes. On peut l'employer, en effet, à garantir un corps du froid, comme à le garantir de la chaleur; à empêcher un corps de se refroidir, comme à l'empêcher de se réchauffer. Il s'agit d'arrêter, dans le premier cas, la chaleur du corps qui pourrait s'en aller; dans le second cas, la chaleur étrangère qui pourrait arriver. De part et d'autre, il n'y a qu'un moyen efficace : c'est d'opposer à la chaleur un obstacle qu'elle ne puisse franchir, pas plus dans un sens que dans l'autre, c'est-à-dire une enveloppe très mauvaise conductrice.

Les matières pulvérulentes et les matières filamenteuses sont les plus remarquables parmi celles qui conduisent mal la chaleur, parce que, à leur faible conductibilité, elles joignent la conductibilité, plus faible encore, de l'air emprisonné entre leurs particules, entre leurs filaments. On les emploie à garantir indistinctement, soit du froid, soit de la chaleur. Quelques exemples vont nous l'expliquer.

7. Habitations des climats arctiques. — Si, le soir, les tisons à demi consumés sont ensevelis sous la cendre, ils se retrouvent le lendemain encore embrasés. La cendre, en les mettant à l'abri de l'air, en arrête la combustion ; mais elle fait mieux : tout en les empêchant de se consumer, elle les conserve avec presque toute leur chaleur primitive ; aussi sont-ils, le lendemain, aussi ardents que la veille. Ce résultat est dû à l'obstacle que la cendre, comme matière pulvérulente, oppose à la déperdition de la chaleur. Sous cette enveloppe poudreuse, le charbon se maintient ardent, parce qu'il ne peut transmettre sa chaleur au dehors, un corps mauvais conducteur s'y opposant.

Dans l'extrême nord de l'Europe, où l'hiver est si rigoureux, des maisons construites en maçonnerie, comme le sont les nôtres, seraient inhabitables, parce que la pierre et la brique n'opposeraient, à l'issue de la chaleur intérieure, qu'un obstacle insuffisant, et permettraient un refroidissement trop rapide. Pour ces habitations boréales, il faut des matériaux plus mauvais conducteurs que la brique et la pierre ; des matériaux propres à conserver la chaleur des appartements, aussi bien que la cendre conserve la chaleur des tisons qu'elle recouvre.

A cet effet, la maçonnerie est remplacée par des murs en planches épaisses. C'est déjà un progrès, car le bois conduit la chaleur bien plus mal que la pierre : mais ce n'est pas encore assez. Les planches forment une double cloison, et l'intervalle est rempli avec de la mousse, de la paille et même des cendres. C'est à la faveur de cette enceinte multiple, de matériaux éminemment mauvais conducteurs, que la chaleur d'un poêle, toujours allumé, se conserve dans l'habitation, quand sévit au dehors le froid le plus violent.

8. Conservation de la glace. — Glacières. — Veut-on, au contraire, empêcher la chaleur extérieure de se propager vers un corps qu'il importe de maintenir froid? On mettra encore à profit l'admirable propriété des matières filamenteuses. En été, pour préserver de la chaleur les préparations glacées, on les renferme dans un vase contenu dans un autre plus grand ; et l'intervalle séparant les deux vases est rempli avec de la laine, du coton, ou toute autre matière filamenteuse. On le voit, ce qui défend du froid défend aussi de la chaleur, puisque les habitations des contrées polaires et les vases destinés à conserver la glace en été sont disposés suivant les mêmes principes. C'est, de part et d'autre, une double enveloppe, garnie d'un matelas de matériaux mauvais conducteurs. Dans le premier cas, ce matelas arrête au passage la chaleur intérieure et l'empêche de se dissiper au dehors; dans le second cas, il arrête la chaleur extérieure et préserve de la fusion la glace contenue dans le vase central.

La glace, qui, pour les pays chauds, est presque un objet

de première nécessité, est quelquefois transportée de fort loin sous un soleil brûlant. Les États-Unis, par exemple, expédient chaque année aux Indes et en Chine de grandes quantités de glace. Les navires chargés du transport traversent les mers les plus chaudes ; et cependant la marchandise arrive à destination à la faveur des substances non conductrices qui la protégent, savoir : la sciure de bois, la paille et les copeaux, dont on a soin d'envelopper étroitement les blocs de glace, entassés à fond de cale.

Les glacières, où nous conservons jusqu'à la fin de l'été la glace recueillie pendant l'hiver, empêchent la chaleur du dehors de pénétrer jusqu'à leur contenu, au moyen de substances conduisant mal la chaleur. Elles consistent d'ordinaire en une fosse profonde, dont les revêtements sont en briques de préférence à la pierre, parce que les briques propagent moins bien la chaleur. Une épaisse couche de paille tapisse, en outre, les parois de la fosse pour plus de précaution. On remplit la glacière pendant les grands froids. Les blocs sont fortement tassés, puis arrosés d'eau, qui se congèle et fait du tout une masse compacte où l'air ne peut circuler. On superpose alors une couche de paille et de planches chargées de pierres. Enfin, un toit de chaume abrite la glacière contre la chaleur extérieure.

9. **Doubles fenêtres.** — Les diverses substances pulvérulentes ou filamenteuses, cendre, sciure de bois, copeaux, paille, laine, coton, etc., toutes propres à entraver soit l'accès de la chaleur, soit sa déperdition, doivent, en grande partie, leur propriété à l'air qu'elles retiennent captif dans leurs intervalles vides. Il est évident que l'air seul peut être employé comme obstacle à la propagation de la chaleur, s'il est convenablement mis dans l'impossibilité de se renouveler, de se mélanger avec l'air libre de l'atmosphère. Voici un cas où cette propriété de l'air est en effet mise à profit.

La chaleur d'un appartement se dissipe au dehors par les murs, le plancher, le plafond, dont la conductibilité n'est jamais nulle. A cette cause de déperdition de chaleur, il n'y a guère de remède dans nos habitations, construites en maçonnerie. Mais il y a une cause de refroidissement que l'on peut éviter avec facilité ; elle se trouve dans les fenêtres. Les carreaux des vitres n'opposent à l'issue de la chaleur qu'un obstacle imparfait. Pour obtenir une barrière plus efficace, sans nuire à la transparence des fenêtres, on bâtit, en quelque sorte, un mur d'air en arrière des vitres ; c'est-à-dire qu'on place deux fenêtres à l'ouverture, l'une en dehors, l'autre en dedans du mur en maçonnerie. On obtient ainsi, dans l'intervalle qui sépare les deux châssis également vitrés, une couche d'air immobile, une sorte de mur transparent que la chaleur de l'intérieur ne peut plus traverser.

10. **Vêtements, couvertures.** — Appliquons ces aperçus à l'étude raisonnée de nos vêtements. On dit d'une étoffe qu'elle est chaude, de telle autre qu'elle est froide. Que faut-il entendre par là ? Une fourrure, une étoffe, ont-elles une chaleur propre qu'elles nous communiquent ? Demandons-nous à la laine, au duvet, au coton, un supplément de chaleur émané de leur substance même ? Non, car si l'on plonge un thermomètre dans le duvet le plus soyeux, dans la fourrure la plus douce, on ne verra pas l'instrument indiquer un accroissement de température. Aucune de ces matières, n'ayant par elle-même de chaleur, ne peut nous en fournir. Leur rôle se borne à empêcher la déperdition de la chaleur qui nous est propre, de cette chaleur naturelle dont la cause réside dans le jeu même de la vie. Nos vêtements, nos couvertures, sont de mauvais conducteurs interposés entre notre corps, qu'échauffe la chaleur vitale, et l'air froid extérieur, qui nous ravirait notre température. Ils sont pour nous ce qu'une pelletée de cendres est pour les tisons de l'âtre. Ils ne donnent rien, mais ils nous empêchent de perdre ; ils ne nous réchauffent pas, mais ils nous conservent la chaleur naturelle.

Au point de vue d'une réelle utilité, la valeur d'un vêtement dépend donc de sa faible conductibilité pour la chaleur. Plus il sera mauvais conducteur, et mieux le vêtement remplira son rôle. Mais de toutes les substances, l'air est celle qui conduit le plus mal la chaleur. Aussi, est-ce pour ainsi dire avec de l'air que nous nous habillons. Effectivement, nos étoffes de laine, de coton, etc., ne sont, en quelque sorte, que des réseaux propres à emprisonner de l'air dans leurs innombrables mailles, de même qu'une éponge mouillée emprisonne de l'eau. Cette couche d'air, maintenue tout autour du corps, nous protège d'autant plus efficacement contre le froid, qu'elle est plus épaisse et plus gênée dans ses mouvements. Aussi, n'est-ce pas l'étoffe la plus lourde et la plus compacte qui tient le plus chaud, mais bien l'étoffe souple, moelleuse, qui s'imbibe aisément d'air et le garde captif dans son épaisseur, comme le font l'ouate et le duvet. Entre le corps et les vêtements se trouve, en outre, retenue par ceux-ci, une enveloppe d'air dont il faut tenir compte, car elle constitue une doublure naturelle que rien ne pourrait remplacer. Pour bien remplir son rôle, cette doublure d'air exige une certaine épaisseur qu'on obtient avec des vêtements d'une ampleur suffisante sans être exagérée, car alors l'air se renouvellerait avec trop de facilité, et, changeant de rôle, deviendrait une cause de refroidissement.

Les couvertures de nos lits, les matelas, les édredons, ne sont encore que des barrières opposées à la déperdition de la chaleur naturelle. Les plumes légères, la laine, le coton qui les composent, retiennent abondamment de l'air dans leur masse floconneuse, et forment ainsi une enceinte sans conductibilité que la chaleur du corps ne peut franchir.

11. Duvet des oiseaux aquatiques. — Il est maintenant hors de doute pour nous que, pour bien protéger contre le froid, une enveloppe doit être formée d'une matière conduisant mal la chaleur, légère, très divisée, et pénétrée d'air qui ne puisse se déplacer. Or, toutes ces conditions sont admirablement réalisées dans le plumage des oiseaux. Les plumes, formées d'une substance sans conductibilité, retiennent entre leurs rangs pressés et leurs innombrables menus filaments, un grand volume d'air dont le déplacement est impossible. Ce n'est pas encore assez pour les oiseaux aquatiques, surtout pour ceux des régions très-froides. Les plumes extérieures sont alors fortes, très-exactement appliquées l'une sur l'autre, et lustrées avec un vernis onctueux que l'eau ne peut mouiller. Ni la pluie, ni la brume la plus fine n'ont de prise sur ce premier vêtement. L'oiseau peut plonger au fond des eaux, s'ébattre à leur surface, y sommeiller bercé par le flot, et l'humidité ne l'atteindra pas. Le froid ne l'atteindra pas davantage; car, sous cette enveloppe résistante, faite pour braver les intempéries, s'en trouve une seconde composée de ce qu'il y a de plus délicat, de plus moelleux, de plus douillet. Ce vêtement intérieur, c'est un duvet tellement fin, tellement divisé et subdivisé que, ne pouvant le comparer à aucun autre, on lui a donné un nom spécial, celui d'*édredon.*

12. **Édredon.** — On ne connaît rien d'aussi efficace que l'édredon pour entraver la déperdition de la chaleur. Ni la laine, ni l'ouate, ni les fourrures, ne peuvent, sous ce rapport, rivaliser avec lui. Aussi fait-on un commerce assez considérable de cette précieuse matière. L'édredon le plus estimé est fourni par une espèce de canard, l'eider, dont la taille est intermédiaire entre celles de l'oie et du canard domestiques. L'eider vit à l'état sauvage dans les régions glacées du Nord, en particulier en Laponie, en Islande, au Spitzberg. Sa nourriture se compose de poissons, que son aile infatigable lui permet d'aller pêcher à de grandes distances des côtes, au milieu de la haute mer. Tout le jour en recherche sur les eaux glaciales, l'eider se retire, la nuit, sur quelque îlot de glace, lieu de repos assez chaud pour lui, tout matelassé d'édredon. C'est dans quelque creux des rochers escarpés du rivage qu'il établit son nid, composé au dehors de mousses, d'algues desséchées, et, à l'intérieur, d'édredon, que l'oiseau s'arrache lui-même sous le ventre. Sur cette couchette reposent cinq ou six œufs, d'un vert sombre. Après le départ de la couvée, ceux qui recherchent l'édredon, les Islandais surtout, visitent les nids abandonnés, et recueillent le précieux duvet : mais non sans danger, car les nids sont généralement inaccessibles. On ne parvient à ces nids qu'en se faisant descendre avec des cordes le long des rochers abrupts fréquentés par les eiders.

13. Nids des oiseaux. — Nous profitons du lit abandonné
de l'eider pour nous garantir du froid ; l'observation et la
raison nous ont appris la propriété du duvet qui le compose.
Mais comment l'oiseau l'a-t-il apprise lui-même ? Qui donc lui
a révélé les lois de la chaleur ? Qui peut lui avoir conseillé de
s'arracher douloureusement le duvet de la poitrine pour
abriter sa jeune famille et la défendre contre l'âpreté du climat ? Et comment se fait-il encore que, d'un bout à l'autre
de la terre, tous les oiseaux, jusqu'aux moindres, connais-
sent à fond, sans les avoir apprises, les propriétés des corps
mauvais conducteurs ?

Pour bâtir la charpente, l'extérieur de leurs nids, ils
emploient les méthodes et les matières les plus variées. L'un
entrelace des bûchettes, l'autre tisse de fines racines ; celui-ci
feutre des mousses et des lichens ; celui-là devient maçon et
gâche de la terre ; en voici qui se font charpentiers, et du bec
percent un trou dans la tige des arbres ; en voici d'autres
qui grattent le sol et se creusent des conques dans le sable.
Tout leur est bon pour le dehors du nid ; chacun, suivant sa
spécialité, emploie les matériaux les plus divers et les met en
œuvre d'une façon différente. Mais pour l'intérieur, c'est
autre chose : comme d'un commun accord, ils ne le composent qu'avec un petit nombre de matériaux choisis entre
mille.

Dans le matelas destiné à la jeune couvée, ils ne font entrer
que le coton, la bourre, la laine, les plumes, le duvet, c'est-à-
dire les corps les plus mauvais conducteurs de tous. Pour
entretenir dans le nid la chaleur nécessaire à leurs petits nus
et frileux, ils ont pour guide l'étonnante inspiration de l'in-
stinct, qui dévoile au pinson les secrets de la chaleur, con-
seille à l'eider de se dépouiller de son édredon pour abriter
ses jeunes, et dit à l'hirondelle de matelasser de duvet le nid
de terre maçonné sous le rebord du toit.

CHAPITRE III

FUSION. — SOLIDIFICATION. — DISSOLUTION

1. Changements d'état par l'action de la chaleur. — La matière se présente à nous sous trois états : l'état solide, l'état liquide, l'état gazeux. Par l'action de la chaleur, la même substance peut, tour à tour, prendre l'un ou l'autre de ces trois états.

La glace est un corps solide. Mise dans un vase sur le feu, elle s'échauffe, gagne en chaleur et se fond. En quelque temps, elle est devenue matière liquide, elle est devenue de l'eau. Le soufre, lui aussi, est solide. Suffisamment chauffé, il coule, il est liquide. Il faut en dire autant du plomb, de l'étain, du cuivre, du fer, etc. Ces matières si compactes, si tenaces, coulent comme de l'eau par l'effet d'une température convenable. Il faut parfois, il est vrai, une chaleur d'une violence extrême. Le cuivre et le fer ne deviennent liquides que de 1000° à 1500°. Le platine ne coule qu'aux températures les plus élevées que l'industrie humaine sache aujourd'hui produire. Enfin, il y a des substances dont on parvient à grand'peine à fondre une parcelle ; telle est la chaux, qui résiste à nos foyers les plus violents.

Rien ne prouve que les substances, en fort petit nombre, qui résistent à la fusion, soient infusibles réellement ; au contraire, tout démontre que ces substances n'éprouvent pas la liquéfaction uniquement parce que nos foyers ne sont pas assez énergiques. Devenons plus habiles en moyens de chauffage, et tout entrera en fusion. A mesure que la science du feu se perfectionne et que nous disposons de températures plus élevées, le nombre des corps réputés infusibles se réduit davantage. Tel corps regardé comme infusible hier est fondu aujourd'hui : tel autre, qui résiste à nos moyens actuels, sera fondu demain.

Avec plus de chaleur encore, le corps se volatilise et prend l'état gazeux. La glace mise sur le feu d'abord se fond ; puis, l'eau qui en provient s'échauffe, se met à bouillir et répand des vapeurs, qui sont de l'eau à l'état gazeux. Chauffé dans un ballon de verre, le soufre, après s'être liquéfié, se transforme en vapeurs ou soufre gazeux. Les métaux, quand on les chauffe convenablement, se dissipent en vapeurs, tantôt visibles, tantôt invisibles, suivant la nature du métal. Cette volatilisation permet de distiller certains métaux qui n'exigent pas une température excessive pour devenir gazeux, le mercure et le zinc par exemple. La loi est générale. A part un petit nombre de substances pour lesquelles nous ne savons pas produire une température assez élevée, à part d'autres que la chaleur décompose, toute matière solide devient liquide, et enfin gaz ou vapeur, par un accroissement de chaleur.

2. Défaut de fusion des corps décomposables par la chaleur. — Expérience de James Hall. — Beaucoup de corps, principalement ceux d'origine organique, ne peuvent entrer en fusion parce qu'ils se décomposent par l'action de la chaleur. Tels sont le bois, la gomme, l'amidon, etc. Lorsqu'on les chauffe à l'air libre, la décomposition n'est que plus profonde : l'air intervient et les brûle. Certaines matières minérales, spécialement celles qui renferment un principe volatil, échappent encore à la fusion à cause de leur décomposition.

Lorsque le chaufournier chauffe de la pierre calcaire dans son four, il n'amène pas la fusion de la pierre, parce que celle-ci se décompose en gaz carbonique, qui s'échappe dans l'atmosphère, et en chaux qui reste dans le four. Mais si le calcaire était renfermé dans un vase métallique très solide, par exemple dans un canon de fusil hermétiquement clos, le gaz carbonique n'aurait plus d'issue pour s'exhaler et la décomposition ne se ferait pas. Alors la matière fond sans altération, et, après un refroidissement lent qui rend la cristallisation possible, le calcaire primitif, la vulgaire pierre à bâtir, la craie sans consistance, se trouvent transformés en une masse compacte de marbre d'aspect cristallin. Cette curieuse expérience, qui permet de changer la craie pulvérulente en marbre blanc au moyen de la fusion, est due au physicien anglais sir James Hall. Dans les mêmes circonstances, la sciure de bois se liquéfie et devient un charbon bitumeux, une espèce de houille susceptible de brûler avec une flamme brillante.

3. **Fusion du platine par le procédé Deville.** — On parvient de la manière suivante à fondre des quantités un peu considérables de platine, le métal usuel qui résiste le plus à la chaleur. Le fourneau destiné à cette fusion est en entier formé de fragments de chaux vive : toute autre substance serait ramollie, fondue, pendant l'opération. Ce fourneau, en forme de cylindre fermé de toutes parts, sauf quelques petites ouvertures, contient au centre un creuset de chaux vive, renfermant la matière à fondre et surmonté d'un couvercle en forme de cône, également en chaux vive. Un canal, à double enveloppe en platine, arrive par la partie supérieure du fourneau et déverse sur le creuset un courant d'oxygène par le conduit central, et un courant d'hydrogène par l'intervalle annulaire. Les deux courants sont réglés de manière que l'hydrogène arrive en volume double de celui de l'oxygène. Les produits de la combustion s'échappent par quelques orifices pratiqués dans la partie inférieure du fourneau. Une fois le jet gazeux allumé, le creuset se trouve enveloppé d'un rideau de flamme dont la température est la plus élevée que nous sachions produire par la combustion. On arrive ainsi à liquéfier en quatre heures une centaine de kilogrammes de platine. La vue de cette masse liquide éblouissante est un des spectacles les plus séduisants de la physique. Sous l'action de cet irrésistible engin de chaleur, le platine est tellement fluide, qu'il prend parfaitement l'empreinte du moule où il est versé; mais aussi, la température est si forte que, pour éviter la fusion du moule en fer forgé, il faut doubler celui-ci d'une feuille de platine, qui supporte le premier contact du métal fondu.

4. **Fusion par la pile.** — Si violente que soit la chaleur

produite dans le fourneau à gaz oxygène et hydrogène, elle est insuffisante pour amener la fusion de certains corps. On a recours alors à l'arc voltaïque, c'est-à-dire au jet d'électricité qui se produit entre les deux pôles d'une pile. Quelquefois, à l'aide de miroirs ardents ou de lentilles, on concentre en outre les rayons du soleil sur le foyer électrique. Rien ne résiste à la chaleur ainsi développée. Les métaux sont projetés çà et là en étincelles éblouissantes et volatilisés : le silex, la chaux coulent en larmes de feu ; le charbon lui-même se ramollit et présente des traces manifestes de fusion.

5. Fixité du point de fusion. — La fusion d'un corps solide est assujettie à deux lois : *1° Il y a pour chaque substance un point de fusion spécial ; 2° la température se maintient là même pendant toute la durée de la fusion.* Nous allons examiner en détail ces deux lois.

Certains corps se liquéfient à une basse température : tel est le mercure, qui devient fluide à 40 degrés au-dessous de zéro ; telle est la glace, qui entre en fusion à 0°. D'autres exigent une température moyenne : le suif se fond à 33° ; l'huile d'olive est liquide à 10°. Plus haut se trouvent le plomb, fusible à 320° ; l'étain, fusible à 235°. Le fer exige de 1500 à 1600°, le platine exige une température plus élevée encore. Les diverses substances entrent donc en fusion à des températures fort variables d'une substance à l'autre ; mais, chose fort remarquable, chacune d'elles a un point de fusion qui lui appartient en propre et ne varie jamais, à la condition que cette substance soit pure de tout mélange.

Ainsi la glace entre en fusion à 0°, jamais plus tôt, jamais plus tard, et telle est la raison qui a fait choisir la température de la glace fondante pour un des points fixes du thermomètre. L'étain se liquéfie à 235°, et l'activité plus ou moins grande du foyer ne peut ni avancer ni retarder ce point de fusion. Tant que la glace n'a pas atteint la température 0°, elle ne se fond pas ; quand elle y est arrivée, elle se fond sans plus attendre. L'étain reste solide jusqu'à 235°. A ce point de température, il se liquéfie infailliblement. Il n'est donc pas sans intérêt de connaître, pour chaque substance, son point de fusion, car ce point est un des caractères distinctifs de la substance. Tant que la substance est pure, son point de fusion reste le même ; si elle est associée à des matières étrangères, son point de fusion s'élève ou s'abaisse suivant la nature et la proportion des matières associées. On peut donc reconnaître si une substance est pure ou associée à d'autres corps, en constatant si son point de fusion est oui ou non le point normal.

6. Table des points de fusion. — La table suivante contient les points de fusion d'un certain nombre de corps rangés d'après l'ordre des températures croissantes.

Substances.	Points de fusion en degrés centigrades.
Acide sulfureux	— 100°
Mercure	— 40°
Essence de térébenthine	— 10°
Glace	0°
Huile d'olives	+ 10°
Beurre	32°
Suif	33°
Phosphore	43°
Acide acétique	45°
Cire vierge	62°
Cire blanche	68°
Acide stéarique	70°
Soufre	115°
Camphre	175°
Étain	235°
Bismuth	260°
Plomb	320°
Zinc	422°
Antimoine	432°
Bronze	900°
Argent	1000°
Cuivre	1000°
Fonte blanche	1050°
Fonte grise	1100°
Or	1250°
Acier	1100° à 1500°
Fer doux	1500°
Fer écroui	1600°
Platine	2000°

7. Fusion ordinaire et fusion visqueuse. — Par la fusion, la plupart des corps deviennent vraiment liquides, ils coulent aussi aisément que l'eau. Si l'on cherche à prendre un peu de matière à l'extrémité d'une baguette, cette matière s'écoule et laisse au plus une goutte appendue. C'est le cas de la glace, de la cire, du plomb, du fer, etc. La fusion est alors dite *ordinaire*. D'autres, par la fusion, deviennent une masse visqueuse, coulant avec difficulté. Une baguette qu'on y plonge en sort tirant après elle un fil de la substance. Le verre et d'autres matières analogues, appelées matières vitrifiables, offrent cette espèce de fusion que l'on qualifie de *vitreuse* ou de *visqueuse*.

En général, un même corps n'arrive qu'à une espèce de liquéfaction : il est visqueux ou fluide, il se tire en fils ou ne se tire pas en fils. Le soufre, cependant, suivant la température, présente l'une ou l'autre de ces deux espèces de liquéfaction. Vers 115°, il se liquéfie et forme un liquide jaune orangé d'une fluidité parfaite. Chauffé davantage, il s'épaissit de plus en plus en prenant une coloration d'un brun rougeâtre. Vers 200°, il cesse de couler; il est si pâteux qu'on peut renverser sens dessus dessous le ballon qui le contient sans crainte de le perdre. Versé dans cet état dans de l'eau froide, il devient une matière molle, translucide, d'un brun rouge, et susceptible de s'étirer en longs fils.

L'action du temps amène dans la structure intime des substances à fusion visqueuse de remarquables modifications. Le soufre mou, abandonné à lui-même, reprend tôt ou tard les caractères du soufre ordinaire. Il durcit, devient jaune, tout en perdant sa transparence et sa ductilité. Le verre, en vieillissant, perd peu à peu sa transparence et tourne à l'opaque. Les ustensiles en verre recueillis dans les tombes antiques semblent couverts d'une espèce d'étamage imperméable à la lumière. On peut amener artificiellement ce défaut de transparence. Maintenu longtemps dans un four à l'état de fusion pâteuse, le verre finit par devenir entièrement opaque et par prendre l'aspect de la porcelaine. Le passage de l'état transparent à l'état opaque est connu sous le nom de *dévitrification*, et le produit s'appelle *verre dévitrifié* ou *porcelaine de Réaumur*, du nom du savant qui le premier s'est occupé de cette curieuse transformation. Un troisième exemple de ce changement spontané de structure intime nous est fourni par le sucre d'orge. Récemment préparé, il est d'une belle transparence. En peu de temps, il la perd de proche en proche à partir de la surface et devient opaque, d'aspect farineux. Le soufre mou, le verre à l'état ordinaire, le sucre d'orge frais sont, sous un certain rapport, comparables entre eux. Tous les trois sont transparents ; mais, avec le temps, ils deviennent opaques par suite d'un nouvel arrangement moléculaire ; en un mot, ils se dévitrifient. A ce point de vue, on peut dire que le soufre mou est du soufre vitreux, que le sucre d'orge frais est du sucre vitreux. Le mot vitreux fait ici simplement allusion au terme de comparaison, au verre, la plus importante des substances à fusion visqueuse.

8. Influence de la pression sur le point de fusion de la glace. — Expérience de Tyndall. — Soumises à une puissante pression, certaines substances solides se liquéfient à une température plus élevée que la température normale ; telle est la para fine. D'autres, au contraire, se liquéfient plus tôt ; telle est la glace. L'expérience du physicien anglais Tyndall est la plus remarquable qu'on ait faite jusqu'ici sur ce curieux sujet.

Deux pièces très résistantes de bois, creusées chacune d'une cavité en forme de calotte sphérique, sont superposées avec les cavités en regard. Entre les deux, on dispose une épaisse plaque de glace qui repose sur les bords des cavités sans pénétrer dans leur intérieur, et l'on soumet le tout à une forte pression à l'aide d'une presse hydraulique. Serrée entre les deux moules en bois, la glace devrait se briser, ce semble, et se réduire en fragments incohérents. Tout au contraire : quand on sépare les deux pièces de bois, on trouve que la glace s'est parfaitement moulée dans leurs cavités et qu'elle forme une masse lenticulaire homogène, limpide, sans fractures. Une substance molle n'aurait pas mieux pris l'empreinte des moules. En variant la forme des cavités dans lesquelles la compression se fait, on donne à la glace telle configuration que l'on veut, celle d'une coupe creuse, d'un

3.

disque plat, etc. Dans tous les cas, la glace reproduit fidèlement le moule, à la manière d'une substance plastique.

Sous l'action de la presse, le bloc informe de glace se brise d'abord en menus fragments ; puis, sous l'effort d'une pression croissante qui tend à réduire le volume le plus possible, une portion de la glace se liquéfie, car l'eau occupe un volume moindre que la glace d'où elle provient. Cette eau imbibe les débris à une température inférieure à zéro, elle les relie entre eux, et quand la pression cesse, le regel a lieu, et le tout se prend en une masse homogène.

9. Glaciers. Leur marche. — Cette propriété d'entrer en fusion au-dessous de zéro lorsqu'elle est comprimée, nous explique pourquoi la glace n'oppose au corps glissant à sa surface qu'une très faible résistance de frottement, alors même que son poli est médiocre. Sous le corps qui presse, un commencement de fusion se fait, et il s'effectue ainsi un graissage hydraulique d'une haute efficacité pour adoucir le frottement. La même propriété joue un rôle considérable dans la progression des glaciers.

Les hautes régions des montagnes sont les berceaux des fleuves. En toute saison, au milieu de l'été comme au sein de l'hiver, les nuages, puisés dans la mer par la chaleur solaire et transportés par les vents, y déversent leurs neiges, qui s'amassent couche sur couche sans laisser le roc à découvert un seul jour de l'année. Renouvelées à mesure qu'elles se fondent, et pour ce motif qualifiées d'éternelles, ces neiges des hauteurs sont les réservoirs où les eaux continentales immobilisées par le froid, ne se liquéfient et ne reprennent le mouvement qu'avec une prudente lenteur et dans une juste mesure. Elles glissent en avalanches sur les pentes rapides et se précipitent dans les vallées voisines. Les hautes vallées environnées de pentes toujours neigeuses sont donc occupées par des neiges qui, durcies, agglutinées par la pression de leurs assises énormes et finalement converties en glace, constituent ce qu'on nomme un glacier. Chaque vallée voisine des neiges éternelles possède le sien. Dans les Alpes seules, on en compte plus d'un millier. Leur longueur est parfois de quatre à cinq lieues, et leur largeur d'une lieue et plus. L'épaisseur de ces entassements de glace est communément de 30 à 40 mètres, mais en quelques points, elle atteint de 200 à 400 mètres.

La vue d'un glacier laisse dans l'esprit l'idée d'un repos immuable, d'une éternelle immobilité. Ces immenses traînées de glace, vieilles comme les siècles, semblent inébranlablement enchaînées dans leurs vallées, leurs assises paraissent avoir la stabilité des assises du roc, dont elles ont la puissance, et, pour les remuer, il faudrait, ce semble, des convulsions capables de secouer sur leurs bases les montagnes qui les dominent. Et cependant, cette première impression nous trompe : les glaciers se meuvent. Ce sont des fleuves solidifiés ; et, comme les fleuves liquides qu'ils engendrent, ils roulent ou plutôt ils marchent, mais avec une lenteur séculaire. Ils s'avancent dans la vallée de quelques centimètres par jour ; ils descendent tout d'une pièce, traînant à travers mille obstacles le faix de leurs énormes couches. En descendant, un glacier trouve des températures plus chaudes ; et, quand il est parvenu en un point où la chaleur s'oppose à l'existence de la glace, il se termine par un brusque talus, par un escarpement ou front, que la fusion détruit toujours, mais que renouvelle toujours aussi l'arrivée des glaces suivantes. A partir de ce point, le glacier, délivré du frein de la congélation, devient liquide, devient torrent et poursuit en liberté sa course, tandis que de nouvelles neiges s'accumulent dans le haut de la vallée, se convertissent en glace et s'avancent pour entretenir dans un état constant le fleuve congelé.

Or dans sa marche, le glacier prend toujours la forme très accidentée de la vallée qui l'encaisse. Il se rétrécit dans les défilés étroits, il s'élargit dans les larges passages ; il s'infléchit, se rectifie suivant que la vallée est sinueuse ou droite. Une masse plastique descendant des hauteurs, une coulée de lave par exemple, ne remplirait pas avec plus de fidélité le moule de la vallée. Et cependant, malgré tous ces changements de configuration, le glacier n'est pas fragmenté. Il se fend parfois, il est vrai, de larges crevasses ; mais, dans son ensemble, il se conserve compacte au lieu de se réduire en éclats, car les cassures se ressoudent au moyen du regel de l'eau apparue par l'effet de la pression, et les débris se reprennent en une masse homogène comme dans l'expérience de Tyndall.

10. Invariabilité de la température pendant toute la durée de la fusion. — La seconde loi de la fusion des corps est celle-ci : *pendant la durée de la fusion, la température se maintient au même point.* On met sur le feu un vase plein de glace et muni d'un thermomètre. Une fois la fusion commencée, on reconnaît que le thermomètre se maintient invariablement au même point, à zéro, tant qu'il reste une parcelle de glace à fondre. Vainement on activerait le foyer : on ne ferait que rendre la fusion plus rapide sans parvenir à faire monter le thermomètre. On recommence l'expérience avec du suif. La température monte d'abord jusqu'à 33 degrés. Arrivé à ce point, le thermomètre reste stationnaire, quelle que soit la violence du feu. Mais alors la fusion se fait ; et tant qu'elle dure, le thermomètre se maintient à 33 degrés. Une fois la glace en entier fondue, une fois le suif en entier liquéfié, le thermomètre monte, et pas plus tôt. Des faits semblables s'observeraient avec toute autre substance, avec la cire, le soufre, etc. Le thermomètre monterait d'abord au point de fusion ; et, ce point atteint, il s'y maintiendrait tant qu'il resterait de la substance à fondre. La fusion terminée, il continuerait son ascension.

11. Chaleur sensible et chaleur latente. — Puisque la température ne s'élève pas au-dessus de zéro dans le vase plein de glace en fusion, on se demande naturellement ce que devient la chaleur, car le foyer sur lequel est le vase en fournit, et abondamment.

Cette chaleur sert à résoudre la glace en liquide, à la transformer en eau, qui n'est pas plus chaude que la glace d'où elle provient. Ainsi employée, elle cesse à l'instant d'être chaleur ordinaire, chaleur chaude si l'on peut se servir de cette expression ; elle est insensible à nos organes, elle n'influence pas le thermomètre, elle est comme si elle n'existait pas. La chaleur est une force, une puissance ; et comme toute force, elle ne peut produire à la fois deux effets dont chacun exige sa valeur entière. Employée à produire une sorte d'effet mécanique, c'est-à-dire à liquéfier un corps, à séparer ses molécules, à les maintenir à la distance nécessaire pour la fluidité, la chaleur ne peut en même temps produire ses effets ordinaires ou effets thermométriques, par la raison toute simple que ce qui fait un travail où toutes ses énergies sont employées ne peut en même temps en faire un autre. Un corps lourd placé sur la main, la presse de tout son poids ; appendu à un ressort qu'il infléchit, il cesse de presser sur la main, parce que sa puissance comme corps pesant est employée à courber le ressort. Pareillement, la chaleur employée à produire le travail mécanique de la liquéfaction, ne peut en même temps produire cet autre travail qui se traduit par une élévation de température. La chaleur échauffe les molécules d'un corps ; ou bien elle les dissocie et les maintient à distance par la liquéfaction. Ce sont des effets différents, mais de valeur équivalente. Employée à produire l'un, il est d'évidence que la chaleur ne peut en même temps produire l'autre.

Or, on nomme *chaleur sensible* celle qui élève la température d'un corps sans en modifier l'état, celle enfin qui impressionne nos organes et fait monter le thermomètre. Quant à la chaleur qui change l'état d'un corps sans en modifier la température, qui fait passer ce corps de l'état solide à l'état liquide ou de l'état liquide à l'état gazeux, elle est dite *chaleur latente*, qui veut dire cachée. Elle est en effet, en un certain sens, cachée ou dissimulée, car elle n'impressionne pas nos organes et n'a pas d'influence sur le thermomètre. Toutefois, cette chaleur prétendue cachée n'en produit pas moins des effets très évidents, puisqu'elle dissocie les molécules et résout le corps en liquide. Aussi convient-il mieux de l'appeler *chaleur de fusion*.

12. **Dissolution.** — Un corps, pour se fondre, n'a pas toujours besoin de l'intervention d'un foyer de chaleur : il lui

suffit d'être mis dans un liquide capable de le dissoudre. Le sel de cuisine fond dans l'eau sans qu'il soit nécessaire de chauffer ; une foule d'autres sels en font autant. Or, cette dissociation des molécules d'un corps solide par l'action d'un dissolvant est un fait du même ordre que leur dissociation par l'effet de la chaleur. Dans les deux cas, les molécules se séparent, deviennent libres et acquièrent la mobilité qui constitue l'état liquide. Attaqué par la chaleur ou par un dissolvant, un corps se liquéfie. La dissolution est une liquéfaction. Ce n'est pas tout encore : deux corps solides, convenablement choisis, peuvent se liquéfier mutuellement, une fois mélangés. Tel est le cas du sel de cuisine et de la neige ou de la glace pilée.

Arrêtons-nous plus particulièrement sur cet exemple. La neige et le sel se liquéfient, disons-nous, par leur action mutuelle, sans l'intervention d'un foyer. Mais il faut ici, comme toujours, la chaleur latente nécessaire au changement d'état ; il en faut à la neige, il en faut au sel. Que doit-il donc arriver, puisque la fusion s'opère et que la chaleur nécessaire n'est fournie par rien d'étranger au mélange ?

Il arrive que le mélange prend en lui-même, aux dépens de la chaleur sensible, aux dépens de sa température, la chaleur que réclame la fusion. Cette chaleur, de sensible qu'elle était, devient latente, ne compte plus pour la température ; et par suite, le mélange se refroidit tout en fondant. Pareille chose arrive, mais avec un refroidissement plus ou moins prononcé, lorsqu'on fait dissoudre certains sels dans l'eau. La chaleur latente nécessaire au changement d'état du sel, est prise sur la chaleur sensible de l'eau et du sel lui-même ; ce qui produit, dans la dissolution, un abaissement de température.

D'une manière générale, toutes les fois que deux corps solides peuvent se liquéfier mutuellement, ou qu'un corps solide se dissout dans un liquide, il y a transformation d'une partie de la chaleur sensible en chaleur latente, indispensable à la fusion.

13. **Solidification.** — Le retour de l'état liquide à l'état

solide, ou la solidification, est soumis aux lois suivantes :

1° Chaque liquide se solidifie à une température déterminée. Le point de solidification est le même que le point de fusion.

2° La température reste invariable pendant toute la durée de la solidification.

3° La solidification est accompagnée d'un dégagement de chaleur, qui provient de la chaleur latente repassant à l'état sensible.

D'après la première loi, la solidification du corps s'effectue à la même température qui provoquerait la fusion si le corps était solide. L'eau devient glace à zéro, de même que la glace devient eau à zéro. La cire se fond à 62°, elle redevient solide au même degré ; le phosphore en fait autant à 43°. Il suffit de simples observations thermométriques au moment où a lieu la solidification des corps, pour constater cette loi. Ainsi, le même point thermométrique, suivant que la température est ascendante ou descendante, résout un corps solide en liquide ou fige le corps liquide et le ramène à l'état solide.

Pour constater la fixité de la température pendant toute la durée de la solidification, on met dans un mélange réfrigérant de glace et de sel marin deux éprouvettes contenant, l'une de la glace à zéro, et l'autre de l'eau à zéro aussi. Chacune des éprouvettes est munie d'un thermomètre. Dans ces conditions, on voit le thermomètre de l'éprouvette où se trouve la glace, s'abaisser rapidement et atteindre la température du mélange réfrigérant ; tandis que celui de l'éprouvette occupée par l'eau se maintient fixe à zéro. En même temps cette eau se congèle, et quand elle est en entier convertie en glace, le thermomètre qui l'accompagne commence à baisser pour atteindre la température du mélange réfrigérant, comme l'a fait depuis longtemps celui de la première éprouvette.

14. Retour de la chaleur latente à l'état de chaleur sensible. — D'où provient ce singulier retard ? L'eau s'échaufferait-elle par cela même qu'elle se congèle ? Y aurait-il ici quelque source de chaleur, puisque, en devenant glace, l'eau résiste à l'action réfrigérante du mélange, et se maintient à zéro lorsqu'elle devrait descendre à 6, 12, 15 degrés plus bas? Et, en effet, cette source de chaleur existe. L'eau, nous l'avons vu, ne devient et ne se maintient liquide qu'à la faveur d'une quantité considérable de chaleur latente. Si l'état liquide cesse pour faire place à l'état solide, la chaleur latente de liquéfaction, dont le rôle est alors inutile, se dégage peu à peu et reparaît avec ses caractères ordinaires, en devenant chaleur sensible.

On conçoit alors très bien que le dégagement graduel de cette chaleur sensible puisse empêcher le liquide de se refroidir au-dessous de son point de congélation, en lui restituant sans cesse la chaleur que lui enlève le mélange réfrigérant. Mais une fois la solidification achevée, il n'y a plus de chaleur sensible dégagée, et la glace formée se refroidit désormais sans entraves. Quelque étrange que cela puisse paraître au premier abord, il reste donc établi que la formation de la glace, et généralement la solidification d'un corps, est accompagnée d'un dégagement de chaleur.

15. **Retard de la solidification.** — De l'eau tenue dans un repos parfait peut être plus ou moins abaissée au-dessous de zéro sans qu'elle se congèle. Avec de délicates précautions, on parvient à la refroidir jusqu'à — 20° tout en la conservant liquide. Vient-on alors à ébranler le vase qui la contient, vient-on à y projeter une parcelle de glace, aussitôt l'eau se solidifie en masse et sa température monte rapidement à zéro, par suite de la conversion de sa chaleur latente en chaleur sensible.

Un fait du même genre, plus facile à obtenir et plus frappant à cause de la température développée, se produit avec une dissolution d'alun de la manière suivante. On fait dissoudre dans de l'eau bouillante autant d'alun que possible, et l'on remplit à demi un ballon de verre de cette liqueur toute chaude. On chauffe alors le ballon jusqu'à parfaite ébullition. A ce moment, pendant que les vapeurs se dégagent en abondance, on bouche le goulot très exactement avec un bon bouchon graissé, et on retire aussitôt le ballon de dessus le feu pour le laisser refroidir tranquillement. Quelque temps encore, le liquide continue à bouillir tout seul. Quand le ballon est froid, on le débouche. Aussitôt le liquide se prend en bloc solide, il se congèle et en même temps il s'échauffe jusqu'à communiquer à la main une chaleur très prononcée. Le retour, à l'état sensible, de la chaleur latente employée à la dissolution de l'alun, est cause de cette soudaine élévation de température.

On peut encore verser dans une éprouvette une dissolution chaude et concentrée de sulfate de soude, et surmonter le liquide d'une mince couche d'huile destinée à empêcher l'accès de l'air. Si le contenu de l'éprouvette se refroidit en repos, il ne cristallise point. Mais quand il est froid, il suffit d'y projeter un cristal de sulfate de soude, pour qu'il se prenne soudain en une masse de magnifiques cristaux. On constate alors encore une élévation de température, toujours provoquée par le retour de la chaleur latente à l'état de chaleur sensible.

16. Changement de volume que les corps éprouvent au moment de la solidification. — La plupart des corps, au moment où ils se solidifient, éprouvent une diminution de volume, une contraction : tels sont le soufre, le cuivre, le plomb, l'étain, la cire et une foule d'autres. Si on les verse dans un moule pour en prendre la forme, ils remplissent sa cavité tant qu'ils sont liquides ; ils cessent de la remplir quand ils sont devenus solides, et le moulage obtenu est plus ou moins défectueux. Avec d'autres corps, en très petit nombre, la fonte de fer, l'eau, etc., il y a, au contraire, augmentation de volume, dilatation, au moment où la matière liquide se solidifie. Dans ce cas, l'empreinte du moule est prise avec une fidélité parfaite. Cette propriété de se dilater au moment de la solidification rend la fonte de fer très précieuse pour le moulage. Pour obtenir une foule d'objets d'un emploi très fréquent, poêles, marmites, grilles, tuyaux de conduite, etc., on verse la fonte dans des moules en sable fin ; en se solidifiant, elle reproduit, par l'effet de sa dilatation, les plus fins détails des moules.

17. Expansion de la glace. — On ne connaît guère qu'une demi-douzaine de corps qui augmentent de volume en se solidifiant. Le plus remarquable et le plus important, c'est l'eau, dont l'accroissement, en devenant glace, est les 88 millièmes de son volume à zéro. L'expansion de la glace est capable des effets les plus puissants.

Un major d'artillerie, de Québec, soumit à l'action du froid de l'hiver des bombes pleines d'eau et dont le trou de fusée était solidement bouché avec un tampon de fer. Dans les unes, quand la congélation eut lieu, le bouchon fut lancé à une grande distance, et il sortit par le trou de fusée un cylindre de glace de deux décimètres de longueur; dans d'autres, le bouchon résista, mais alors la bombe se fendit et laissa déborder par la fissure un bourrelet de glace.

Une expérience de laboratoire peut reproduire des effets analogues. On remplit d'eau un canon de pistolet dont la lumière est bouchée, et l'on ferme solidement l'ouverture avec un bouchon métallique à vis. Ainsi disposé, le canon de pistolet est plongé dans un mélange réfrigérant. Son contenu se congèle, et l'on entend bientôt un craquement assez fort, occasionné par la rupture du canon, fendu par l'irrésistible effort du cylindre de glace dilaté.

On évalue à plus de 1000 kilogrammes par centimètre de surface pressée, la force d'expansion de la glace. Sous cette poussée énorme, les tuyaux de conduite des fontaines sont fendus, les bassins en maçonnerie sont crevassés, les corps de pompe se déchirent si leur contenu vient à geler en entier. Les rochers les plus durs, s'ils emprisonnent de l'eau dans leurs fissures, se brisent par la gelée et démontrent toute l'exactitude de cette expression populaire : il gèle à pierre fendre. Les arbres éclatent avec fracas quand le froid congèle l'eau de leurs tissus. Certaines pierres de nos constructions, dites pierres gélives, s'imbibent d'eau et tombent plus tard en poudre, par l'expansion de la glace, quand viennent les grands froids. Mais ces effets désastreux de la glace ne doivent point nous faire oublier que c'est à la dilatation de l'eau congelée qu'est due la formation de la terre arable, détritus des roches émiettées par le froid, et l'ameublissement du sol, condition fondamentale de la fécondité des cultures.

18. Action de la gelée sur les roches. — Terre arable. — C'est à la force expansive de la glace qu'est due principalement la formation de la terre végétale. La partie fertile du sol, cette couche de matières pulvérulentes où plongent les racines des végétaux, cultivés ou non cultivés, en un mot la terre, qui alimente la végétation et, par suite, toutes les races animales et l'homme lui-même, la terre est formée de débris de toute nature arrachés, parcelle à parcelle, aux roches compactes, que la glace pulvérise. En tel endroit le roc est à nu et la stérilité y est complète ; en tel autre la terre végétale forme une épaisseur de quelques centimètres, et de maigres gazons y commencent à poindre ; en d'autres enfin, elle atteint une épaisseur d'un petit nombre de mètres, et la végétation y arrive à toute sa prospérité. Mais nulle part la terre végétale ne possède une profondeur indéfinie : à une profondeur qui n'est jamais bien grande, reparaît le roc vif des montagnes voisines. Comment s'est formée cette mince couche de terre où tout ce qui vit puise sa nourriture, directement ou indirectement ; et comment encore se maintient-elle à peu près dans une même proportion, lorsque tous les cours d'eau, après de grandes pluies, l'entraînent graduellement à la mer avec leurs flots limoneux ?

Minées tous les hivers et même toute l'année sur les hautes montagnes, par la glace qui se forme dans leurs moindres fissures, les roches de toute nature éclatent en menus fragments, se divisent en grains de sable, tombent en poussière et fournissent les matières minérales que d'innombrables cours d'eau, grands et petits, charrient et déposent momentanément dans les plaines. Les cailloux roulés, les sables, les limons, la terre arable, n'ont pas, en général, d'autre origine. La glace, par sa puissance expansive, les a détachés de la croupe des montagnes, et les eaux pluviales les ont balayés et transportés plus loin. On peut se faire une idée de l'action de la glace émiettant les rochers pour en faire de la terre et enrichir les plaines, en examinant, au moment du dégel, la surface d'un chemin battu.

Ferme, résistante sous les pieds avant la gelée, la surface d'un chemin est, après le dégel, dépourvue de consistance et soulevée çà et là en petites mottes pulvérulentes, bientôt converties en boue. Au moment de la gelée, l'humidité dont le sol était imprégné est devenue de la glace qui, par sa force expansive, a miné la couche superficielle du chemin et l'a réduite en menus débris. Quand le dégel arrive, ces débris, que la glace n'agglutine plus, forment d'abord de la boue, et plus tard de la poussière. C'est d'une manière exactement pareille que la terre arable s'est formée, avec les débris de roches de toute nature émiettées par la glace, et qu'elle se forme encore aujourd'hui, pour remplacer celle que les eaux courantes charrient sans repos à la mer.

19. Ameublissement de la terre arable par la gelée. — La glace est encore un énergique auxiliaire de l'agriculture pour rendre le sol apte à recevoir et à nourrir la semence. — En automne, de forts attelages labourent péniblement un sol inculte. Le soc mord profondément la terre; de grandes mottes sont arrachées et culbutées en désordre sur le trajet de la charrue. Quand ce labour est fini, la surface du champ paraît comme ravagée: au lieu d'un sol égal, composé d'une terre souple telle qu'en demande la culture, ce n'est encore qu'un pêle-mêle de grosses mottes compactes, de blocs argileux où le grain ne pourrait germer. Si l'homme devait lui-même émietter ces blocs, les pulvériser et en faire de la terre fertile, bien certainement tous ses moyens d'action, si ingénieux qu'ils soient, n'en viendraient jamais à bout. Ce que l'agriculteur ne peut faire, la gelée le fait avec une merveilleuse facilité. Les mottes, imprégnées des pluies automnales, sont saisies par le froid en hiver; et, se gelant, se dégelant tour à tour, elles finissent par être réduites en poudre par l'action expansive de la glace formée dans leur épaisseur. Au printemps, le sol est ameubli, c'est-à-dire converti en cette terre souple qu'exige la culture. Maintenant la semence peut venir à bien. Cette action bienfaisante de la glace sur la terre arable fait dire aux agriculteurs que les froids de l'hiver *mûrissent* les terres.

CHAPITRE IV

VAPEURS SATURANTES ET VAPEURS NON SATURANTES. TENSION MAXIMUM.

1. Gaz et vapeurs. — En réalité, vapeurs et gaz sont la même chose ; mais l'usage, établi d'après un examen superficiel, n'emploie pas ces deux expressions l'une pour l'autre. On dit vapeur pour l'état aériforme d'une substance qui nous est le plus ordinairement connue à l'état liquide ou à l'état solide. Exemples : les vapeurs de l'eau, de l'iode, de l'alcool, du soufre, etc. On dit gaz pour les substances dont l'état habituel est l'état aériforme. Exemples : le gaz sulfureux, le gaz ammoniac, le gaz chlore, etc. Mais, par un refroidissement convenable, favorisé au besoin par la compression, on peut amener le gaz sulfureux, le chlore, l'ammoniaque et les autres gaz, à l'état liquide et même à l'état solide. Or si l'on évapore le liquide sulfureux, le liquide chlore, le liquide ammoniac, etc., on obtient des vapeurs absolument comme lorsqu'on évapore le liquide eau ; et ces vapeurs sont le gaz sulfureux ordinaire, le gaz chlore, le gaz ammoniac.

Vapeurs sulfureuses, ammoniacales, etc., et vapeurs aqueuses, sont donc des gaz aux mêmes titres. Toute la différence consiste dans le plus ou le moins de température qui détermine la liquidité du corps. La température habituelle nous donne l'eau à l'état liquide, et pour l'eau volatilisée nous disons vapeur. La même température nous donne l'acide sulfureux à l'état aériforme, et nous disons alors gaz. Mais nous dirions vapeur, si la température habituelle était assez basse pour maintenir généralement l'acide sulfureux à l'état liquide. Le froid des régions polaires suffit, et au delà, pour cette liquidité permanente. Un changement de latitude nous ferait ainsi remplacer l'expression de gaz sulfureux par l'expression de vapeurs sulfureuses. C'est dire que ces deux expressions sont équivalentes, et qu'au fond, gaz et vapeurs ne diffèrent pas. Par conséquent, lorsqu'on dit qu'une substance liquide se réduit en vapeurs, il faut entendre qu'elle prend l'état gazeux, qu'elle devient gaz.

2. Évaporation et vaporisation. — Le passage d'un liquide à l'état gazeux ou, ce qui revient au même, à l'état de vapeurs, s'effectue de deux manières : par *évaporation* et par *vaporisation*. Tantôt les vapeurs se forment uniquement à la surface du liquide, qui reste dans un complet repos ; il y a alors évaporation. Tantôt les vapeurs se forment au fond de la masse liquide, animée d'un mouvement tumultueux appelé *ébullition*, et viennent, en grosses bulles, crever à la surface. Ce dernier mode de génération des vapeurs s'appelle vaporisation. De l'eau exposée à l'air s'évapore ; de l'eau mise sur le feu dans un vase et chauffée jusqu'à bouillir, se vaporise.

La plupart des liquides et même quelques corps solides, passent spontanément à l'état de vapeurs à une température inférieure à leur point d'ébullition et uniquement par leur surface ; en un mot, ils s'évaporent. Ce passage est très facile pour quelques-uns qualifiés de *volatils*, tels que l'éther, le sulfure de carbone, etc. D'autres n'émettent des vapeurs qu'en fort petite quantité et très lentement, tel est le mercure. Ainsi, une lame d'or, suspendue au bouchon d'un flacon contenant du mercure, finit par blanchir légèrement après plusieurs semaines par suite des vapeurs mercurielles qui se déposent à sa surface. D'autres enfin ne paraissent pas émettre de traces de vapeurs à la température ordinaire. De ce nombre sont les huiles grasses et l'acide sulfurique concentré.

Une capsule contenant de l'acide sulfurique peut séjourner indéfiniment sous une cloche, côte à côte avec un verre plein d'une dissolution barytique, sans amener de trouble dans celle-ci, même lorsqu'on favorise l'évaporation en faisant le vide sous la cloche. S'il se formait la moindre trace de vapeurs sulfuriques, la dissolution de sel de baryte blanchi-rait, car ce réactif de l'acide sulfurique est d'une extrême sensibilité. La permanence de sa limpidité affirme .donc le défaut total d'évaporation de l'acide. Certains corps solides, l'iode et le camphre, par exemple, se réduisent en vapeurs sans préalablement passer par l'état liquide. Ces corps se *subliment*, c'est-à-dire que leurs vapeurs se condensent dans le haut du flacon en parcelles cristallines. Toutefois, la fusion du camphre et de l'iode peut être obtenue quand ces substances sont soumises à une certaine pression en même temps que chauffées.

3. Formation instantanée des vapeurs dans le vide. Force élastique. — Quatre baromètres, A,B,C,D, sont disposés dans une même cuvette, comme le montre la figure 16. Au début, ces quatre baromètres se tiennent au même niveau : ils mesurent, l'un comme l'autre, la pression atmosphérique au moment de l'expérience. L'un d'eux, A, est laissé tel quel ; dans le second, B, on introduit par sa partie inférieure quelques gouttes d'eau, qui montent en vertu de leur moindre densité et se rendent dans la chambre barométrique. On introduit dans le troisième, C, quelques gouttes d'alcool ; et dans le quatrième, D, quelques gouttes d'éther.

Or, dès que le liquide pénètre dans le vide de la chambre barométrique, on voit le mercure s'abaisser brusquement d'une certaine quantité, moindre pour l'eau, plus grande pour l'alcool, plus grande encore pour l'éther ; de sorte que le niveau, qui était d'abord en Y pour les quatre baromètres, descend en Y' pour le baromètre à eau, en Y" pour le baromètre à alcool, en Y''' pour le baromètre à éther.

La dépression de la colonne mercurielle n'est certainement pas occasionnée par le poids insignifiant de la mince couche d'eau, d'alcool, d'éther qui surmonte le mercure. Elle est produite par la force élastique de la vapeur. Un gaz, en effet, nous l'avons suffisamment démontré, possède une force de ressort, une force élastique, en vertu de laquelle il presse sur les parois qui lui font obstacle. Les vapeurs, par cela même qu'elles sont des gaz, possèdent une force élastique pareille ; elles exercent une poussée plus ou moins forte sur les obstacles qui gênent leur expansion, et telle est la cause de l'abaissement du niveau de la colonne mercurielle. La valeur de la dépression du baromètre est la mesure de la force élastique de la vapeur formée dans la chambre barométrique.

Cette expérience nous apprend donc : 1° qu'un liquide s'évapore instantanément dans le vide, puisque la dépression du mercure a eu lieu brusquement, au moment même où le liquide a apparu dans la chambre barométrique; 2° que les vapeurs ainsi formées ont, de même que les gaz ordinaires, une force élastique, dont l'effet est de déprimer la colonne mercurielle du baromètre; 3° que, dans les mêmes conditions de température, chaque liquide, suivant sa nature, émet des vapeurs d'une force élastique plus grande ou plus faible. La force élastique des vapeurs de l'eau, mesurée par la dépression YY', est moindre que la force élastique des vapeurs de l'alcool, mesurée par la dépression YY''; et celle-ci est moindre que la force élastique des vapeurs de l'éther, mesurée par la dépression YY''. En observant que l'alcool se volatilise plus facilement que l'eau, et que l'éther se volatilise plus facilement que l'alcool, on déduit que, pour une même température, la force élastique des vapeurs est plus grande avec un liquide plus volatil.

4. Saturation. — Après la brusque dépression occasionnée par la formation soudaine des vapeurs, il reste au-dessus du mercure des baromètres précédents une couche de liquide surabondante. Vainement on attendrait; si la température autour de l'appareil se conserve la même, cette mince couche de liquide ne disparaît pas par l'évaporation, ne s'amoindrit même pas. Telle elle était dès le premier instant, telle elle sera toujours, à la condition expresse que la température ne change pas. D'autre part, les niveaux du mercure une fois abaissés en Y', en Y'', en Y''', se maintiennent fixes en ces points.

Puisqu'il cesse de se former des vapeurs, bien qu'il y ait encore du liquide à évaporer, il faut que les espaces Y'''D, Y''C, Y'B (fig. 16), surmontant le liquide, renferment toute la quantité de vapeurs qu'ils sont susceptibles de recevoir dans les mêmes conditions de température, et se refusent à en recevoir davantage. On dit alors que ces espaces sont *saturés*, et la vapeur qu'ils renferment est appelée vapeur *saturante*. On voit donc qu'un espace vide, dans lequel pénètre un liquide, se sature instantanément de vapeur, c'est-à-dire reçoit toute la quantité de vapeur qu'il est susceptible de contenir. La saturation opérée, toute évaporation cesse, et le liquide en excès se conserve tel quel indéfiniment si la température ne change pas. On voit, enfin, que l'espace est saturé toutes les fois que la vapeur est en présence de son liquide générateur, car, si la saturation n'était pas atteinte, le liquide fournirait aussitôt de nouvelles vapeurs jusqu'à saturer cet espace.

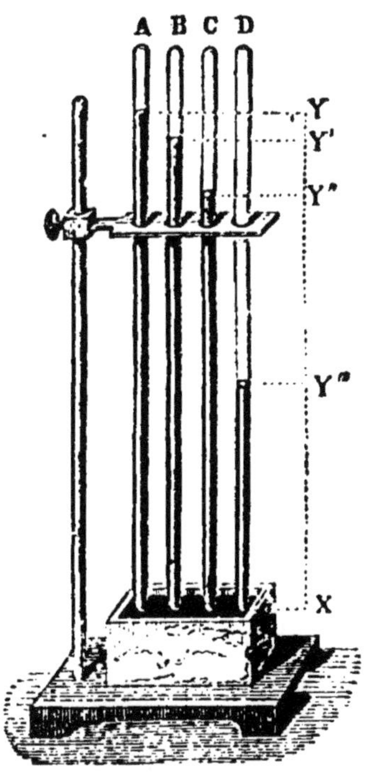

Fig. 16.

5. Les vapeurs saturantes, à une température déterminée, ne peuvent augmenter ni diminuer de force élastique. — D'après la loi de Mariotte, un gaz diminue de force élastique quand on augmente son volume, il gagne en force élastique quand on réduit son volume. La vapeur saturante se comporte d'une autre manière.

Dans un baromètre à cuvette très profonde B (fig. 17), on fait passer quelques gouttes d'eau ou de tout autre liquide volatil. Aussitôt que le liquide arrive dans le vide barométrique, les vapeurs se forment et par leur force expansive font baisser le mercure. Celui-ci se tenait d'abord à une hauteur équivalente à la pression atmosphérique, à 760 millimètres, par exemple ; maintenant il se tient plus bes, au niveau YY', à 600 millimètres, supposons. La quantité dont il est descendu, 160 millimètres, est la mesure de la force élastique des vapeurs formées. L'espace B est plein de vapeurs saturantes, car il y a du liquide en excès.

On augmente cet espace en soulevant le baromètre et on lui donne la longueur A (fig. 17). Si l'on suit attentivement du regard la couche d'eau qui surmonte le mercure, on la voit diminuer un peu d'épaisseur, ce qui prouve la formation d'une nouvelle quantité de vapeurs pour saturer le surcroît d'espace libre que présente le tube soulevé. Quant à la force élastique de la vapeur, elle reste absolument la même, elle déprime le mercure de la même quantité. Le mercure, en effet, se maintient toujours au niveau YY' qu'il avait au début. Ainsi, quand on vient à augmenter l'espace occupé par la vapeur saturante, une nouvelle quantité de liquide passe à l'état de vapeur, la saturation s'établit et la force élastique se conserve avec sa valeur première. Tout cela suppose, bien entendu, que la température ne change pas.

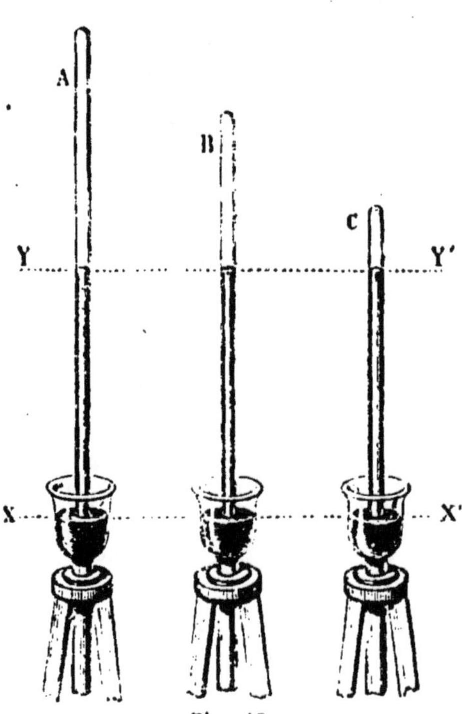

Fig. 17.

Enfonçons maintenant le tube de manière à réduire l'espace occupé par la vapeur et à lui donner la valeur C (fig. 17). Dans ce cas, on voit la couche de liquide augmenter un peu d'épaisseur, ce qui annonce le retour à l'état liquide d'une partie de la vapeur. La diminution de volume, la compression , a donc pour effet de faire revenir à l'état liquide une partie de vapeur saturante. Mais la force élastique n'est modifiée en rien, car le niveau du mercure se maintient toujours sur la même horizontale YY'; la colonne barométrique n'est pas plus refoulée après qu'avant.

Les vapeurs saturantes présentent donc une propriété fondamentale : c'est de conserver une invariable force élastique malgré les variations de l'espace occupé. Si l'espace augmente, une nouvelle quantité du liquide devient vapeur ; si l'espace diminue, une portion de la vapeur redevient liquide, et, dans les deux cas, la force élastique se maintient avec sa valeur première.

6. Les vapeurs non saturantes suivent la loi de Mariotte. — Force élastique maximum. — Si, au contraire, l'espace barométrique n'est pas saturé, s'il ne reste pas un excès de liquide générateur, la vapeur se comporte comme les gaz et suit la loi de Mariotte : elle perd en force élastique en gagnant en volume, elle gagne en force élastique en perdant en volume ; en d'autres termes, sa force élastique est en raison inverse du volume occupé. Alors la dépression du mercure au-dessous du niveau primitif est moindre à mesure que l'espace occupé par la vapeur augmente, plus forte à mesure que cet espace diminue. En soulevant ou en enfonçant davantage le tube de la figure précédente, on voit, en l'absence d'un excès de liquide générateur, le mercure changer de niveau, comme dans l'expérience de Mariotte pour les gaz soumis à une pression moindre qu'une atmosphère. Ce niveau monte quand on soulève le tube, parce que la force élastique de la vapeur diminue et ne peut plus refouler autant de mercure ; il descend quand on enfonce le tube, parce que la force élastique de la vapeur augmente de puissance et refoule davantage le mercure.

Toutefois, cet accroissement de puissance par la diminution de volume est limité. A un certain moment, la vapeur, comprimée dans un espace de plus en plus petit, atteint le point de saturation. A partir de ce moment la force élastique cesse d'augmenter et le niveau du mercure devient constant, car un surcroît de diminution dans le volume n'a d'autre effet que de faire liquéfier une portion de la vapeur sans augmenter désormais la force élastique. C'est donc lorsqu'elle est saturante que la vapeur possède sa plus grande force élastique, ou, suivant une expression consacrée, sa *force élastique maximum* ou *tension maximum*.

7. Variation de la force élastique maximum de la vapeur d'eau avec la température. — Il est important de connaître la force élastique maximum de la vapeur d'eau aux diverses températures. On y parvient, pour les températures comprises entre 0° et 100°, au moyen de l'appareil de la figure 18.

Une cuvette C, pleine de mercure, est placée sur un fourneau. Un long manchon de verre plonge, par sa partie inférieure, dans le bain de mercure. On le remplit d'eau. Bien que les deux liquides communiquent, puisque le manchon est ouvert inférieurement, l'eau reste suspendue dans celui-ci par la poussée du mercure plus lourd. Enfin deux baromètres, disposés dans le manchon, servent, l'un F à fournir un terme de comparaison, l'autre E, contenant un peu d'eau dans sa chambre barométrique, à donner la force élastique de la vapeur par la dépression que subit sa colonne. Un thermomètre G les accompagne. On chauffe le mercure de la cuvette C, la chaleur se propage dans l'eau et le thermomètre monte graduellement. Pour chaque température obtenue, on observe les deux baromètres, et l'on voit, à mesure que la température s'élève, le mercure du baromètre à eau descendre davantage, preuve d'un accroissement dans la force élastique des vapeurs formées. En notant à la fois l'indication du thermomètre et la quantité *ba*, dont la colonne barométrique s'est abaissée par l'effet de la pression de la vapeur, on a, en millimètres de mercure, la force élastique de la vapeur d'eau pour la température correspondante. On forme ainsi une table où, en face de chaque degré du thermomètre, se trouve la force élastique maximum de la vapeur.

Le niveau *a* baisse, disons-nous, dans le baromètre à vapeur, à mesure que la température augmente, parce que la force élastique des vapeurs, émises par le liquide toujours en excès, augmente elle-même. Quand l'eau du manchon atteint 100° de température, l'eau du baromètre se met à bouillir, et alors, fait important à se rappeler, le niveau du mercure dans le baromètre atteint le niveau du mercure dans la cuvette, c'est-à-dire que les vapeurs émises par l'eau bouillante ont une force élastique capable de déprimer en entier la colonne barométrique, et, par conséquent, de faire équilibre à la pression de l'atmosphère.

Avec tout autre liquide, alcool, éther, sulfure de carbone, n'importe, le même résultat se serait offert. Au moment de l'ébullition du liquide dans le baromètre, le mercure se trouverait au même niveau dans l'intérieur du tube et à l'extérieur. Ainsi, tout liquide en ébullition, n'importe la température de son point d'ébullition, émet des vapeurs dont la force élastique est d'une atmosphère.

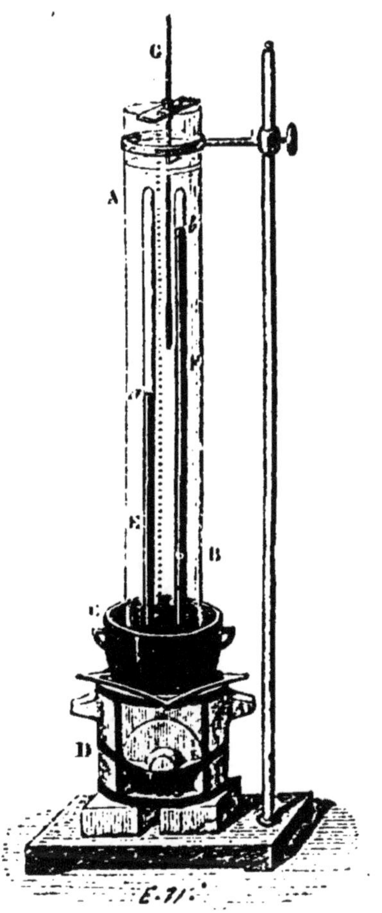

Fig. 18.

8. Force élastique de la vapeur d'eau au-dessous de zéro. — L'appareil précédent donne la force élastique maximum de la vapeur d'eau entre 0° et 100°. Pour déterminer la force élastique à des températures inférieures à 0°, on s'y prend comme il suit.

Deux baromètres plongent dans une même cuvette XX' (fig. 19), l'un E reste tel quel et sert de terme de comparaison ; l'autre A reçoit dans sa chambre barométrique une

4.

petite quantité d'eau. Son extrémité supérieure se recourbe et plonge dans un vase V, contenant un mélange réfrigérant. La vapeur, qui se forme aux dépens de la couche d'eau placée en a, envahit la chambre barométrique et se condense, se liquéfie en I par l'action du mélange réfrigérant. D'autre vapeur se forme donc provoquée par l'excès de température du point a sur le point I. Il s'effectue ainsi une distillation de la partie chaude de la chambre barométrique vers la partie froide tant que la température de la couche d'eau a excède la température du mélange réfrigérant.

Mais l'évaporation, nous le verrons plus loin, est une cause de refroidissement. L'eau placée en a continue donc à s'évaporer et à se refroidir jusqu'à ce qu'elle ait atteint la température de la région I. A partir de ce moment, l'évaporation s'arrête; mais alors la chambre barométrique est occupée par des vapeurs dont la température est celle du mélange réfrigérant lui-même. Un thermomètre indique la température de ce mélange, et la dépression ab ou la différence de niveau des deux baromètres donne la force élastique de la vapeur à cette température. On obtient ainsi des résultats de médiocre importance dans les applications industrielles, il est vrai, mais d'une valeur théorique qui n'est pas sans intérêt. On trouve, par exemple, qu'à 0°, qu'à l'état de glace, l'eau émet des vapeurs dont la force élastique est de 4 à 5 millimètres; que bien au-dessous de ce point, à — 30°, elle en émet encore mesurées par 4 dixièmes de millimètre de pression.

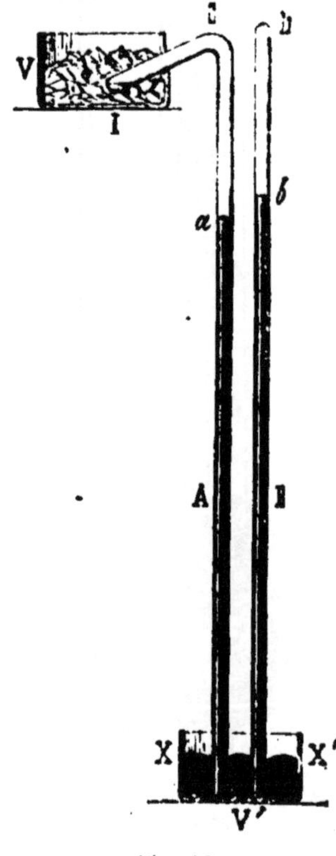

Fig. 19.

9. Force élastique de la vapeur d'eau au-dessus de 100°. — C'est au-dessus de 100° que la force élastique de la vapeur acquiert toute son importance dans les applications industrielles, à cause de sa puissance mécanique. Pour en déterminer la valeur, on chauffe l'eau dans une chaudière close, ce qui permet d'atteindre telle température que l'on veut. La chaudière est munie d'un thermomètre, qui donne la température, et elle est en rapport avec un manomètre qui fait connaître la force élastique de la vapeur.

La force élastique de la vapeur d'eau augmente bien plus rapidement que la température. A 40°, par exemple, elle est de 55 millimètres ; à 80°, elle est de 355 millimètres, c'est-à-dire de cinq à six fois plus grande. Par delà 100°, elle s'accroît encore plus vite, à tel point qu'un petit nombre de degrés en plus la fait augmenter d'une atmosphère.

10. Tableau de la force élastique maximum de la vapeur d'eau.

Température.	Force élastique maximum de la vapeur d'eau, en millimètres de mercure.	
0°	4	
10°	9	
20°	17	
30°	31	
40°	55	
50°	92	
60°	149	
70°	233	
80°	355	
90°	525	
100°	760	ou une atmosphère.
121°	2	atmosphères.
131°	3	—
141°	4	—
152°	5	—
160°	6	—
165°	7	—
171°	9	—
176°	8	—
180°	10	—
184°	11	—
188°	12	—
195°	14	—
201°	16	—

Enfin, à 230° elle est de 27 atmosphères et plus.

11. Force élastique des vapeurs des liquides autres que l'eau. — Par les mêmes moyens que nous venons de décrire, on déterminerait la force élastique des vapeurs des autres liquides. La table suivante contient la force élastique des vapeurs de l'alcool, de l'éther et du sulfure de carbone, liquides dont l'emploi tend à se généraliser en industrie.

Température.	Alcool.	Éther.	Sulfure de carbone.
0°	12mm.	182mm.	127mm.
10°	21	286	199
20°	41	421	298
30°	78	637	434
37° Ébullition de l'éther		760	
40°	134	913	617
47° Ébullition du sulfure de carbone.			760
50°	220	1268	852
60°	350	1730	1162
70°	539	2309	1519
79° Ébullition de l'alcool.	760		
80°	812	2947	2030
90°	1190	3899	2633
100°	1685	4920	3321
110°	2531	6249	4136
120°	3207		5121
130°	4331		6260

CHAPITRE V

VAPORISATION. — ÉBULLITION. — DISTILLATION.

1. Ébullition. — On met sur le feu un vase plein d'eau ou de tout autre liquide. Le vase, en rapport direct avec le foyer, s'échauffe le premier; il transmet la chaleur à son contenu, et celui-ci, après certains mouvements d'ascension des parties plus chaudes et plus légères, et de descente des parties plus froides et plus lourdes, finit par répartir uniformément dans toute sa masse la chaleur fournie par le foyer.

Un moment vient où de petites bulles de vapeur apparaissent sur la paroi la plus chaude du vase, sur le fond. Elles montent à travers le liquide, gagnent des couches où la température est moindre et se condensent sans pouvoir atteindre la surface. De cette disparition soudaine des premières vapeurs dans la masse du liquide résulte une agitation intime, qui se traduit par un frémissement, une sorte de *chant du liquide*, précurseur de l'ébullition. Mais, la température monte encore un peu, et des bulles plus nombreuses, plus grosses, plus chaudes, partent du fond du vase, se renouvellent sans cesse, s'élèvent à travers le liquide qu'elles mettent en mouvement tumultueux et viennent crever à la surface. Le liquide est alors en ébullition, il se *vaporise*.

Pour chaque liquide, l'ébullition se fait à une température spéciale, très variable d'un liquide à l'autre. Le mercure, par exemple, exige pour bouillir une température supérieure à celle de la fusion du plomb, tandis que, sans autre foyer de chaleur, l'éther peut bouillir dans le creux de la main, et l'acide sulfureux liquide dans une cavité pratiquée dans la glace à zéro. L'eau nous a habitués à regarder comme très chaud un liquide bouillant; mais il ne faut pas perdre de vue que l'association de ces deux idées, ébullition et température brûlante, comporte de singulières restrictions. L'éther qui bout dans le creux de la main nous refroidit; l'acide sulfureux liquide nous glace douloureusement. La table ci-après donne le point d'ébullition des principaux liquides.

Noms des liquides.	Points d'ébullition.
Acide sulfureux	— 10°
Éther	+ 37°
Sulfure de carbone	47°
Chloroforme	63°
Acide azotique concentré	86°
Alcool	79°
Eau	100°
Acide sulfurique concentré	325°
Huile de lin	316°
Mercure	360°
Soufre	400°

2. Influence de la pression sur le point d'ébullition.
— Chaque liquide, disons-nous, entre en ébullition à une
température spéciale, invariable. Mais il faut, pour retrouver
toujours la même température, que rien ne soit changé aux
conditions ordinaires de l'ébullition. Si ces conditions
changent, l'eau, par exemple, peut bouillir aussi bien au-
dessous de 100° qu'au-dessus. Or, parmi les conditions qui
influent sur la température à laquelle se fait l'ébullition, la
plus remarquable est la pression que supporte la surface du
liquide. Pour se dégager de la masse en ébullition, les bulles
de vapeur ont à vaincre la résistance exercée par l'air ambiant; il faut donc que leur force élastique soit égale à la
pression de l'atmosphère. Tel est le motif pour lequel, ainsi
que nous l'avons déjà vu, tout liquide qui bout émet des
vapeurs dont la force élastique est d'une atmosphère.

Il est dès lors évident que si la résistance de l'air ambiant
augmente, l'ébullition deviendra plus laborieuse et exigera
une température plus élevée. Si cette résistance diminue, l'é-
bullition sera plus facile, c'est-à-dire nécessitera une température moindre. Ce dernier cas se constate dans tous les lieux
élevés, où la pression de l'air est moindre que dans la plaine.

Au sommet du mont Blanc, à 4800 mètres au-dessus du
niveau des mers, l'ébullition de l'eau se fait à 84°. Sur les
flancs du volcan l'Antisana, dans l'Amérique du Sud, se
trouve une métairie qui est le point habité le plus élevé de la
terre. Son altitude est de 4101 mètres. L'eau y bout à 86°. A
l'hospice du Saint-Gothard, élevé de 2075 mètres, elle bout
à 92°; aux bains du mont Dore, élevés de 1010 mètres,
à 96°. Enfin, dans les plaines basses, ou plus exactement au
niveau des mers, elle entre en ébullition à 100°. Encore
faut-il, dans ce dernier cas, que le baromètre accuse 760
millimètres de pression; s'il est plus haut, l'eau bouillira un
peu plus tard; s'il est plus bas, l'eau bouillira un peu plus tôt.

On se rappelle que le point fixe supérieur du thermomètre,
le point 100°, exige certaines précautions, en particulier
l'examen du baromètre. On en voit à présent le motif: si l'on
ne tenait compte de la pression atmosphérique au moment

de l'ébullition, le point fixe supérieur pourrait se trouver tantôt trop haut, tantôt trop bas, suivant la valeur variable de la pression de l'air. Pour obtenir un point réellement fixe, on est convenu de prendre la température de l'ébullition de l'eau lorsque cette ébullition se fait sous une pression équivalant à 760 millimètres de mercure.

3. **Ébullition de l'eau par le refroidissement de la vapeur qui la surmonte.** — Une des expériences les plus simples et en même temps les plus frappantes que l'on puisse faire pour démontrer l'influence de la pression sur le point d'ébullition est celle-ci :

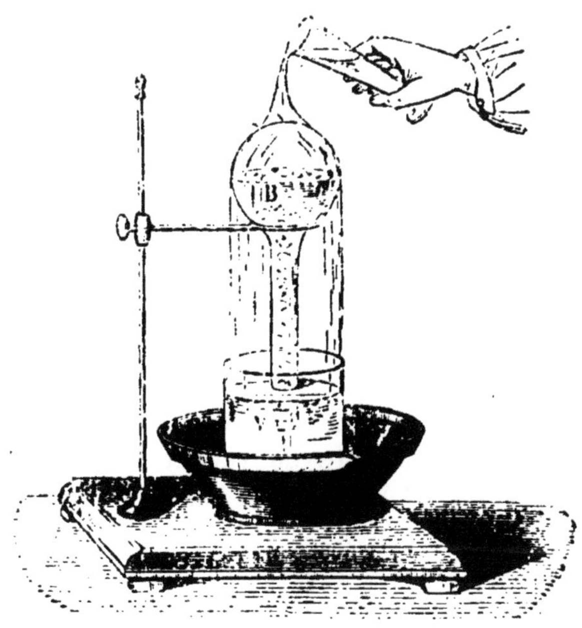

Fig. 20.

Un ballon de verre à demi plein d'eau est chauffé sur un fourneau jusqu'à complète ébullition. Pendant que l'eau bout, on ferme le goulot avec un bon bouchon enduit de suif. L'appareil est aussitôt retiré de dessus le feu, sinon il pourrait éclater. Le ballon est alors renversé sens dessus dessous, et l'extrémité de son col est plongée dans un vase plein d'eau (fig. 20). Cette immersion a pour effet d'empêcher l'air extérieur de rentrer dans le ballon, ce qui pourrait arriver malgré le bouchon. Actuellement l'eau du ballon est chaude, fort chaude même ; toutefois, elle ne bout pas, elle est en parfait repos. Au-dessus de l'eau, le ballon contient une atmosphère de vapeur, qui, par sa force élastique, presse sur le liquide et l'empêche de bouillir.

Mais on verse de l'eau froide sur le haut du ballon ; une partie de la vapeur se condense, se liquéfie par le refroidissement, la pression diminue, et aussitôt le liquide se met à bouillonner en tumulte aussi bien que s'il était sur un foyer ardent. Singulière contradiction avec nos idées habituelles : pour faire bouillir de l'eau nous avons recours, ici, au refroidissement. Cependant de nouvelles vapeurs se forment, et le haut du ballon s'emplit d'une atmosphère dont la pression croissante arrête l'ébullition. Le liquide retombe alors au repos. Une seconde ablution d'eau froide diminue la pression de cette atmosphère en condensant en partie les vapeurs, et l'ébullition reprend pour s'arrêter encore quand les vapeurs formées exercent une pression suffisante. Si l'eau froide arrive d'une manière continue de façon que les vapeurs soient condensées à mesure qu'elles se forment, le contenu du ballon est dans une ébullition permanente, bien qu'il se refroidisse de plus en plus. Enfin quand le liquide du ballon, son atmosphère de vapeur et l'eau versée ont même température, l'ébullition cesse parce qu'il n'y a plus de condensation possible.

4. Ébullition de l'eau dans le vide. Expérience de Leslie. — Avec la machine pneumatique on peut faire une expérience analogue, plus concluante même, car l'eau n'est plus surmontée artificiellement d'une atmosphère de vapeurs, mais bien d'air que l'on raréfie pour en affaiblir la pression.

Un large vase A, à demi plein d'acide sulfurique concentré, est placé sur la platine de la machine pneumatique (fig. 21). Une capsule en cuivre, mince et peu profonde, repose par trois pieds sur les bords de ce vase. Elle est pleine d'eau.

Le tout est recouvert d'une cloche. L'eau de la capsule possède une certaine température, la température de la salle où l'on opère. A ce degré de chaleur, tout faible qu'il est, l'eau peut bouillir ; si elle ne le fait pas, la cause en est dans la pression de l'air environnant, pression trop forte pour permettre l'ébullition à pareille température.

Mais la machine pneumatique fonctionne ; l'air de la cloche se raréfie, diminue de pression, et, après quelques coups de piston, l'eau se met à bouillir. Un fait se passe, analogue à celui qui aurait lieu sur le sommet d'une montagne comme la Terre n'en a pas d'aussi hautes. A la cime du mont Blanc, à 4800 mètres d'altitude, l'air est assez raréfié pour permettre l'ébullition de l'eau à 84°. La température de l'ébullition baisserait encore, elle descendrait à 30°, à 20°, à 10°, etc., si la montagne avait une altitude suffi-

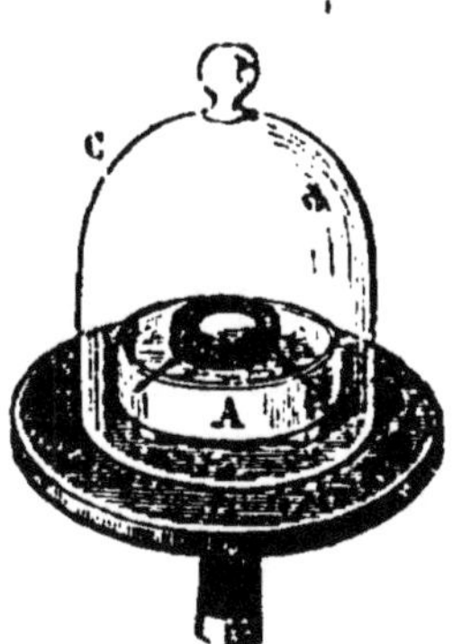

Fig. 21.

sante. Nulle part sur le globe ne se trouvent des cimes où la raréfaction de l'air puisse amener pareil résultat ; mais sous la cloche de la machine pneumatique, cette raréfaction atteint tel degré que l'on veut, et l'ébullition se fait sous l'influence seule de la température ambiante. Le liquide se met donc à se vaporiser.

Les vapeurs formées sont immédiatement absorbées par l'acide sulfurique, substance très avide d'eau, de sorte que, sur le liquide, il ne peut pas même y avoir une atmosphère de vapeur. Le jeu des pistons soustrait l'air, l'acide sulfurique absorbe les vapeurs dégagées, et la vaporisation, que rien n'entrave, se continue activement. Alors, tout en bouillant, l'eau se prend en glace. Au lieu d'eau, la capsule de cuivre ne contient bientôt qu'un glaçon aussi dur que si le liquide avait été saisi par le froid de l'hiver. La chaleur latente nous fournit l'explication de cet étrange fait. Pour se former et se maintenir dans leur état, les vapeurs ont besoin d'une grande quantité de chaleur qui devient latente, ainsi que nous allons l'établir bientôt. Cette chaleur est prise à la capsule de cuivre, surtout à la masse même du liquide. L'eau cède ainsi sa chaleur sensible aux vapeurs qui la rendent latente ; elle se refroidit donc par cela même qu'elle se vaporise, et un moment arrive où elle se congèle.

5. **Thermomètre barométrique.** — Le point d'ébullition est d'autant moins élevé que la pression de l'air ambiant est plus faible. D'autre part, la pression de l'air diminue avec l'altitude du lieu. On peut donc déduire l'altitude d'une montagne de la température à laquelle l'eau entre en ébullition, premièrement à la base, secondement au sommet. On remplace ainsi le baromètre par le thermomètre. Le thermomètre barométrique, destiné à de pareilles observations, doit être d'une grande précision, car le point d'ébullition ne varie que très peu pour une différence d'altitude assez considérable. Au niveau de la mer, le baromètre baisse de 1 millimètre pour une augmentation de 10 mètres en altitude ; dans les mêmes conditions, le point d'ébullition de l'eau baisse de $\frac{1}{27}$ de degré. On obtient la précision voulue en donnant aux degrés du thermomètre une longueur assez grande pour permettre d'évaluer des fractions de cet ordre.

6. **Ébullition dans les vases clos. Marmite de Papin.** — Chauffée dans un vase ouvert, l'eau ne peut dépasser la température correspondant à la pression atmosphérique qu'elle supporte, celle de 100° si la pression est de 760 millimètres, car, dès qu'il est en ébullition, un liquide ne gagne plus en température. Mais en chauffant l'eau dans un vase exactement fermé, qui ne laisse aucune issue aux vapeurs, on peut lui faire acquérir la température que l'on voudra et retarder indéfiniment son point d'ébullition. Dans ce cas, en effet, les vapeurs accumulées dans la partie supérieure du vase exercent elles-mêmes sur le liquide une pression, qui augmente sans cesse avec la température et permet au liquide, en l'empêchant de bouillir, d'acquérir indéfiniment de la chaleur. Mais il faut que le vase soit d'une solidité à toute épreuve pour résister à la puissance des vapeurs emprisonnées.

La marmite de Papin remplit ces conditions. C'est un épais vase en bronze A (fig. 22) contenant de l'eau. Il est exactement bouché par un couvercle solide que serre une vis VE, maintenue par un étrier CC'. En s, le couvercle est percé d'un orifice que ferme une soupape maintenue en place par un levier D, auquel est appendu un poids mobile P, destiné à régler la résistance que la soupape oppose à l'issue de la vapeur. Dans la marmite de Papin l'eau peut acquérir la température que l'on veut, 200° par exemple, si la soupape est disposée pour 16 atmosphères de pression; 230° si elle est disposée pour 27 atmosphères, etc. Dans cette eau, aussi chaude qu'on le désire, l'étain et le plomb peuvent à la rigueur entrer en fusion.

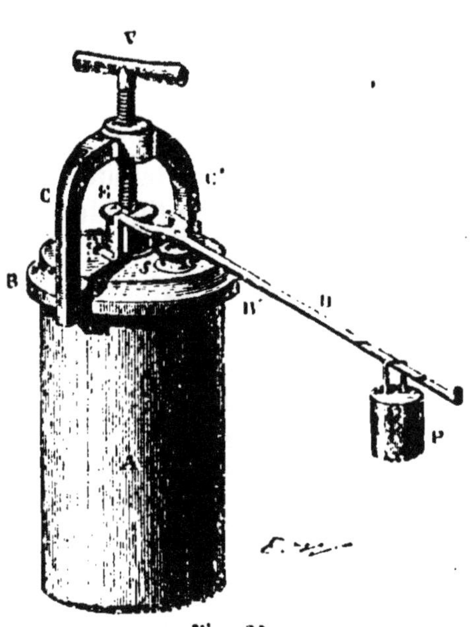

Fig. 22.

Mais il ne faut jamais perdre de vue qu'à ces hautes températures, la vapeur est douée d'une puissance formidable, qui exige une prudence extrême et des vases d'une solidité exceptionnelle.

7. Influence de la nature du vase sur le point d'ébullition. — Si l'on fait bouillir de l'eau comparativement dans un vase en verre et dans un vase en métal, on constate des différences bien prononcées. D'abord, dans le vase en verre, la température d'ébullition est un peu plus élevée que dans un vase en métal; la différence peut dépasser 1°. Ensuite, dans le vase en verre, l'ébullition est pénible; les bulles apparaissent par intervalles irréguliers, elles sont grosses, peu nombreuses, et ne partent que d'un petit nombre de points de la surface de chauffe. Au contraire, dans le vase en métal, les bulles se succèdent sans interruption, elles sont nombreuses, petites, et partent de tous les points de la surface de chauffe.

Une expérience bien simple met hors de doute que l'ébullition ne s'effectue péniblement dans le verre qu'à la faveur d'un excès de température, surmontant certaines difficultés qu'il serait assez embarrassant de définir. On porte de l'eau à l'ébullition dans un ballon de verre et l'on retire le feu. L'ébullition s'apaise, le liquide retombe au repos. On introduit alors dans l'eau une pincée de limaille de fer, ou un paquet de menu fil métallique. L'ébullition reprend aussi forte que jamais. Avec un liquide plus volatil, avec le sulfure de carbone, par exemple, cette brusque reprise de l'ébullition sous l'influence d'un corps métallique pourrait être assez violente pour provoquer une sorte d'explosion et chasser une partie du liquide hors du vase. Une température insuffisante pour produire l'ébullition dans le verre peut donc faire bouillir le même liquide en présence d'un métal.

L'irrégulière ébullition dans le verre est surtout à redouter avec l'acide sulfurique. La température s'élève beaucoup au-dessus du point normal, puis une bulle apparaît, grossit outre mesure et se détache en soulevant la masse liquide et produisant des soubresauts qui peuvent amener la rupture du vase. On évite ces dangereux soubresauts et l'on régularise l'ébullition en mettant dans le liquide, avant de le chauffer, quelques fils de platine, sur lesquels les bulles de vapeur se forment.

8. Influence des substances dissoutes. — Les matières salines en dissolution dans l'eau retardent toujours l'ébullition, et le retard est d'autant plus considérable que la quantité de matière dissoute est plus forte. Tel est le motif qui fait recourir à l'eau distillée pour la détermination du point fixe supérieur du thermomètre. On utilise parfois le retard de l'ébullition de l'eau par les substances salines pour obtenir des bains-marie d'une température supérieure à 100°. De la proportion et de la nature du sel employé dépend la température obtenue. La table suivante donne la température que peuvent atteindre certaines dissolutions salines saturées.

Sel en dissolution.	Quantité de sel pour 100 parties d'eau.	Points d'ébullition.
Sel marin	41	108°
Sel ammoniac	89	114·
Azotate de soude	225	121·
Carbonate de potasse	205	135·
Chlorures de calcium	325	179·

9. La température se maintient invariable tant que dure l'ébullition. — Dans un vase plein d'eau, placé sur le feu, le thermomètre monte graduellement, et quand il atteint 100°, l'eau, supposée pure et sous la pression normale, entre en ébullition. En ce moment, si l'on active le plus possible l'ardeur du foyer, on constate que l'eau ne fait que bouillir plus vite sans s'échauffer davantage; on reconnaît enfin que le thermomètre marque invariablement 100°. C'est sur cette invariabilité de la température de l'eau en ébullition qu'est basé le point fixe supérieur de l'échelle thermométrique, ainsi qu'on l'a vu dans un autre chapitre.

Avec des liquides différents, avec de l'alcool, avec de l'acide sulfurique concentré, par exemple, on retrouverait des faits analogues : quand le thermomètre marquerait 79° pour l'alcool, 325° pour l'acide sulfurique, les deux liquides seraient en ébullition, et la température, quelle que fût l'ardeur du foyer, conserverait un degré constant, 79° pour le premier liquide, 325° pour le second. Ainsi, une fois qu'un liquide bout il est impossible de le chauffer davantage.

Que devient alors la chaleur fournie par le foyer, puisque la température de l'eau qui la reçoit n'augmente plus à partir du premier moment de l'ébullition ? Cette chaleur est employée à produire le changement d'état ; elle devient latente, et elle est entraînée par les vapeurs, qui lui doivent leur manière d'être sans en recevoir un accroissement de température. Et, en effet, les vapeurs qui s'échappent de l'eau bouillante, malgré toute la chaleur qu'elles contiennent en plus, ne sont pas plus chaudes que l'eau elle-même, et possèdent tout juste 100 degrés de température. On doit généraliser ces résultats et dire : premièrement, lorsqu'un liquide a atteint son point d'ébullition, il ne peut s'échauffer davantage, et la chaleur fournie par le foyer est dès lors employée, sous forme latente, à constituer le liquide en vapeurs, sans en élever la température ; secondement, les vapeurs qui se dégagent d'un liquide en ébullition ont précisément la température du liquide lui-même.

10. **Distillation.** — Chaque liquide se vaporise à une température déterminée qui lui est propre ; l'alcool à 78°,

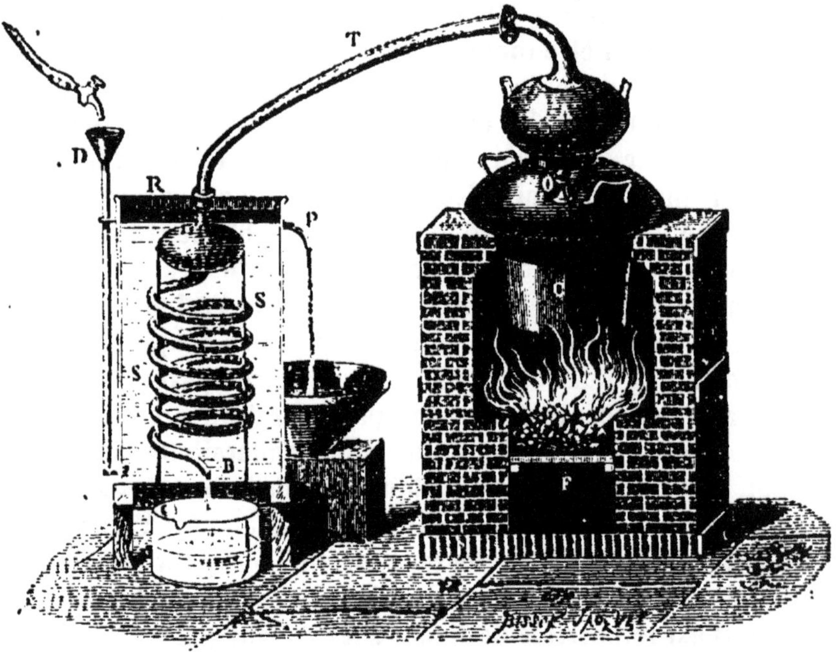

Fig. 23.

l'eau à 100°, etc. Si l'on chauffe graduellement un mélange de deux liquides vaporisables à des températures différentes, le plus facile à vaporiser entrera le premier en ébullition ; et si ses vapeurs, au lieu de se répandre librement dans l'air, s'engagent dans un tube conducteur refroidi, elles s'y condenseront. On aura de la sorte opéré la séparation des deux liquides, dont l'un, moins vaporisable, reste dans le vase servant à chauffer le mélange, et dont l'autre, plus vaporisable, est recueilli à part à l'aide de la formation de ses vapeurs suivie de leur condensation. On donne à cette opération le nom de *distillation*. La distillation a pour but de séparer des substances inégalement volatilisables qui se trouvent mélangées.

Un appareil distillatoire ou *alambic* se compose d'une *chaudière* C surmontée d'une espèce de dôme A nommé *chapiteau*, d'un *serpentin* S, et d'un *réfrigérant* R. C'est dans la chaudière qu'on chauffe le liquide soumis à la distillation. Les vapeurs formées se rendent dans le serpentin ou tube roulé en spirale. De l'eau froide sans cesse renouvelée remplit le réfrigérant et enveloppe le serpentin (fig. 23).

CHAPITRE VI

LIQUÉFACTION DES VAPEURS ET DES GAZ

1. Liquéfaction des vapeurs. — Le retour de l'état aériforme à l'état liquide prend le nom de *liquéfaction*. Une vapeur saturante se liquéfie par deux moyens, qui peuvent être employés ensemble ou bien isolément, savoir l'abaissement de température et la pression, qui diminue l'espace occupé. Si la vapeur n'est pas saturante, elle est d'abord amenée à son point de saturation, tantôt par un accroissement de pression, tantôt par une diminution de température, ou bien par les deux méthodes à la fois; le point de saturation atteint, la liquéfaction commence pour peu que la température s'abaisse encore ou que l'espace occupé diminue, et à plus forte raison si les deux effets se produisent simultanément.

Une de nos précédentes études nous a montré, en effet, qu'une partie de la vapeur saturante se résout en liquide quand on diminue le volume occupé en plongeant davantage le tube dans sa cuvette à mercure. Le même résultat s'obtiendrait, sans recourir à la pression, si l'on refroidissait la vapeur expérimentée. C'est ce que nous a montré d'ailleurs le retour des vapeurs à l'état liquide en circulant dans le serpentin refroidi de l'appareil distillatoire.

2. Liquéfaction des gaz. — Les gaz ne sont que des vapeurs très éloignées de leur point de saturation. Il est donc possible de les liquéfier comme on le fait des vapeurs. Tous, en effet, ont été liquéfiés, même ceux, comme l'oxygène et l'hydrogène, qui avaient résisté jusqu'ici aux tentatives des expérimentateurs; mais le point de liquéfaction est très variable suivant leur nature, très variable aussi suivant la température qui intervient en même temps que la pression. Basse température et pression se viennent mutuellement en aide pour résoudre un gaz en liquide. Si le refroidissement est énergique, une faible pression suffit pour amener la liquidité; si la température n'est pas abaissée, il faut une pression plus forte. Il faut donc, quand il s'agit de la liquéfaction d'un gaz par la pression, tenir compte de la température à laquelle on opère. Voici, pour quelques-uns des gaz les plus importants, la pression et la température qui amènent l'état liquide :

Noms des gaz.	Pression qui détermine l'état liquide.	Température.
Gaz acide sulfureux	2 atmosphères.	— 7°
Chlore	4 —	+ 15°
Gaz acide sulfhydrique	17 —	+ 10°
Gaz acide carbonique	36 —	0°
Protoxyde d'azote	50 —	+ 7°
Cyanogène	3,7 —	+ 7°
Gaz acide chlorhydrique	40 —	+ 10°
Gaz ammoniac	6,5 —	+ 10°

La compression peut se faire au moyen d'une pompe, qui injecte et accumule la substance gazeuse dans un vase clos très résistant; ou bien encore, dans un espace hermétiquement clos, on provoque une action chimique qui dégage le gaz à expérimenter, de sorte que celui-ci se comprime lui-même en s'accumulant. Nous allons examiner comment s'applique cette dernière méthode à la liquéfaction du chlore et du gaz carbonique.

3. Liquéfaction du chlore. — Si l'on entoure de glace un flacon plein d'une dissolution de chlore dans l'eau, il se forme de petits cristaux verdâtres qui sont une combinaison d'eau et de chlore. On essuie rapidement ces cristaux dans du papier buvard, et on les place à l'extrémité A d'un tube courbe à parois épaisses (fig. 24). On ferme à la lampe l'extrémité B ; puis on plonge A dans de l'au chaude, et B dans un bain réfrigérant. Par la

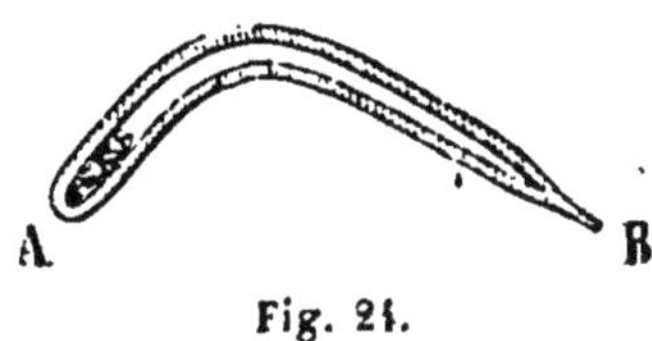

Fig. 24.

chaleur, la combinaison solide d'eau et de chlore se décompose ; le chlore gazeux se dégage en abondance et se comprime en B, au point de se liquéfier. C'est alors un liquide, très fluide, d'une teinte jaune verdâtre.

4. Liquéfaction du gaz carbonique. — L'appareil employé se compose de deux parties: l'une, le *générateur*, contient les substances dont la réaction engendre le gaz carbonique ; l'autre, le *récepteur*, est destiné à recueillir le gaz liquéfié et débarrassé des matières qui l'ont produit. Ce sont (fig. 25) deux solides cylindres en fonte renforcés par des cercles et des barreaux de fer forgé. Ils peuvent à volonté communiquer par un conduit métallique *g* quand, au moyen des poignées *ee*, on desserre de part et d'autre les vis qui ferment les deux orifices de ce conduit.

On place au fond du cylindre générateur, celui de droite représenté ouvert, une certaine quantité de bicarbonate de soude et de l'eau ; on suspend ensuite, suivant son axe, une éprouvette en cuivre B, contenant de l'acide sulfurique. Tant que cette éprouvette reste verticale, il ne peut y avoir mélange entre l'acide et le bicarbonate. On ferme alors le générateur avec un fort bouchon métallique à vis, traversé suivant son axe d'un canal qui permet sa communication avec le conduit *g* quand la vis *f* est desserrée. Au début, le générateur est sans communication avec le récepteur. On l'incline à diverses reprises en le faisant tourner autour des deux pivots P et P' qui le soutiennent. L'éprouvette à acide sulfurique laisse peu à peu écouler son contenu par l'effet

5.

de cette inclinaison, l'acide et le bicarbonate se mélangent, et la réaction commence à l'instant.

Du gaz carbonique se dégage, mais comme son volume est une centaine de fois plus grand que la capacité du générateur, il se comprime lui-même jusqu'à se liquéfier. On fait alors communiquer les deux cylindres en desserrant les vis *f*.

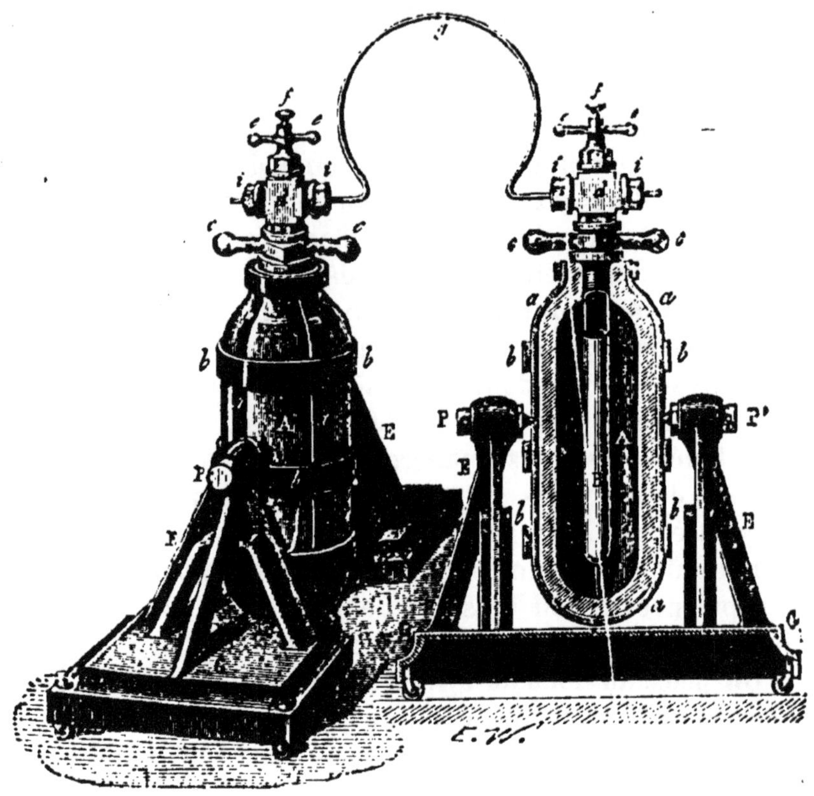

Fig. 25.

Comme l'action chimique a élevé le générateur à une température supérieure à celle du récepteur, le liquide carbonique distille du cylindre chaud vers le cylindre froid et se rassemble, pur de tout mélange, dans le récepteur. Cette distillation opérée, on ferme les communications; on démonte le générateur et on recommence. On peut obtenir ainsi plusieurs litres d'acide carbonique liquide.

5. Solidification de l'acide carbonique. — L'acide carbonique ne peut être retiré à l'état liquide du récepteur. Remarquons en effet que le récepteur étant supposé à 15° de température, l'acide liquide qu'il renferme est surmonté d'une atmosphère gazeuse exerçant l'énorme pression de 50 atmosphères. Si donc, après avoir enlevé le conduit de communication, on ouvre le robinet *f*, le liquide qui, en rapport avec l'air, ne supporte plus la pression nécessitée par son maintien à l'état liquide, revient à l'état primitif et s'élance en jet de gaz. En reprenant sa forme gazeuse, il enlève au milieu ambiant la chaleur nécessaire pour son changement d'état, et produit un abaissement considérable de température. Effectivement, si on laisse s'échapper le jet gazeux dans l'air, il se forme un nuage provenant d'une portion du liquide qui se congèle par suite de la chaleur que lui enlève la portion gazéifiée.

En dirigeant le jet dans l'intérieur d'une boîte métallique, en peu d'instants on la remplit d'une neige blanche, cotonneuse, formée d'acide carbonique solide. La boîte destinée à cette solidification se compose de deux pièces *am a'm'* (fig. 26) qui peuvent être réunies et dont on voit la coupe dans la figure. La partie *a'm'* porte une tubulure *u* où l'on engage le petit tube coudé *t* fixé d'avance au *récepteur* de l'acide liquide. Le jet d'acide carbonique entre presque tangentiellement au contour de la boîte et frappe la languette *o* qui, par sa disposition,

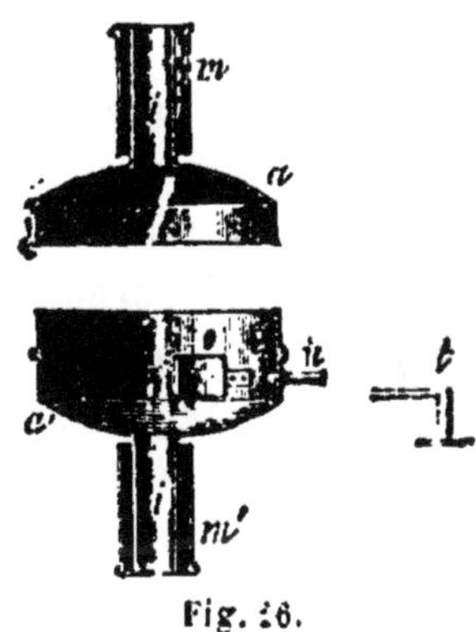

Fig. 26.

lui imprime un mouvement giratoire. La partie de l'acide qui devient gazeuse s'échappe en tourbillonnant par les tubulures centrales, *ii*; l'autre partie de l'acide, refroidie par celle qui est passée à l'état de gaz, se solidifie sous forme de neige, qu'on retire en ouvrant la boîte. Les tubulures *i,i* sont entourées d'un manchon en drap, car sans cela elles seraient trop froides pour être tenues à la main.

L'acide carbonique neigeux peut être conservé quelque temps, car, étant mauvais conducteur de la chaleur, son évaporation est très lente. Mélangé avec l'éther, il perd sa porosité et devient par cela même meilleur conducteur. Son évaporation se fait alors plus rapidement et son pouvoir refroidissant devient plus prompt, mais non plus énergique. Un corps qui s'y trouve plongé descend au-dessous de — 90°, c'est-à-dire à la même température à laquelle il descendrait, mais lentement, si l'acide neigeux était sans éther. C'est ainsi que l'on peut solidifier en quelques minutes un kilogramme de mercure et des quantités assez considérables de matières gazeuses. Si le mélange d'acide carbonique neigeux et d'éther est placé dans le vide de la machine pneumatique pour en accélérer l'évaporation, la température descend à — 110°. Dans de pareilles conditions de température, six gaz seuls ont résisté à la liquéfaction : l'oxygène, l'azote, l'hydrogène, l'oxyde de carbone, le bioxyde d'azote et le protocarbure d'hydrogène. Tous les autres se liquéfient, ou même se solidifient.

L'acide carbonique neigeux peut être mis sur la main sans que l'on éprouve l'impression d'un grand froid, car entre la main et l'acide, il y a une couche de gaz carbonique qui empêche le contact ; mais serre-t-on cette neige entre les doigts, la peau se désorganise comme si l'on pressait du fer rouge.

6. Liquéfaction de l'oxygène et de l'hydrogène. Appareil de M. Pictet. — Six gaz, venons-nous de dire, avaient résisté jusqu'à notre époque aux tentatives de liquéfaction, savoir : l'oxygène, l'hydrogène, l'azote, l'oxyde de carbone, le bioxyde d'azote et le protocarbure d'hydrogène. Ni une pression poussée jusqu'à 800 atmosphères et même évaluée à près de 3 000 atmosphères, ni le refroidissement obtenu par l'évaporation rapide d'un mélange d'acide carbonique neigeux et d'éther, n'avait pu déterminer leur résolution en liquide ; aussi étaient-ils réputés *gaz permanents*. Les travaux assez récents de MM. Cailletet et Pictet, poursuivant le même but indépendamment l'un de l'autre, ont fait disparaître cette étrange exception. Aujourd'hui, tous les gaz peuvent être liquéfiés.

L'appareil de M. Pictet se compose d'un très solide obus relié à un tube de fer capable de résister à des pressions énormes. L'obus contient les matières qui par leur réaction chimique doivent produire le gaz. C'est dans le tube que doit se produire la liquéfaction. Ce dernier est soumis à la plus basse température que l'on sache obtenir. Il est enveloppé d'une double enceinte dont l'extérieure contient de l'acide sulfureux liquide et l'intérieure de l'acide carbonique liquide. Une évaporation rapide, au moyen du vide produit par la machine pneumatique, amène à — 65° et même à — 73° la température de l'enceinte à acide sulfureux. Le liquide de la seconde enceinte, l'acide carbonique, déjà refroidi jusque vers — 70° par son enveloppe, se vaporise à son tour dans le vide et déperd sa chaleur jusqu'à se solidifier, ainsi que le fait l'eau dans l'expérience de Leslie. La température s'abaisse ainsi à — 130° environ.

A l'intérieur du tube en fer soumis à pareil refroidissement, cependant le gaz s'engage et se comprime lui-même à mesure qu'il en arrive de l'obus générateur. Enfin sous l'influence réunie de l'abaissement de température et de la pression toujours croissante, la liquéfaction se fait. Une vis d'acier ferme le fond du tube où le gaz est liquéfié. En la desserrant pour ouvrir une issue, on voit un jet liquide jaillir dans l'atmosphère. C'est l'oxygène, c'est l'hydrogène liquéfié. Avec l'hydrogène, le jet est bleuâtre et produit une sorte de crépitation en frappant le sol, signe probable qu'une partie de l'hydrogène se solidifie par la brusque évaporation du reste du liquide.

La liquéfaction de l'oxygène a lieu à la température de — 130°, la pression étant de 237 atmosphères ; celle de l'hydrogène est plus difficultueuse et s'opère à — 140°, sous la pression de 650 atmosphères.

7. **Méthode générale de liquéfaction des gaz. Appareil de M. Cailletet.** — Une matière gazeuse se refroidit quand elle est soumise à une *détente*, c'est-à-dire quand elle est abaissée d'une pression supérieure à une pression moindre. La théorie établit que si une masse gazeuse passe brus-

quement de la pression de 300 atmosphères à la pression ordinaire, l'abaissement de température atteint 233 degrés. Nous verrons dans une étude ultérieure quelques exemples du refroidissement produit par la détente. C'est sur ce principe que repose la méthode générale de M. Cailletet pour liquéfier le gaz.

Un ample tube en verre A, terminé inférieurement par un appendice courbe et ouvert, contient le gaz à expérimenter. Il est surmonté d'un tube plus étroit et très résistant *t*, et d'un écrou en bronze E (fig. 27). On descend la partie A dans une cuvette cylindrique en fonte, capable de résister à de puissantes pressions et pleine de mercure. L'écrou ferme hermétiquement l'orifice d'accès. La partie rétrécie du tube *t* sort seule de la cuvette. C'est dans sa capacité que doit se liquéfier le gaz. On l'entoure d'un manchon en verre dans lequel on peut mettre soit de l'eau froide, soit un mélange réfrigérant ; et pour éviter le brouillard ou même le verglas qui se déposerait si l'air ambiant était humide et empêcherait de voir ce qui se passe à l'intérieur du tube à liquéfaction, on entoure le tout d'une cloche G contenant de l'air sec. Un tube T met la cuvette à mercure en rapport avec une presse hydraulique P ; un second tube fait communiquer la même presse avec un manomètre métallique M, indiquant à combien d'atmosphères s'élève la pression (fig. 28). L'eau injectée par la machine refoule devant elle le mercure de la cuvette ; le mercure de son côté pénètre dans le tube en verre par un appendice inférieur ouvert, et chasse devant lui le gaz, qui vient occuper la partie rétrécie *t* et s'accumule dans un espace de plus en plus petit à mesure que la pression croît. Quand on juge le moment opportun, on laisse se dissiper la chaleur dégagée par la compression ; puis en tournant un robinet à vis K, on met brusquement fin à l'action de la presse hydraulique. Cette soudaine détente refroidit le gaz jusqu'à le liquéfier. On voit en effet le tube *t* se remplir

Fig. 27.

d'un brouillard produit par de fines gouttelettes provenant de la matière gazeuse partiellement amenée à l'état liquide. Si l'on opère à la température ordinaire et si l'on provoque la détente lorsque la pression est de 300 atmosphères, ce brouillard est très apparent avec l'oxygène, l'oxyde de car-

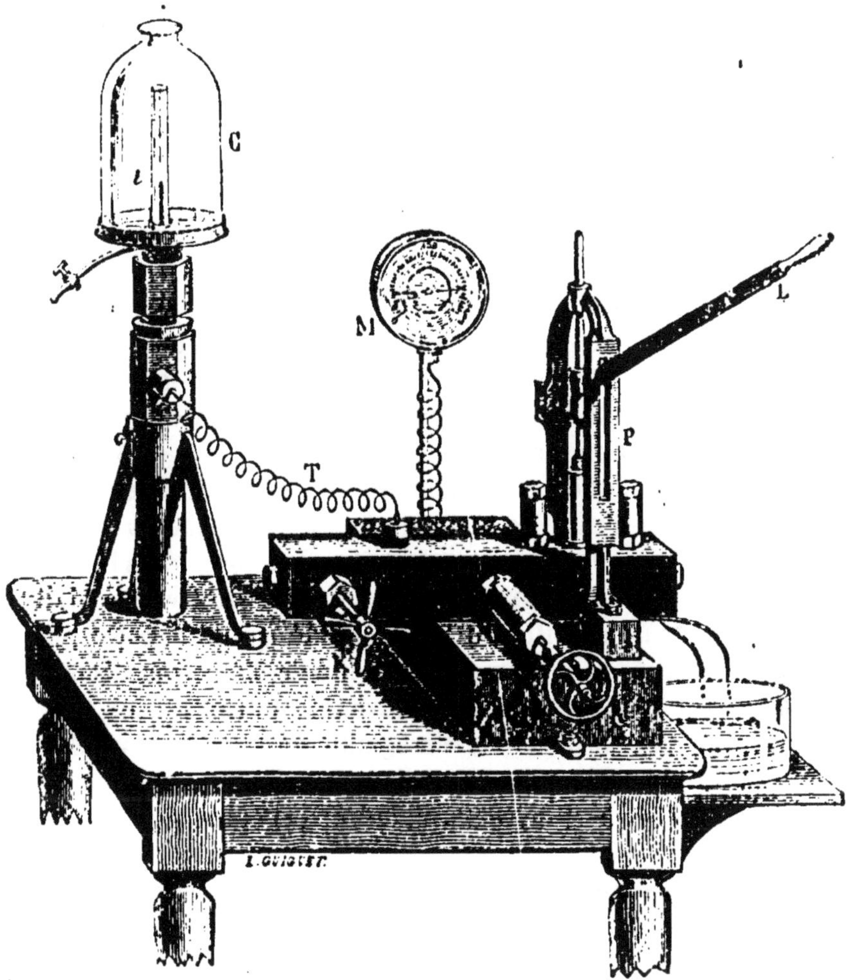

Fig. 28.

bone, le bioxyde d'azote, le protocarbure d'hydrogène. Avec l'hydrogène et l'azote, il faut comprimer davantage et bien refroidir la masse gazeuse avant de provoquer la détente.

Ces remarquables expériences établissent qu'entre gaz et vapeur il n'y a pas de différence essentielle; qu'il n'existe pas de gaz permanents; que tous, sans exception aucune, peuvent être amenés à l'état d'un liquide, dont ils sont les vapeurs plus ou moins éloignées de leur point de satura-. tion.

CHAPITRE VII

CHALEURS SPÉCIFIQUES

1. Chaleur de fusion de la glace. — Mélangeons un kilogramme d'eau à 50° avec un kilogramme d'eau à 10°. Le mélange fait, le thermomètre indique 30° pour la température commune aux deux kilogrammes, c'est-à-dire exactement la moyenne entre les températures 10° et 50°. La chaleur s'est donc uniformément répartie entre les deux kilogrammes d'eau. Le kilogramme le plus chaud s'est refroidi en cédant de la chaleur à l'autre, le kilogramme le plus froid s'est réchauffé en gagnant ce que le premier perdait; le gain pour une moitié du liquide a été égal à la perte pour l'autre moitié, et la température finale de la masse commune s'est trouvée ainsi une moyenne entre les deux températures initiales. Mais cette égalité de répartition ne s'effectuerait plus si l'eau, au lieu d'être employée sous le même état, l'était sous deux états différents, l'état solide et l'état liquide.

Mélangeons un kilogramme de glace à zéro et réduite en menus morceaux avec un kilogramme d'eau chauffée à 79 degrés. Toute la glace se fond, et, une fois la fusion terminée, la température commune aux deux kilogrammes d'eau liquide n'est pas, comme tout à l'heure, la moyenne entre les deux températures initiales, c'est-à-dire 39° 1/2; elle est zéro : zéro pour l'eau provenant de la glace fondue, zéro pour l'eau qui a servi à la fondre.

Qu'est devenue alors la chaleur fournie par l'eau chauffée à 79 degrés ? Elle est devenue chaleur latente, chaleur de fusion. La glace ne s'est pas échauffée, il est vrai ; elle était à zéro avant le mélange, elle reste à zéro après le mélange alors qu'elle a changé d'état. Elle ne s'est pas échauffée, mais elle s'est en entier fondue ; et du mélange sont résultés deux kilogrammes d'eau dont la température commune est de 0°. Évidemment, la fusion de la glace s'est opérée aux dépens de la chaleur sensible de l'eau chaude ; et puisque celle-ci, pour effectuer la fusion, s'est refroidie jusqu'à zéro, on voit qu'un kilogramme de glace à 0°, pour se réduire en eau également à 0°, exige une quantité de chaleur latente égale à celle de la chaleur sensible qu'il faut pour échauffer de 79 degrés un kilogramme d'eau. La même proportion de chaleur, appliquée à la glace ou à l'eau, produit la fusion d'un kilogramme de la première sans en élever la température, ou bien élève de 79 degrés un kilogramme de la seconde.

On est convenu d'appeler *unité de chaleur* ou *calorie, la quantité de chaleur nécessaire pour élever d'un degré un kilogramme d'eau*. En nous servant de cette expression, nous dirons qu'un kilogramme de glace pour se fondre exige 79 calories, ou bien que la chaleur de fusion d'un kilogramme de glace est de 79 calories.

Le même fait se répète pour les diverses substances. Toutes, quelles qu'elles soient, nécessitent pour se fondre une certaine quantité de chaleur latente, variable d'une substance à l'autre. Les unes en demandent plus, les autres en demandent moins, mais enfin toutes en exigent. C'est là le motif qui maintient à un degré invariable la température d'un corps tant que dure la fusion. La chaleur fournie par le foyer, dès que la fusion commence, est employée à effectuer le changement d'état sans accroître la température.

2. Lenteur de la fusion de la neige et de la glace. — Nous venons de voir que 1 kilogramme de glace, pour se fondre, exige 79 fois autant de chaleur qu'il en faut pour élever de 1 degré 1 kilogramme d'eau, ou bien exige 79 calories. Cette chaleur est en entier employée à la fusion ;

elle rend libres les molécules, leur permet de glisser l'une sur l'autre et de se constituer à l'état liquide, mais elle est sans action aucune sur le thermomètre. Avec ces 79 calories de fusion, l'eau n'est pas plus chaude que la glace d'où elle provient. Difficilement au début, on se fait une idée nette de cette énorme quantité de chaleur qui s'est accumulée dans l'eau pour lui donner l'état liquide, sans apporter le moindre accroissement à sa température.

Quels effets thermométriques produirait cette chaleur de fusion si elle devenait chaleur sensible? Elle élèverait de 79 degrés 1 kilogramme d'eau. Ce résultat ne frappe pas l'esprit comme il convien'; 79 degrés ne sont pas une température qui s'impose à l'attention. Aussi avons-nous hâte de dire que l'eau, particularité extrêmement remarquable, et sur laquelle nous aurons occasion de revenir, est, après l'hydrogène, celui de tous les corps qui exige le plus de chaleur pour s'échauffer d'un même nombre de degrés. Supposons donc que les 79 calories de fusion de la glace soient employées à l'état sensible pour élever, non la température de 1 kilogramme d'eau, mais de 1 kilogramme de fer par exemple. On trouve alors, et la question sera traitée avec tous les détails désirables quand le moment en sera venu, on trouve que la chaleur latente nécessaire à la fusion de 1 kilogramme de glace pourrait porter au rouge un poids égal de fer. Chaque kilogramme de glace qui se fond aux rayons du soleil absorbe pour se liquéfier, et sans devenir plus chaude, autant de chaleur que 1 kilogramme de fer chauffé au rouge dans une forge!

La glace et la neige, qui n'est qu'une variété de la première, sont donc tout à la fois très faciles et très difficiles à fondre. Très faciles, en ce sens qu'elles arrivent bientôt à leur point de fusion, qui est le zéro de l'échelle des températures; très difficiles, parce que, une fois le point de fusion atteint, elles doivent accumuler des quantités extraordinaires de chaleur latente pour se résoudre en eau. Le rôle de l'eau à la surface des continents exige précisément la réunion de ces deux propriétés, pour ainsi dire contradictoires.

Les hautes chaînes de montagnes sont les réservoirs où s'amassent les neiges, dont la fusion alimente toute l'année les principaux cours d'eau. Si la neige, pour se liquéfier, exigeait une température un peu élevée, jamais, aux rayons d'un soleil sans chaleur, elle ne fondrait sur les hauteurs qu'elle couvre ; et les plaines seraient privées de leur principal élément de fécondité, c'est-à-dire des cours d'eau qui les arrosent. Si, d'autre part, la neige se liquéfiait sans aucune difficulté, elle fondrait toute à la fois aux premières chaleurs ; il ne descendrait plus alors des montagnes des filets d'eau, des sources, des ruisseaux, mais des torrents diluviens, des cataractes furieuses qui épuiseraient en quelques jours la provision des eaux continentales, et ravageraient tout sur leur trajet. Il est donc de la plus haute importance que la neige entre en fusion à une très faible température et ne fonde cependant qu'avec une grande lenteur.

Ces deux conditions se trouvent admirablement remplies : car, d'une part, la fusion de la neige commence dès que la température s'élève au zéro thermométrique, ce qui se présente souvent, même sur les pics les plus hauts ; et, d'autre part, elle se fait avec une prudente lenteur, puisque, avant de se convertir en eau, la neige doit accumuler dans sa masse et rendre latente une quantité de chaleur capable de porter au rouge un poids égal de fer.

3. A poids égal, les corps de nature différente exigent des quantités différentes de chaleur pour élever leur température d'un même nombre de degrés. — Pour mettre en tout son jour cette proposition d'une haute importance, imaginons l'expérience suivante, très simple, très lucide en théorie, mais d'une exécution qui ne serait pas sans difficultés si l'on se proposait des résultats d'une rigoureuse exactitude. Sur un appareil disposé de manière à utiliser du mieux possible la chaleur produite, nous mettons une capsule que chauffe une lampe à alcool. Dans cette capsule, nous mettons à tour de rôle 1 kilogramme d'eau, puis 1 kilogramme de mercure, puis 1 kilogramme d'huile, d'alcool, etc.

Tous ces liquides au début ont même température, 10° par exemple ; et nous nous proposons de les chauffer au même point, à 60° supposons. Dans ces différents cas, pour produire le même effet thermométrique sur des poids égaux de substances différentes, dépenserons-nous la même quantité de chaleur ? Telle est la question.

Une difficulté tout d'abord se présente. Comment apprécier la quantité de chaleur dépensée ? Nous ignorons en quoi consiste essentiellement la chaleur. Ici la difficulté est très facilement tournée. Si nous ne pouvons pas évaluer directement la chaleur dépensée, nous pouvons du moins peser le combustible, l'alcool qui l'a produite ; et il est évident que la chaleur obtenue est proportionnelle au poids du combustible brûlé. La lampe à alcool, d'abord équilibrée dans une balance, est donc allumée et mise sous la capsule contenant le kilogramme d'eau à 10°. Nous la laissons brûler jusqu'à ce que la température de l'eau se soit élevée à 60°. La lampe est alors éteinte ; elle pèse moins : ce qui manque est le poids du combustible brûlé. On recommence l'expérience pour les autres liquides, et on trouve que, pour produire le même effet thermométrique sur le kilogramme d'alcool, il faut brûler moins de combustible que pour l'eau ; il en faut brûler moins encore pour le kilogramme d'huile, moins encore pour le kilogramme de mercure. Les différences sont d'ailleurs très frappantes. Ainsi, quand l'eau exige 1 000 parties en poids de combustible, l'alcool en exige 600 environ, l'huile 300, le mercure 33.

Soit encore un gâteau de cire d'un centimètre environ d'épaisseur. Des billes, de poids égal, les unes en fer, en cuivre, les autres en plomb, en bismuth, sont portées à la même température, celle de 180° à peu près, et ensuite déposées ensemble sur le gâteau. Or, il arrive que les billes de fer et de cuivre, en cédant leur chaleur, fondent la cire dans toute son épaisseur et passent à travers le gâteau ; les billes de bismuth et de plomb, au contraire, ne font que s'y enfoncer plus ou moins sans parvenir à passer outre. A poids égal et à même température, ces deux derniers métaux possèdent donc moins de chaleur que le cuivre et le fer, puisqu'ils produisent un moindre effet dans l'épaisseur de la cire.

4. Chaleur spécifique. — Unité de chaleur. — Puisqu'il faut brûler des quantités fort inégales de combustible pour produire un même effet thermométrique sur des poids égaux des diverses substances, il est visible que chaque corps exige une quantité spéciale de chaleur pour s'échauffer. Or on nomme *capacité calorifique* ou *chaleur spécifique* d'un corps la quantité de chaleur qu'il faut à 1 kilogramme de ce corps pour que sa température s'élève de 1 degré. La chaleur ne pouvant se mesurer directement, on l'apprécie d'après l'effet produit dans des conditions déterminées. Ainsi, comme nous l'avons déjà dit, on prend pour *unité de chaleur* ou *calorie* la chaleur qui élève de 1 degré 1 kilogramme d'eau.

Il faut se garder de confondre l'unité de chaleur avec l'unité thermométrique ou de degré du thermomètre. La première est l'unité de mesure de la cause, la seconde est l'unité de mesure de l'effet, effet variable suivant la substance soumise à l'action de la chaleur. Ainsi une calorie élève de 1 degré du thermomètre 1 kilogramme d'eau, mais elle élève de 30 degrés un même poids de mercure; de 8 à 9 degrés un même poids de fer. Les expériences suivantes le démontrent.

5. Mélanges de corps inégalement chauds. — Deux corps inégalement chauds étant mélangés, le plus chaud cède de la chaleur à l'autre et se refroidit, le plus froid gagne la chaleur cédée et s'échauffe. Si les deux corps, supposés égaux en poids, avaient même capacité calorifique, s'il leur fallait la même quantité de chaleur pour éprouver le même effet thermométrique, il est évident que la température du mélange serait la moyenne des températures initiales des corps mélangés. Mais ce n'est pas ainsi que les choses se passent avec des corps de nature différente, parce que la capacité calorifique n'est pas la même de part et d'autre.

Versons, par exemple, 1 kilogramme de mercure à 31° de température dans 1 kilogramme d'eau à 0°. Agitons pour bien répartir la chaleur et plongeons un thermomètre dans le mélange. L'instrument indiquera 1 degré pour l'ensemble, quand l'équilibre de température se sera établi. Ainsi, d'une part, la température du mercure descend de 31° à 1° ou baisse de 30 degrés; d'autre part, la température de l'eau s'élève de 1 degré. Mais évidemment la chaleur gagnée par l'eau n'est autre que celle qu'a perdue le mercure. Il faut donc que la même quantité de chaleur, capable de produire sur 1 kilogramme de mercure un effet thermométrique de 30 degrés, ne produise, sur un poids égal d'eau, qu'un effet thermométrique de 1 degré.

Portons à 98° 1 kilogramme de fer réduit en minces lames, pour que la répartition de la chaleur dans le mélange se fasse mieux et plus vite. On chauffe ces lames dans un bain de mercure, dont il est facile de prendre la température. Quand le fer a acquis 98°, on le retire du bain mercuriel et on le plonge dans 1 kilogramme d'eau à 0°. L'équilibre de température obtenu, le thermomètre marque 10° pour l'ensemble des corps mélangés, eau et fer. Le fer a ainsi perdu 88 degrés de température, et la chaleur qu'il a cédée a fait monter l'eau de 10 degrés. Donc la quantité de chaleur qui, sur 1 kilogramme de fer produit un effet thermométrique de 88°, en produit un de 10° sur 1 kilogramme d'eau; ou, en simplifiant, la chaleur qui élève le fer de 8°,8 élève de 1° un poids égal d'eau.

Ces deux exemples nous conduisent à l'expression de la capacité calorifique du mercure et du fer. Puisque une calorie, c'est-à-dire la chaleur qui élève de 1° 1 kilogramme d'eau, élève de 30° 1 kilogramme de mercure, pour élever d'un seul degré 1 kilogramme de mercure, il faut 30 fois moins de chaleur ou $\frac{1}{30}$ de calorie. De même, pour élever d'un seul degré 1 kilogramme de fer, il faut $\frac{1}{8.8}$ ou à peu près $\frac{1}{9}$ de calorie. Ces nombres $\frac{1}{30}$ et $\frac{1}{9}$ sont des chaleurs spécifiques ou les capacités calorifiques du mercure et du fer. Ils signifient, ne le perdons pas de vue, que pour élever de 1 degré 1 kilogramme de mercure, il faut $\frac{1}{30}$ de calorie, et $\frac{1}{9}$ de calorie pour 1 kilogramme de fer.

Comme application de ces premiers aperçus, mélangeons

1 kilogramme de fer à 100° avec un kilogramme de mercure à 10°, et proposons-nous de déterminer, par le calcul, la température que doit prendre le mélange.

Pour résoudre cette question, il faut exprimer, d'une part, la chaleur perdue par le fer, d'autre part, la chaleur gagnée par le mercure, et égaler ces deux quantités. Appelons x la température finale du mélange. Le fer aura abaissé sa température de 100° à x°, ou bien aura perdu $100 - x$ degrés thermométriques. Mais, sous le poids de 1 kilogramme, le fer exige $\frac{1}{9}$ de calorie pour 1 degré de température. La quantité de chaleur perdue par le fer est donc de $(100 - x)\,\frac{1}{9}$.

Pareillement, le mercure se sera échauffé de 10° à x°, ou bien aura gagné $x - 10$ degrés thermométriques. Pour 1 kilogramme de mercure, à chaque degré thermométrique correspond $\frac{1}{30}$ de calorie. La chaleur gagnée par le mercure est ainsi $(x - 10)\,\frac{1}{30}$. Égalons ces deux quantités,

$$(100 - x)\,\frac{1}{9} = (x - 10)\,\frac{1}{30},$$

et résolvons par rapport à x, nous aurons :

$$x = 79.$$

La température du mélange sera donc de 79° si l'expérience est bien conduite.

6. Recherche des capacités calorifiques par la méthode des mélanges. — Le mélange de deux corps inégalement chauds fournit la méthode la plus exacte pour déterminer expérimentalement la capacité calorifique. Dans une masse d'eau dont on connaît le poids et la température, on introduit un corps plus chaud dont on connaît aussi la température et le poids. On observe la température que prend le mélange. De ces cinq données, on peut aisément déduire la capacité calorifique du corps mélangé avec l'eau. Il suffit d'exprimer la chaleur gagnée par l'eau, la chaleur perdue par le corps, et d'égaler ces deux quantités.

Soient donc P le poids de l'eau, t sa température; P' le poids du corps, t' sa température; et enfin t'' la température du mélange. L'eau s'échauffe de t à t'' ou gagne $t'' - t$ degrés thermométriques. A ce gain en température correspondent $t' - t$ calories pour 1 kilogramme d'eau; et, pour P kilogrammes, la quantité de chaleur gagnée est de $P (t'' - t)$. — D'autre part, le corps se refroidit de t' à t'' ou perd $t' - t''$ degrés thermométriques. Appelons x la capacité calorifique du corps, c'est-à-dire représentons par x la quantité de chaleur qui donne à un kilogramme de ce corps 1 degré thermométrique. Sous le poids de 1 kilogramme, le corps, en se refroidissant de $t' - t''$ degrés, perd ainsi $(t' - t'') x$ calories; et, sous le poids de P' kilogrammes, il perd $P' (t' - t'') x$. Égalons la chaleur perdue à la chaleur gagnée et nous aurons :

$$P' (t' - t') x = P (t'' - t),$$

d'où

$$x = \frac{P\ (t' - t)}{P'(t' - t')}.$$

On le voit, la marche de cette opération serait fort simple s'il ne fallait tenir compte de certaines causes perturbatrices. Et, d'abord, l'eau est contenue dans un vase qui gagne lui aussi une partie de la chaleur cédée par le corps expérimenté. Il faut nécessairement en tenir compte en égalant la chaleur perdue par le corps à la chaleur gagnée par l'eau et par le vase à la fois. Soient donc p le poids du vase, t sa température initiale, la même que celle de l'eau, et enfin c sa capacité calorifique. Sa température finale sera t'', comme pour le mélange. En raisonnant comme on vient de le faire, on verrait que la chaleur gagnée par le vase a pour expression $p (t' - t) c$. L'égalité entre la chaleur perdue et la chaleur gagnée devient ainsi :

$$P' (t' - t') x = P (t'' - t) + p (t' - t) c,$$

d'où

$$x = \frac{(P + pc)\,(t' - t)}{P'\,(t' - t')}.$$

Notre expérimentation suppose que le vase, ordinairement en laiton, a une capacité calorifique déjà connue, c. Si cette capacité calorifique était inconnue, il faudrait la déterminer préalablement. On introduit alors dans l'eau un poids P' de laiton à la température t''. La capacité calorifique c du second membre de l'égalité précédente n'est autre, dans ce cas, que la capacité calorifique x du premier membre, et cette égalité devient :

$$P'\,(t' - t')\,x = P\,(t' - t) + p\,(t'' - t)\,x;$$

relation qui fournit :

$$x = \frac{P\,(t' - t)}{P'\,(t' - t') - p\,(t' - t)}.$$

Il faut enfin obvier à la chaleur que l'air et les corps ambiants peuvent céder à l'appareil, comme aussi à la chaleur que l'appareil peut leur céder. A cet effet, le vase est soigneusement poli à l'extérieur pour diminuer autant que possible son pouvoir émissif et son pouvoir absorbant; et, pour éviter tout contact avec des corps qui pourraient lui prendre ou lui céder de la chaleur, il repose sur deux fils de soie croisés. En outre, par quelques essais préalables, on détermine le poids et la température que doit avoir l'eau au début pour que la température initiale soit au-dessous de la température ambiante de la même quantité à peu près que la température finale se trouvera au-dessus après le mélange. De cette manière, ce que le vase gagne en chaleur par le rayonnement des corps voisins pendant la première période de l'opération est sensiblement compensé par ce qu'il perd lui-même dans la seconde période.

7. Recherche des capacités calorifiques par la fusion de la glace. — Nous avons reconnu que, pour se fondre, il faut à 1 kilogramme de gla   ies. Ce résultat peut nous servir à déterminer la capacité calorifique des divers corps. — Dans un bloc de glace homogène, pratiquons une cavité avec un fer rouge, et dans cette cavité introduisons un corps dont on connaît la température et le poids. Pour éviter l'influence de l'air et des corps ambiants, fermons la cavité avec une plaque de glace superposée. Le corps, en se refroidissant jusqu'à 0°, va fondre une certaine quantité de glace ; et, du poids de l'eau de fusion soigneusement recueillie, nous pourrons déduire la chaleur spécifique du corps expérimenté. Appelons P le poids du corps, t sa température, x sa capacité calorifique. Soit enfin p le poids de la glace fondue. La chaleur perdue par le corps en se refroidissant de t° à 0° est Ptx ; la chaleur nécessaire à la fusion du poids p de glace est $79\,p$. On a donc :

$$Ptx = 79p,$$

d'où

$$x = \frac{79p}{Pt}.$$

8. Calorimètre de Laplace et Lavoisier. — La difficulté d'avoir un bloc de glace convenable rend préférable l'appareil suivant, employé pour la première fois par Laplace et Lavoisier à la recherche des chaleurs spécifiques des corps.

Le corps, préalablement pesé et chauffé à une température déterminée, est introduit dans un panier métallique central A (fig. 29) qu'entoure une première enceinte B pleine de fragments de glace fondante, c'est-à-dire à la température de 0°. Une seconde enceinte C, également pleine de glace fondante, entoure la première et la préserve de la chaleur extérieure, de sorte que la fusion de la glace dans l'enceinte B est uniquement provoquée par la chaleur que fournit le corps. Les deux enceintes à glace n'ont aucune communication entre elles : l'eau de fusion de l'enceinte extérieure s'écoule par F et il est inutile d'en tenir compte ; l'eau de fusion de l'enceinte intérieure s'écoule par E. Cette dernière est recueillie avec soin et pesée. De son poids, on déduit la chaleur spécifique du corps par un calcul en tout pareil à celui du paragraphe qui précède.

Le même appareil peut servir à la détermination des capacités calorifiques des liquides. Le liquide, contenu dans un vase ayant même température que lui, est introduit dans le panier central A. On prend note de la quantité d'eau fournie par la fusion de la glace. Le vase, chauffé à la même température, est de nouveau mis dans le calorimètre , mais seul cette fois. Le poids de l'eau de fusion qu'il fournit est retranché du poids obtenu dans la première opération, et le reste représente la quantité de glace fondue par le liquide seul.

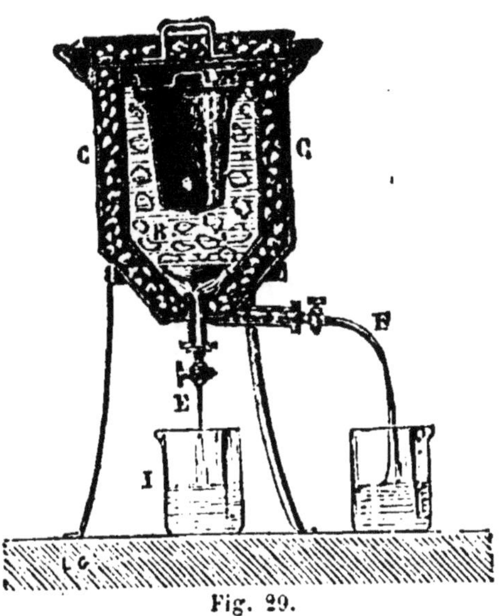

Fig. 29.

9. **Chaleurs spécifiques des gaz.** — C'est encore par l'accroissement de température communiqué à un poids déterminé d'eau que se mesurent les chaleurs spécifiques des gaz. Une masse de gaz, dont le poids et la température sont connus, passe, avec une vitesse constante, à travers un serpentin plongé dans de l'eau froide. L'eau, le serpentin, les parois du réfrigérant s'échauffent aux dépens de la chaleur cédée par la masse gazeuse. Une égalité entre la chaleur perdue et la chaleur gagnée fait connaître la capacité calorifique cherchée.

Représentons par t la température initiale, et par t' la température finale, communes à l'eau, au serpentin et aux parois du réfrigérant. P est le poids de l'eau ; P′ est le poids de l'ensemble du serpentin et des parois du réfrigérant supposés de même nature, c' en est la capacité calorifique. La chaleur gagnée par l'eau est ainsi P ($t'' - t$) ; et celle gagnée par l'ensemble du serpentin et du réfrigérant est P'c' ($t'' - t$). — Exprimons maintenant la chaleur perdue par le gaz. Si p est le poids de la masse gazeuse, t' sa température initiale, et T sa température après refroidissement, le gaz perd une quantité de chaleur représentée par px ($t' - T$), x étant la capacité calorifique cherchée.

Mais remarquons qu'en sortant du serpentin, le gaz possède à chaque instant une température égale à celle de l'eau, et par suite variable du commencement à la fin de l'expérience. Cette température est t d'abord, et t'' en dernier lieu. On peut supposer que le gaz s'échappe du serpentin avec une température constante égale à la moyenne entre la température du début t et celle de la fin t', c'est-à-dire qu'il faut remplacer T par $\dfrac{t + t'}{2}$; et alors l'égalité entre la chaleur perdue et la chaleur gagnée devient :

$$px \left(t' - \frac{t + t'}{2} \right) = \text{P} (t'' - t) + \text{P}' c' (t' - t).$$

La marche précédente donne les capacités calorifiques des gaz sous l'unité de poids ; mais on fait aussi fréquemment usage des capacités calorifiques rapportées à l'unité de volume. On entend alors par chaleur spécifique d'un gaz *la quantité de chaleur nécessaire pour élever d'un degré thermométrique l'unité de volume de ce gaz.* Rien n'est plus simple d'ailleurs que de calculer la capacité calorifique correspondant à l'unité de volume quand on connaît la capacité calorifique correspondant à l'unité de poids. Il suffit de multiplier cette dernière par la densité du gaz rapportée à l'eau. En effet, au poids 1 de gaz dont la chaleur spécifique est c correspond le volume $\dfrac{1}{d}$, d étant la densité rapportée à l'eau. On voit donc que, pour élever de 1 degré le volume $\dfrac{1}{d}$, il faut c chaleur. Par conséquent, pour le volume 1, il faut dc chaleur.

10. Résultats numériques. — Puisque l'unité calorifique

est la quantité de chaleur qui élève de 1° 1 kilogramme d'eau,
la chaleur spécifique de l'eau est représentée par 1. Quant aux
autres corps, ils fournissent les résultats suivants :

Tableau des chaleurs spécifiques.

CORPS SOLIDES.

Fer	0,11379	Potassium	0,16956
Zinc	0,09555	Sodium	0,29310
Cuivre	0,09515	Soufre	0,20259
Argent	0,05701	Iode	0,05412
Arsenic	0,08140	Phosphore	0,18870
Plomb	0,03140	Charbon de bois	0,24150
Bismuth	0,03084	Diamant	0,14680
Antimoine	0,05077	Plombagine	0,21800
Étain	0,05623	Verre	0,19768
Platine	0,03243	Laiton	0,09391
Or	0,03244	Fonte blanche	0,12983

CORPS LIQUIDES.

Eau	1	Essence de térébenthine	0,425
Mercure	0 03332	Alcool	0.660
Brôme	0,11091	Benzine	0,390
Sulfure de carbone	0,2206	Acide sulfurique	0,334
Éther sulfurique	0,5157	Huile d olive	0 309
Esprit de bois	0,6009		

CORPS GAZEUX.

Oxygène	0,2175	Acide carbonique	0,2163
Hydrogène	3,4090	Acide sulfureux	0,1544
Azote	0,2438	Gaz ammoniac	0,5033
Chlore	0,1210	Oxyde de carbone	0,2450
Air	0,2374		

L'examen de cette table démontre que, la chaleur spécifique de l'eau étant 1, les chaleurs spécifiques des autres
corps, n'importe leur état, solide, ou liquide, ou gazeux,
sont exprimées par des nombres moindres que 1. Il faut en
excepter l'hydrogène, un des éléments de l'eau. Pour ce
corps, remarquable entre tous, la capacité calorifique atteint
le nombre relativement énorme 3,409. Cette exception à part,
l'eau est donc le corps qui, sous un même poids, exige le
plus de chaleur pour s'échauffer d'un même nombre de
degrés. De là résultent son grand pouvoir refroidissant et sa

6.

lenteur soit à s'échauffer, soit à se refroidir. Absorbant beaucoup de chaleur, elle peut ensuite la distribuer en abondance quand elle circule dans les calorifères à eau chaude.

CHAPITRE VIII.

CHALEUR DE FUSION. — MÉLANGES RÉFRIGÉRANTS. — CHALEUR DE VAPORISATION. — FROID PRODUIT PAR L'ÉVAPORATION. — PRODUCTION ARTIFICIELLE DE LA GLACE.

1. Chaleur de fusion. — Pour se fondre, tout corps exige une certaine quantité de chaleur qui ne modifie pas la température, est sans action sur nos organes et sur le thermomètre, et prend pour ce motif le nom de *chaleur latente.*

Si l'on mélange, par exemple, 1 kilogramme de glace à 0° avec 1 kilogramme d'eau à 79°, toute la glace se fond, et, une fois la fusion terminée, la température commune aux 2 kilogrammes d'eau liquide est environ 0° : 0° pour l'eau provenant de la glace fondue, 0° pour l'eau qui a servi à la fondre. Il faut donc que les 79 calories de l'eau chauffée à 79° aient été employées à produire la fusion de la glace sans amener de changement de température. Le même fait se répète pour toutes les substances. Toutes, quelles qu'elles soient, nécessitent, pour se fondre, une certaine quantité de chaleur, variable d'une substance à l'autre. On appelle *chaleur de fusion* d'un corps *la quantité de chaleur nécessaire pour fondre 1 kilogramme de ce corps sans en modifier la température.*

2. Chaleur de fusion de la glace. — Quand on mélange sans précautions spéciales 1 kilogramme de glace à 0° avec 1 kilogramme d'eau à 79°, après fusion la température commune est *environ* 0°, avons-nous dit ; et, en effet, diverses causes perturbatrices, dont on ne tient pas compte, troublent sensiblement le résultat et font varier la température finale. Ce moyen grossier ne peut donc servir tel quel à la mesure de la chaleur de fusion de la glace. On opère alors comme il suit :

Un morceau de glace à 0° est essuyé soigneusement avec du papier buvard, afin d'enlever sa mince couche d'eau liquide. On l'introduit dans de l'eau dont le poids et la température sont connus. La fusion terminée, on mesure la température du mélange. On pèse enfin le vase dans lequel le mélange a été fait. L'accroissement de poids donne le poids de la glace employée.

Représentons par f la chaleur de fusion de la glace, et par p le poids de cette glace. La quantité de chaleur absorbée par la fusion simplement est fp. Mais l'eau qui provient de cette fusion s'élève encore de la température 0° à la température t, c'est-à-dire à la température finale du mélange ; de sorte que le nombre de calories employées à l'élévation de température de l'eau provenant de la glace a pour valeur tp. Ainsi la chaleur employée, tant pour fondre la glace que pour élever la température de l'eau qui en provient, est exprimée par $fp + tp$.

Cette chaleur est évidemment fournie par l'eau chaude et par le vase qui la contient. Soient T la température initiale commune à l'eau et au vase, P le poids de l'eau, P' et c' le poids et la chaleur spécifique du vase. Après fusion, la température est t, avons-nous dit. L'eau, qui se refroidit de T à t, cède alors une quantité de chaleur égale à P (T — t); et le vase, qui éprouve le même abaissement de température, cède P'c' (T — t). Égalant la chaleur gagnée à la chaleur perdue, on a :

$$fp + tp = P\,(T - t) + P'c'\,(T - t),$$

égalité d'où l'on déduit la chaleur de fusion de la glace f.

Ici les mêmes précautions sont à prendre que pour la recherche des chaleurs spécifiques. Pour obvier à l'influence perturbatrice du rayonnement, le mélange se fait dans un vase en laiton bien poli à l'extérieur et reposant sur quelques fils de soie tendus au centre d'un second vase poli à l'intérieur. En outre, on prend ses dispositions pour qu'au début la température du vase et de son contenu soit au-dessus de la température ambiante, à peu près de même quantité qu'elle sera au-dessous à la fin. En un mot, on a recours à la *méthode de compensation*, dont nous avons déjà parlé au sujet des chaleurs spécifiques. Ces diverses précautions prises, on trouve que la chaleur de fusion de la glace est de 79,25 calories ; c'est-à-dire que la quantité de chaleur nécessaire pour fondre 1 kilogramme de glace à 0° et en faire 1 kilogramme d'eau, également à 0°, élèverait de 79,25 degrés thermométriques 1 kilogramme d'eau liquide.

3. Chaleur de fusion des autres substances. — Une méthode analogue est employée pour la recherche de la chaleur de fusion des autres corps. La substance fondue est plongée dans une masse d'eau froide. De l'élévation de température, on déduit la chaleur de fusion cherchée, en égalant la chaleur cédée par le corps et la chaleur gagnée par l'eau et par le vase.

Supposons que le corps entre en fusion à la température T ; supposons encore qu'il soit chauffé au delà de son point de fusion, à la température T', par exemple. Représentons par p son poids, par c sa chaleur spécifique à l'état solide, et par c' sa chaleur spécifique à l'état liquide. Soit enfin t' la température finale, commune au corps figé, à l'eau et au vase. En se solidifiant et en se refroidissant de la température T' à la température t', le corps perd une quantité de chaleur qui se décompose en trois parties, savoir :

D'abord la chaleur perdue pendant le passage de la température T' à la température de solidification, la même que la température de fusion, c'est-à-dire égale à T. Dans cette première période, le corps est à l'état liquide et possède la chaleur spécifique c'. La chaleur qu'il cède est donc égale à $pc'\,(T' - T)$.

Ce refroidissement opéré, le corps se solidifie et cède sa chaleur de fusion sans changer de température. Si f représente la chaleur de fusion par kilogramme, la quantité de chaleur cédée pendant cette seconde période est fp.

Dans la troisième période, le corps est solidifié. Il passe de la température T à la température t' et possède la chaleur spécifique c. Il cède donc une quantité de chaleur représentée par $pc\,(T - t')$.

D'autre part, si t est la température initiale de l'eau froide et du vase qui la contient, P le poids de cette eau, P' et C' le poids et la capacité calorifique du vase, on a pour expression de la chaleur gagnée : P $(t' - t)$ de la part de l'eau, et P'C' $(t' - t)$ de la part du vase. L'égalité entre la chaleur cédée et la chaleur reçue est ainsi :

$$fp + pc'\,(T' - T) + pc\,(T - t') = P\,(t' - t) + P'C'\,(t' - t).$$

La résolution de cette égalité par rapport à f, chaleur de fusion du corps, suppose que l'on connaît c et c', c'est-à-dire les chaleurs spécifiques du corps à l'état solide et à l'état liquide. Si ces chaleurs spécifiques sont inconnues, on recommence par trois fois l'expérience, en variant les poids et les températures. On obtient ainsi trois équations à trois inconnues, ce qui suffit pour déterminer f, c et c'. On voit donc que, par la même méthode, on obtient à la fois la chaleur de fusion d'un corps et ses chaleurs spécifiques à l'état solide et à l'état liquide. Il est bien entendu que, dans les recherches de ce genre, on prend les précautions habituelles contre le rayonnement.

4. Résultats numériques. — La table suivante contient quelques-uns des résultats obtenus par cette méthode. On remarquera que l'eau, déjà exceptionnelle sous le rapport de sa capacité calorifique, l'est également sous le rapport de sa chaleur de fusion. La chaleur latente nécessaire à la fusion d'un kilogramme de glace dépasse de beaucoup celle qu'exigent les métaux.

SUBSTANCES.	VALEUR, EN CALORIES, de la chaleur latente nécessaire à la fusion d'un kilogr. de matière
Glace	79,25
Phosphore	5,30
Soufre	9,35
Azotate de soude	62,97
Azotate de potasse	47,37
Étain	14,25
Plomb	5,36
Zinc	28,13
Argent	21,67
Mercure	2,83

5. Calculs relatifs à la chaleur de fusion de la glace. — Pour appeler une dernière fois l'attention sur les propriétés exceptionnelles de l'eau relativement à la chaleur, nous allons calculer l'effet thermométrique que produirait, sur 1 kilogramme de diverses substances, la chaleur latente nécessaire à la fusion de 1 kilogramme de glace, chaleur que nous savons égale à 79 calories. Supposons d'abord 1 kilogramme de fer. Dans ce cas, la chaleur spécifique est de 0,113. Puisqu'il faut 0,113 de calorie pour élever de 1 degré 1 kilogramme de fer, autant de fois ce nombre sera contenu dans 79, autant de degrés thermométriques gagnerait le fer par l'action de la chaleur que 1 kilogramme de glace emploie pour se fondre. Le quotient est 699. La chaleur de fusion de la glace pourrait donc porter de 0° à 699°, ou à la température du rouge sombre, un poids égal de fer. En divisant ainsi 79 par la capacité calorifique du corps considéré, on obtiendrait les résultats suivants :

Noms des substances.	Température à laquelle la substance serait portée, à partir de 0, par la chaleur de fusion d'un poids égal de glace.
Fer	699°, ou rouge sombre.
Cuivre	831°, ou rouge cerise.
Argent	1385°, ou blanc soudant.
Platine	2168°. Le point de fusion du platine est évalué à 2000°.

6. Dissolution. — Nous avons déjà reconnu que, d'une manière générale, toutes les fois que deux corps solides peuvent se liquéfier mutuellement, ou qu'un corps solide se dissout dans un liquide, il y a transformation d'une partie de la chaleur sensible en chaleur latente, indispensable à la fusion. Mais, en même temps que les molécules du corps solide se dissocient et occasionnent ainsi un abaissement de température, une seconde influence peut être en jeu, savoir l'action chimique entre le dissolvant et le corps dissous. Cette action chimique est une cause de chaleur. Si elle est puissante, la dissolution dégage de la chaleur. Tel est le cas du zinc dissous par l'acide chlorhydrique ou l'acide sulfurique étendu d'eau. Si elle est médiocre, il peut y avoir élévation ou abaissement de température suivant les proportions des corps mélangés. Mélangeons par exemple 4 parties d'acide sulfurique et 1 partie de neige. La neige se fond, ce qui est une source de froid ; mais la combinaison chimique de l'acide avec l'eau produit de la chaleur en proportion bien plus grande, et le mélange s'échauffe jusqu'à près de 100 degrés.

Renversons le rapport des poids, prenons 1 partie d'acide pour 4 parties de neige. La chaleur latente absorbée sera 4 fois plus considérable, puisque la fusion porte sur 4 fois plus de matière, la chaleur dégagée par la combinaison sera, au contraire, moindre puisqu'il y a moins d'acide, et le résultat final sera un abaissement de température d'une vingtaine de degrés. Enfin, si l'action chimique est très faible ou nulle, il y a toujours refroidissement: exemple, la neige et le sel de cuisine.

L'abaissement de la température par la dissociation moléculaire d'un corps solide est donc une loi générale ; mais la dissolution est un fait complexe, dans lequel il faut considérer la combinaison chimique, cause d'une élévation de température, et la transformation physique du corps solide se résolvant en liquide, cause d'un abaissement de température. Suivant que l'un ou l'autre des deux effets l'emporte, le mélange s'échauffe ou se refroidit.

7. **Mélanges réfrigérants.** — L'absorption de chaleur latente nécessaire à la fluidité d'un corps qui se dissout est la cause des effets des mélanges réfrigérants, ou mélanges

propres à abaisser artificiellement la température. Le plus fréquemment employé est le mélange à parties égales de sel marin et de glace pilée ou de neige. Il abaisse la température de 0° à —21°. L'emploi de la glace et de la neige recueillies en hiver, et conservées dans des caves spéciales ou glacières pour faire des boissons glacées dans la chaude saison, est basé sur ce principe. Cette glace et cette neige n'entrent pas comme élément dans les préparations glacées; elles servent simplement à faire, avec du sel de cuisine, des mélanges dans lesquels on plonge les vases contenant les préparations qu'il faut refroidir ou même congeler.

La neige, dans la proportion de 4 parties, arrosée de 1 partie d'acide sulfurique, fait baisser le thermomètre à —20°.

Le mélange de chlorure de calcium et de neige peut abaisser la température à une cinquantaine de degrés au-dessous de zéro et congeler le mercure. Les meilleures proportions sont 4 parties de chlorure pour 3 parties de neige. Il faut, en outre, que le chlorure de calcium soit très divisé, afin de se mélanger intimement à la neige, et produire ainsi, par une fusion rapide, tout son effet refroidissant. On obtient ce corps à l'état pulvérulent au moyen d'une dissolution très concentrée que l'on chauffe et qu'on évapore jusqu'à ce que la température d'ébullition soit de 130° environ. On laisse alors refroidir en remuant constamment avec une spatule. La matière refroidie est une poudre informe, que l'on doit conserver dans des flacons bien fermés pour l'empêcher d'absorber l'humidité de l'air et de perdre ainsi en partie son pouvoir réfrigérant.

La neige et la glace ne sont pas indispensables à la production artificielle du froid; on peut obtenir un abaissement considérable de température avec des mélanges où ces corps n'entrent pas. Ainsi, 8 parties de sulfate de soude arrosées de 5 parties d'acide chlorhydrique abaissent la température à —16°. Enfin, parties égales d'azotate d'ammoniaque et d'eau font baisser le thermomètre de + 10° à — 15°.

8. Glacières artificielles. — En toute saison, on peut donc, sans recourir à la glace ou à la neige, refroidir les liquides et même aisément congeler de l'eau. L'emploi du sulfate de soude et de l'acide chlorhydrique a reçu à ce sujet une certaine extension. Un vase AB en fer-blanc (fig. 30) est enveloppé de lisières de drap préservant son contenu de la chaleur que pourrait céder l'air ambiant. Il est rempli d'un mélange de sulfate de soude et d'acide chlorhydrique dans la proportion que nous venons de faire connaître. Au sein de ce mélange, plonge un vase annulaire CD contenant le liquide qu'il faut refroidir ou l'eau qu'il faut congeler. Sa forme annulaire a pour effet de mettre une plus grande étendue superficielle en rapport avec le mélange réfrigérant. En présence de l'acide chlorhydrique, le sulfate de soude se liquéfie; ce qu'il fait en absorbant, sous forme latente, la chaleur sensible prise au sein même du mélange et aux corps

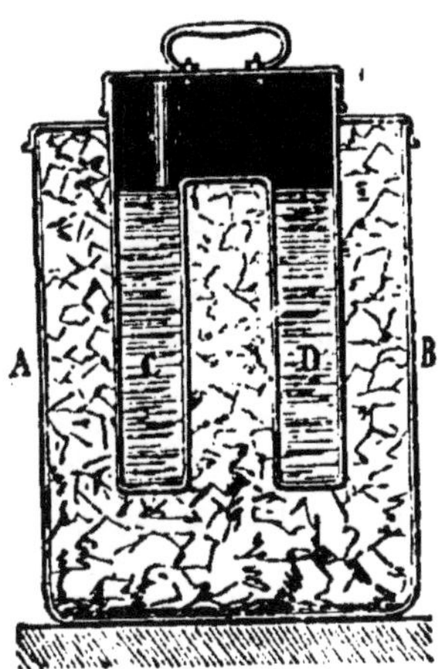

Fig. 30.

qui y sont plongés. Le liquide contenu dans le vase annulaire se refroidit donc et même se congèle, parce que sa chaleur sensible est prise par le sulfate de soude, qui la rend latente en se liquéfiant.

9. Chaleur de vaporisation. — Prenons deux vases identiques, et dans chacun mettons 1 litre d'eau froide, à 10° par exemple. Dans l'un, nous versons 100 grammes d'eau bouillante. La température du mélange est la moyenne à peu près, étant tenu compte du poids et des températures des liquides mélangés, c'est-à-dire que le thermomètre indique environ 18°. Dans l'autre vase C (fig. 31), nous faisons condenser la vapeur de 100 grammes d'eau portée à l'ébullition dans le ballon A. Ces 100 grammes de vapeur ont même température que les 100 grammes d'eau bouillante versés dans le premier vase, et cependant ils élèvent la température bien davantage. Si le vase ne prenait point de la chaleur, s'il ne perdait rien par rayonnement, la température de l'eau

s'élèverait à 67° au lieu de 18°. A l'état de vapeur, l'eau
contient donc une forte proportion de chaleur, indépendamment de celle qui produit sa température. C'est la chaleur
latente de vaporisation.
On nomme *chaleur de va-
porisation d'un corps la
quantité de chaleur nécessaire pour réduire en va-
peur 1 kilogramme de ce
corps sans modifier la température.*

10. **Recherches de
Watt.** — Parmi les pre-
mières recherches sur la
chaleur de vaporisation de
l'eau, nous citerons celles
de Watt. L'appareil de l'illustre mécanicien était des
plus simples, et se rédui-
sait à peu près à ce que

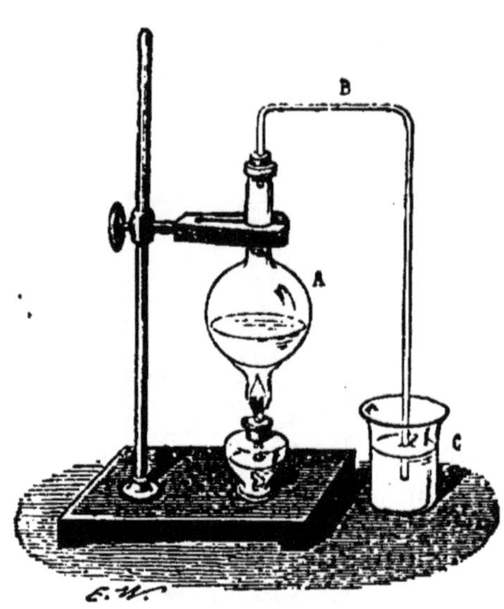

Fig. 31.

représente la figure 31. Un vase plein d'eau froide pesé avec
soin recevait la vapeur engendrée dans un ballon. L'expérience était arrêtée quand la température de l'eau s'était
élevée de 6 ou 7°, par le fait de la condensation de la vapeur.
Une seconde pesée du vase donnait le poids de la vapeur
condensée.

Soient p le poids de cette vapeur, v la chaleur de vaporisation de l'eau et T la température finale du mélange. La
chaleur fournie par la vapeur se décompose en deux parties :
premièrement la chaleur de vaporisation que cède la vapeur
en redevenant liquide tout en conservant la température de
100°; secondement la chaleur que cette eau à 100° cède en
se refroidissant à T. La première a pour valeur vp, et la
seconde $p(100 — T)$.

Quant à la chaleur gagnée par l'eau froide et par le vase,
elle s'exprime comme d'habitude. Son poids étant P et sa
température initiale t, l'eau gagne en chaleur $P(T — t)$; et le

vase, dont le poids est P′ et la chaleur spécifique c', gagne
P′c' (T — t). On a de la sorte :

$$vp + p\,(100 - T) = P\,(T - t) + P'c'\,(T - t),$$

d'où se déduit la chaleur de vaporisation v.

Watt préservait le vase du refroidissement au moyen d'une
enveloppe en flanelle, et du rayonnement du foyer de chaleur par l'interposition d'écrans. Le nombre qu'il obtint
avec cet outillage si élémentaire ne s'écarte guère du nombre
obtenu avec les savants appareils employés de nos jours,
533 au lieu de 537.

**11. Appareil de Rumford pour la recherche des cha-
leurs de vaporisation.** — Le liquide expérimenté est
chauffé dans la bouilloire
C (fig. 32). Un thermo-
mètre t donne sa tempé-
rature. La vapeur formée
s'engage dans un ser-
pentin SS, plongé dans
de l'eau froide que con-
tient un récipient A. Le
serpentin se termine par
une boîte cb, où s'amasse
le liquide condensé, et se
met en équilibre de tem-
pérature avec l'eau du
réfrigérant. Un robinet
permet de recueillir ce
liquide dans le vase V,
quand l'expérience est

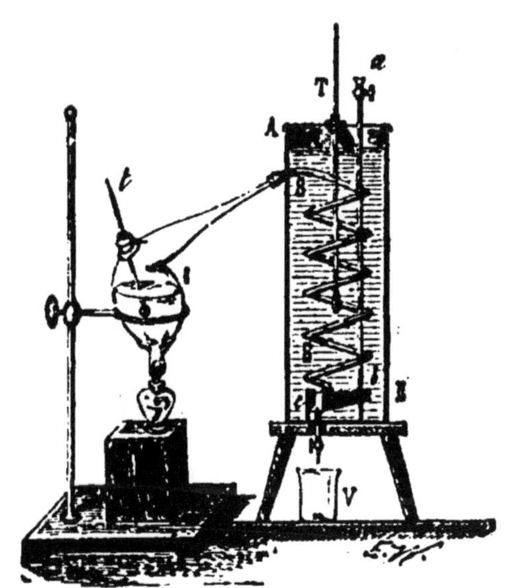

Fig. 32.

terminée. Des écrans, supprimés dans la figure, préser-
vent le réfrigérant du rayonnement du foyer de chaleur.
Un agitateur, également supprimé pour simplifier la figure,
mélange l'eau sans cesse autour du serpentin et répartit
uniformément la chaleur. Le thermomètre T donne la température du réfrigérant. Un tube ab à robinet peut mettre la

boîte cb, et par suite la bouilloire en rapport, soit avec une machine pneumatique, soit avec une machine à compression, de sorte que la transformation du liquide en vapeur se fait à telle pression que l'on veut. Pour neutraliser les effets du rayonnement, on dispose l'expérience de manière que la température du réfrigérant soit d'un même nombre de degrés d'abord au-dessous, et enfin au-dessus de la température ambiante.

La marche à suivre pour calculer la chaleur de vaporisation avec les données que fournit l'appareil est absolument la même que précédemment. — Appelons p le poids de l'eau recueillie dans la boîte cb, et T la température finale de l'eau du réfrigérant. S'il s'agit de l'eau bouillant sous la pression d'une atmosphère, la température des vapeurs est $100°$. Ces vapeurs, en se condensant en liquide également à $100°$, laissent dégager la chaleur de volatilisation vp, v étant la chaleur latente nécessaire pour volatiliser un kilogramme d'eau. Le retour à l'état liquide effectué, l'eau de condensation s'abaisse de la température $100°$ à la température T et fournit la quantité de chaleur $p\,(100 - T)$.

Désignons par P le poids de l'eau du réfrigérant, et par t sa température initiale. La quantité de chaleur qu'elle gagne est égale à $P\,(T - t)$. Désignons enfin par P' et c' le poids et la chaleur spécifique du serpentin et du réfrigérant, la chaleur acquise par l'appareil est $P'c'\,(T - t)$. On a donc :

$$vp + p\,(100 - T) = P\,(T - t) + P'c'\,(T - t),$$

c'est-à-dire que l'on retrouve la formule où conduit l'expérimentation de Watt. Et cela doit être, car les deux méthodes sont les mêmes avec des appareils différents.

12. **Chaleur de vaporisation de l'eau.** — L'équation résolue, avec toutes ses données numériques, donne, pour la chaleur de vaporisation de 1 kilogramme d'eau, 537 calories. Nous avons déjà défini l'unité de chaleur ou *calorie, la quantité de chaleur nécessaire pour élever de 1 degré la température de 1 kilogramme d'eau.* On voit donc que l'eau en ébul-

lition, l'eau à 100°, pour passer à l'état de vapeur également à 100° de température, exige, outre sa chaleur sensible, la même dans les deux cas, une quantité de chaleur latente capable de produire 537 fois l'effet d'une calorie, c'est-à-dire capable d'élever de 1 degré 537 kilogrammes d'eau, ou bien de 10 degrés 53^k,7, ou bien de 100 degrés 5^k,37, car tous ces effets thermométriques sont équivalents.

Ce n'est pas seulement la vapeur dégagée par l'eau bouillante qui exige, pour se constituer à l'état gazeux sans accroissement de température, cette énorme quantité de chaleur latente. La vapeur dégagée par l'eau à toute température, la vapeur formée par simple évaporation en exige aussi, et même plus que la vapeur de l'ébullition. Ainsi, à 0°, la chaleur latente de vaporisation de l'eau est de 607 calories ; de 600 à 10° ; de 586 à 30° ; de 572 à 50°, etc.

13. Problème sur la chaleur de vaporisation de l'eau. — Nous pouvons, avec ces données, reprendre la question du paragraphe 9, et *déterminer exactement la température que prendrait, s'il n'y avait pas de chaleur perdue, 1 kilogramme d'eau à 10° dans laquelle on ferait condenser 100 grammes de vapeur à 100°*. A cet effet, il faut répartir uniformément, entre le kilogramme d'eau froide et les 100 grammes d'eau de condensation, la chaleur sensible du mélange à partir de zéro, et la chaleur de vaporisation. 1 kilogramme d'eau à 10° contient 10 calories. 1 kilogramme de vapeur à 100° contient, d'une part, 100 calories pour chaleur sensible, d'autre part, 537 calories pour chaleur latente ; en tout, 637 calories. 100 grammes de vapeur, ou 0^k,1, contiennent 63,7 calories. La chaleur à répartir est donc de 73,7 calories. La quantité d'eau qui prend part à cette répartition est de 1^k,1. Or, comme pour élever de 1 degré 1 kilogramme d'eau il faut 1 calorie, on voit que pour élever de 1 degré la quantité d'eau que nous avons en vue il faut 1^{cal},1. Par conséquent, autant de fois le nombre 1^{cal},1 sera contenu dans le nombre 73^{cal},7, autant de degrés thermométriques entreront dans la température du mélange. On est ainsi conduit à diviser 73,7 par 1,1. Le quotient 67° est la température demandée.

14. Chaleur de vaporisation des liquides autres que l'eau. — Par une méthode absolument pareille à celle qu'on emploie pour l'eau, on détermine la chaleur de vaporisation des autres liquides. Les résultats de ces recherches sont très remarquables, car ils établissent que, pour se transformer en vapeur, l'eau continue à présenter des propriétés exceptionnelles relativement à la chaleur. Nous avons vu que l'eau est le corps qui, pour s'élever de 1 degré, demande le plus de chaleur; nous avons reconnu que la glace, pour entrer en fusion, exige plus de chaleur latente que les autres substances; et voici que maintenant nous trouvons la chaleur de vaporisation de l'eau supérieure à celle des autres liquides. La table suivante le met en jour.

Noms des substances.	Chaleur de vaporisation pour 1 kilogr. de vapeur.
Eau	537 calories.
Alcool	208 —
Esprit de bois	264
Acide acétique	102 —
Alcool amylique	121
Éther sulfurique	91 —
Essence de térébenthine	69 —

Les eaux de la mer couvrent les trois quarts environ de la surface du globe. Sur ces immenses étendues liquides, il se fait continuellement une énorme évaporation, cause des nuages, qui déversent la neige et la pluie à la terre ferme et entretiennent la dépense des eaux continentales. Toutefois, cette évaporation se fait dans de justes limites, avec une sage lenteur, car l'eau, pour prendre l'état aériforme et s'élever en vapeurs dans l'atmosphère, doit absorber et rendre latente une quantité considérable de chaleur. Que serait-ce si la chaleur de volatilisation de l'eau était celle de l'essence de térébenthine ou de l'éther? L'évaporation, 6 à 8 fois plus facile, maintiendrait sans doute dans l'atmosphère une épaisse brume permanente, imperméable aux rayons du jour, incessamment liquéfiée, incessamment reformée.

Sans nous arrêter davantage à faire ressortir, dans l'ordre des faits naturels, la haute importance des propriétés de

l'eau relativement à la chaleur, nous dirons quelques mots,
au point de vue industriel, de l'inégale chaleur de vaporisation des divers liquides. Distillons de l'eau dans l'appareil
élémentaire que représente la figure 33. Bientôt le col de la

Fig. 33.

cornue et le col du ballon où la vapeur se condense s'échauf-
feront au point que la main n'en pourra supporter le contact.
L'eau du vase réfrigérant s'échauffera aussi, et il faudra la
renouveler fréquemment pour que la condensation se fasse
bien. Distillons au contraire de l'éther, de la benzine. L'eau
du vase réfrigérant s'échauffera peu ; le col de la cornue et
le col du ballon ne seront plus insupportables au toucher.
La chaleur de vaporisation, redevenant sensible par le retour
des vapeurs à l'état liquide, est principalement cause de ces
différences. Elle est considérable pour l'eau, elle est faible
pour la benzine et l'éther.

L'industrie peut avoir à distiller des liquides de nature fort
diverse. La condensation des vapeurs se fait dans un tube
métallique spiral, ou serpentin, plongé dans l'eau froide d'un
réfrigérant. C'est aux parois du serpentin que les vapeurs
cèdent leur chaleur de volatilisation devenue chaleur sensible, et ces parois la cèdent à l'eau ambiante Il est dès lors
visible que, toutes choses égales d'ailleurs, l'étendue des

surfaces refroidissantes, ou, ce qui revient au même, la longueur du serpentin, doit être en raison de la chaleur qu'il faut enlever aux vapeurs pour les liquéfier. Par conséquent, un serpentin suffisant pour condenser de l'éther peut se trouver trop court pour condenser de l'alcool, comme aussi le serpentin à alcool peut ne plus suffire lorsqu'il faut condenser de l'eau.

15. Chauffage à la vapeur. — Un kilogramme de vapeur d'eau renferme, à l'état latent, la même quantité de chaleur qu'il faudrait pour élever de 0° à 100°, 5^{kil},37 d'eau ; il renferme en outre la chaleur sensible qui lui donne sa température à partir de 0. Si donc on fait arriver, dans 5^{kil},37 d'eau

Fig. 34.

à 0°, un kilogramme de vapeur à 100°, celle-ci, en se liquéfiant, abandonnera à l'eau froide sa chaleur de vaporisation redevenue chaleur sensible, et l'on obtiendra finalement 6^{kil},37 d'eau à la température de 100°. Sur ce nombre, 1 kilogramme est évidemment donné par la vapeur elle-même, ramenée à l'état liquide, mais conservant sa température primitive.

L'industrie utilise fréquemment ce principe pour chauffer de grandes masses d'eau sans les exposer directement à la chaleur d'un foyer. Imaginons, par exemple, une grande cuve en bois pleine d'eau froide qu'il faut chauffer. A cet effet, on amène au fond de la cuve, au moyen d'un tuyau de conduite, la vapeur qui se forme dans une chaudière close placée sur le feu, quelquefois à une assez grande distance. Un seul foyer avec sa chaudière peut ainsi chauffer l'eau à la fois dans de nombreuses cuves, plus ou moins distantes, et placées à des étages différents. Des robinets qui établissent ou interrompent l'arrivée de la vapeur règlent pour chaque cuve le chauffage (fig. 34).

16. Froid produit par l'évaporation. — Les vapeurs que dégage un liquide, s'évaporant même à une basse température, ne se forment et ne se maintiennent qu'à la faveur d'une proportion plus ou moins considérable de chaleur uniquement employée à produire le changement d'état sans accroître la température. Toute évaporation amène donc un refroidissement, parce que les vapeurs, pour se former, prennent au liquide et aux objets environnants la chaleur qui leur est nécessaire et la rendent latente.

Qui ne connaît, par exemple, les frissons qu'on éprouve au sortir d'un bain même chaud? La mince couche d'eau dont le corps est couvert en est cause. Son évaporation nous enlève une partie de notre chaleur naturelle ; les vapeurs, formées aux dépens de notre température, emportent avec elles, sous forme latente, une partie de notre chaleur propre. Ces frissons cessent dès que, le corps étant essuyé ou replongé dans le bain, l'évaporation cesse elle-même.

Le froid occasionné par l'évaporation est d'autant plus vif que le liquide employé se réduit plus facilement en vapeurs. L'huile ordinaire, liquide non volatil, n'occasionne pas d'impression de froid quand on en verse sur la main. Ne produisant pas de vapeurs, elle ne nous soustrait pas de chaleur.

7.

Mais l'éther, incomparablement plus volatil que l'eau, produit une impression de fraîcheur très marquée, tant il enlève rapidement la chaleur à la main pour se réduire en vapeurs. D'autres liquides, plus volatils encore, amèneraient un froid insupportable et nous glaceraient.

Dans une capsule, reposant sur un tampon de coton, mettons du sulfure de carbone et soufflons sur le liquide pour l'évaporer rapidement. L'humidité de l'air se condense sur la paroi extérieure de la capsule et s'y prend bientôt en une pellicule de glace.

On arrive à solidifier le mercure par l'évaporation rapide de l'acide sulfureux liquide. On met l'acide dans un large tube que l'on ferme avec un bouchon portant lui-même trois tubes plus petits. Celui du milieu est en verre mince; il est fermé par en bas et plonge jusqu'au fond de l'acide sulfureux. Il contient le mercure à congeler. Le second, ouvert aux deux extrémités, descend également jusqu'au fond de l'acide. Il est en rapport avec un bon soufflet qui doit injecter de l'air à travers l'acide sulfureux pour en activer la volatilisation. Enfin le troisième ne plonge pas dans l'acide, mais il se continue par un long tube en caoutchouc destiné à conduire hors de la salle les vapeurs suffocantes. Les choses ainsi disposées, on manœuvre le soufflet de manière à produire un rapide courant d'air à travers le liquide sulfureux; celui-ci s'évapore, prend au mercure la chaleur latente nécessaire à son changement d'état et ne tarde pas à solidifier le métal. Le mercure congelé supporte le choc d'un maillet de bois, et peut être aplati à la manière du plomb.

L'acide sulfureux liquide se prête encore à l'expérience suivante, remarquable entre toutes par son étrangeté. On porte au rouge une capsule plate en argent et l'on y verse une couche d'acide sulfureux liquide. Dans le vase incandescent, le liquide se vaporise avec rapidité; mais, malgré la violence de la chaleur, il ne s'échauffe pas au-dessus de la température de son point d'ébullition, parce que les vapeurs qui se forment rendent latente et entraînent avec elles la chaleur que le vase fournit. Au milieu de l'enceinte de feu qui l'entoure, le liquide reste donc très froid, parce qu'il conserve la température qui convient à son ébullition, c'est-à-dire — 10°. Si donc l'on verse en ce moment un peu d'eau sur l'acide sulfureux, cette eau se prend en un glaçon, qu'on retire aussitôt du fond du vase encore tout rouge de feu. Il est possible même de rendre cette expérience plus frappante en l'exécutant avec une capsule placée dans le moufle d'un fourneau, côte à côte d'un creuset plein d'argent en fusion ; si bien que dans la même enceinte l'eau se prend en glace et l'argent se fond.

Ce qu'il peut y avoir de paradoxal dans cette expérience disparaît si l'on se rend bien compte des conditions en jeu. Supposons que, dans ce même moufle de fourneau où l'argent se fond, où la température, par conséquent, est d'un millier de degrés, on introduise un vase plein d'eau. Cette eau se mettra à bouillir rapidement, mais sans pouvoir dépasser son point d'ébullition, c'est à-dire 100°. Si donc on verse du plomb fondu dans cette eau bouillante, le plomb se solidifiera, bien que la température du fourneau soit, et de beaucoup, supérieure à son point de fusion. De même l'eau se congèle dans l'acide sulfureux bouillant à — 10°, malgré l'énorme température de l'enceinte.

Le froid le plus intense est obtenu par l'évaporation du protoxyde d'azote liquéfié au moyen d'une puissante pression. Ce liquide est si volatil, que les métaux qu'on y plonge à froid produisent le même frémissement que le fer rouge dans l'eau. Versé sur la main, il occasionne à l'instant une cuisante brûlure. A son contact, le mercure est soudainement congelé. Mélangé avec de l'acide carbonique solide et de l'éther, il abaisse la température à un point où l'alcool devient visqueux suffisamment pour couler avec difficulté quand on renverse sens dessus dessous le tube qui le contient. Si l'on est curieux de singuliers contrastes, on fait l'expérience que voici. Dans un tube contenant du protoxyde d'azote liquide, on introduit un peu de mercure, qui descend au fond et ne tarde pas à se congeler ; puis un charbon ardent, qui flotte et brûle avec un vif éclat comme dans le protoxyde gazeux. On a ainsi, à quelques centimètres d'intervalle et par l'intermédiaire de la même substance, dans le haut du tube la chaleur du rouge blanc, dans le fond le froid qui solidifie le mercure.

17. Appareil Carré. Production industrielle de la glace par l'évaporation de l'ammoniaque. — La chaleur

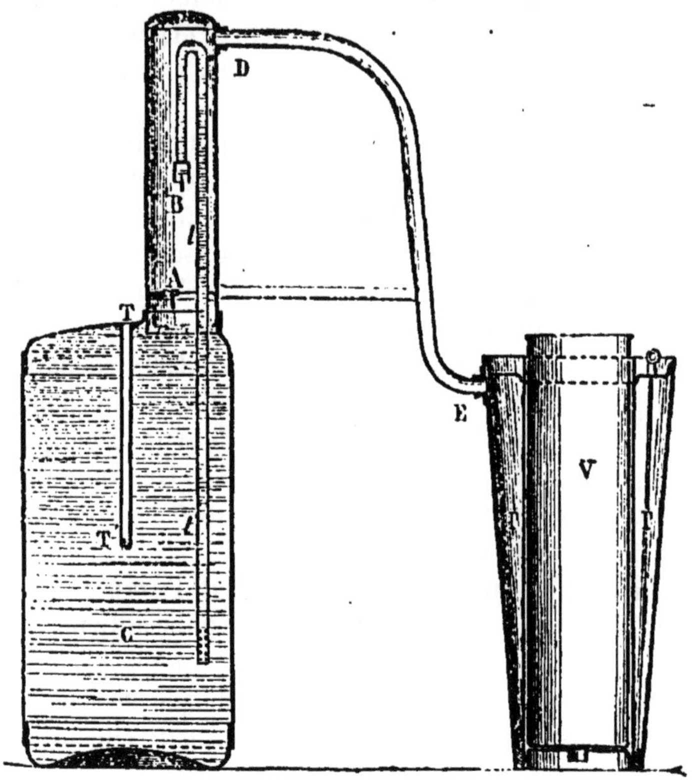

Fig. 35.

est l'auxiliaire le plus puissant de l'industrie. Tantôt il faut en accumuler dans un corps pour atteindre le résultat voulu, tantôt il faut en soustraire. Augmenter la chaleur, la diminuer, chauffer, refroidir, sont des opérations qui nous viennent à tout instant en aide. L'art de chauffer n'a pas encore atteint sans doute sa perfection, mais il est du moins très avancé. L'art de refroidir, assez riche en moyens éner-

giques quand il s'agit d'une simple expérience de laboratoire,
ne prête que depuis peu son concours aux manipulations sur
une grande échelle, qui demandent un abaissement considérable de température. C'est le gaz ammoniac qui, préalablement liquéfié par la pression, amène le refroidissement
par son retour à l'état gazeux.

Soit une chaudière C (fig. 35) pleine d'une dissolution
aqueuse d'ammoniaque. Un tube DE la met en communication avec un récipient à double paroi PP, appelé *congélateur*.
Dans la capacité centrale V se met l'eau qu'il faut congeler.
TT' est un tube en fer dans lequel on met un thermomètre ;
A est une soupape s'ouvrant de bas en haut ; *t* est un tube
qui plonge au fond du liquide ammoniacal et qui porte en B
une soupape. On allume du feu sous la chaudière. Le gaz
ammoniac est chassé de la dissolution, il franchit la soupape
A, et, par le canal DE, se répand dans l'espace sans issue
PP, où il se liquéfie par sa propre pression. Quand il s'est
amassé de la sorte assez d'ammoniac liquéfié, on éteint le
feu qui chauffait la chaudière. L'eau se refroidit, la pression
baisse, elle n'est plus suffisante pour maintenir liquide en P
une substance éminemment volatile, qui entre en ébullition
à 40° au-dessous de zéro sous la pression normale. Le liquide
amassé en PP reprend donc l'état gazeux, redevient gaz
ammoniac qui soulève la soupape B, suit le canal *t* et va se
redissoudre dans l'eau de la chaudière. Mais cette évaporation du liquide ammoniac ne peut se faire qu'autant que les
vapeurs prennent aux corps voisins, aux parois du congélateur et à l'eau du vase central, la chaleur latente nécessaire
à leur existence.

Ces parois, cette eau, se refroidissent donc, et le contenu
de la capacité centrale V est converti en peu de temps en
une colonne de glace. On retire cette glace, et l'appareil est
prêt à fonctionner de nouveau, car rien ne se déperd ; le
gaz ammoniac va de la chaudière au congélateur, lorsque la
chaleur du foyer le chasse de sa dissolution ; il revient du
congélateur à la chaudière, en produisant du froid, lorsque
le foyer est éteint.

18. Congélation de l'eau dans le vide. — Rappelons en
deux mots la belle expérience de Leslie. On fait le vide au-

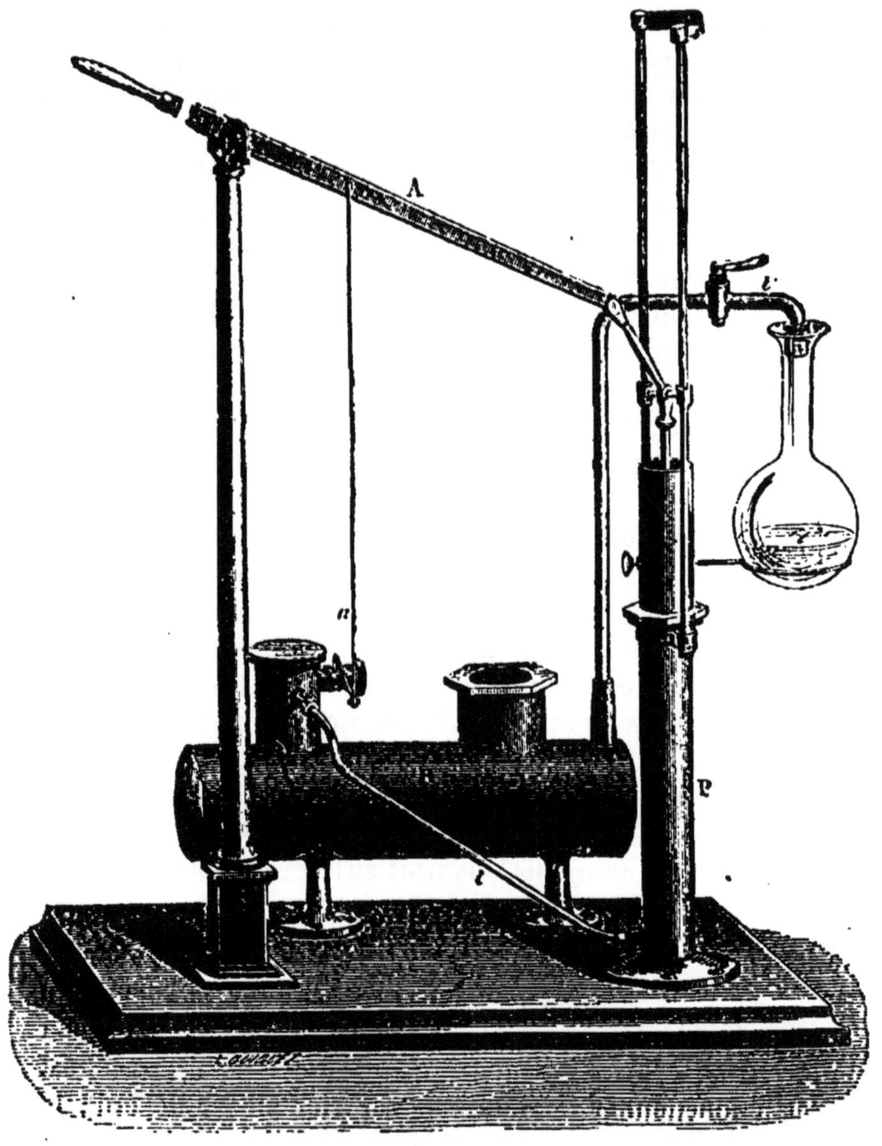

Fig. 36.

dessus d'une petite couche d'eau, dans le voisinage de l'acide
sulfurique. La pression s'abaissant, le liquide se résout en

vapeur, que l'acide sulfurique absorbe ; et de cette vaporisation spontanée, qui rend latente la chaleur sensible du liquide, résulte un refroidissement capable de congeler la
couche d'eau.

L'appareil suivant (fig. 36), dû à E. Carré, fonctionne d'après
ce principe. Une pompe pneumatique P fait le vide au moyen
du canal *t* dans le réservoir en plomb R, contenant de l'a-
cide sulfurique, et au moyen du canal *t'*, dans une carafe
contenant de l'eau. C'est, sous une autre forme, la reproduction de l'expérience de Leslie. Par le fait de la formation
rapide des vapeurs dans le vide, vapeurs que l'acide sulfurique absorbe aussitôt, l'eau de la carafe se refroidit donc jusqu'à se congeler. Par l'intermédiaire de la tige *a*, que met en
mouvement le lévier A de la pompe, un agitateur remue l'a-
cide sulfurique et favorise ainsi la disparition des vapeurs.

CHAPITRE IX

SOURCES DE CHALEUR

1. Classification. — Les *sources de chaleur*, c'est-à-dire
les causes aptes à la production calorifique, se divisent en
trois classes, savoir : les *sources permanentes* qui, d'une manière continue, par le seul jeu des forces naturelles, dégagent de la chaleur. De ce nombre, en première ligne, se
trouve le soleil, source calorifique primordiale pour le système planétaire dont nous faisons partie. Avec lui se classent
les étoiles, ces soleils des autres régions sidérales. Le globe
terrestre, par la chaleur qui lui est propre, est encore une
source permanente. Secondement, les *sources physiologiques*
ou *vitales* qui, dans l'animal et même dans la plante, dégagent de la chaleur par le fait de l'exercice de la vie.

Troisièmement, les *sources artificielles*, ou *accidentelles*, que l'homme peut susciter à volonté par différents moyens. Un métal porté à l'incandescence, un foyer allumé, un corps chauffé par le frottement, etc., rentrent dans cette classe.

Les sources artificielles se subdivisent comme il suit : les *sources mécaniques*, frottement, percussion, compression et en général déformation des corps ; les *sources physiques*, comme le passage d'un courant électrique dans un fil de métal, qui s'échauffe et devient même incandescent ; les *sources chimiques*, dont la combustion est l'exemple le plus vulgaire.

2. Le frottement est une source de chaleur. — Les exemples surabondent pour démontrer que le frottement est une source de chaleur. Le plus familier est la friction des deux mains l'une contre l'autre dans le but de les réchauffer. L'essieu d'un lourd chariot peut, dans une marche rapide, mettre feu aux roues par le frottement. Les tourillons d'un arbre de machine tournant avec rapidité s'échauffent parfois au point de se souder avec les coussinets, si l'on néglige de les lubrifier constamment, soit avec de l'eau, soit avec un corps gras. Pour obtenir des filets bruns sur certains objets façonnés au tour, on appuie fortement la pointe d'un morceau de bois sur la pièce en rotation rapide. La circonférence ainsi frictionnée fume et se carbonise. Certaines peuplades emploient un moyen analogue pour obtenir du feu. On fait tourner rapidement entre les mains une tige de bois dur dont la pointe s'engage dans une cavité creusée dans du bois tendre et très inflammable.

Dans un but pareil, il nous arrive encore à nous-mêmes d'avoir recours au frottement quand nous battons la pierre à fusil avec un briquet d'acier. Par la friction sur la pierre, des parcelles d'acier se détachent, s'échauffent et brûlent en vives étincelles au contact de l'air. Ce sont ces étincelles qui mettent le feu à l'amadou. Tout corps assez dur pour entamer l'acier, comme certaines poteries, la porcelaine, la pyrite de fer, donnent des étincelles comme la pierre à fusil et font feu sous le briquet. La roue du rémouleur lance une gerbe

d'étincelles sous l'instrument qu'on aiguise ; la pierre
heurtée par le sabot ferré du cheval en fait autant. Tous ces
faits sont du même ordre : la friction détache des parcelles
de métal et les échauffe au point de les faire brûler dans l'air.
Avant l'invention de la lampe de sûreté de Davy, on éclairait
les galeries des houillères où l'on redoutait la présence des
gaz inflammables, au moyen d'une roue d'acier tournant
rapidement contre une lame de silex. Il en résultait un jet
continu d'étincelles, répandant une lumière assez vive sans
danger d'inflammation des gaz explosifs.

3. **Expériences de Rumford et de Davy.** — En frottant vivement deux morceaux de glace l'un contre l'autre,
dans une enceinte au-dessous de zéro, Davy parvint à
les fondre en grande partie, malgré la proportion considérable de chaleur latente que nécessite la fusion de la
glace.

Rumford fit forer une masse de bronze immergée dans
10 litres d'eau que contenait une petite caisse en bois. En

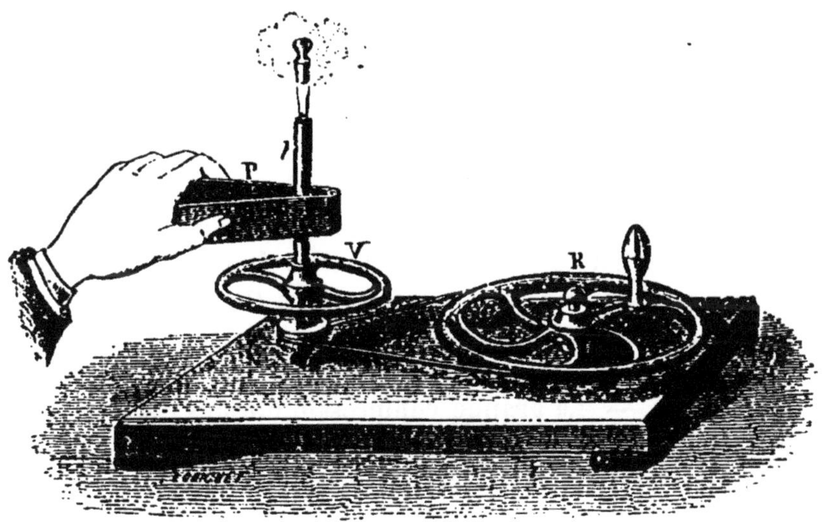

Fig. 37.

deux heures et demie de travail, l'eau était en ébullition.
Pour 10 grammes de limaille détachée par le frottement du

foret, la chaleur produite était capable d'élever 1 kilogramme d'eau de 0° à 100°.

4. Appareil de Tyndall. — En un quart d'heure environ, on peut obtenir l'ébullition de l'eau par le frottement au moyen de l'appareil de Tyndall (fig. 37). Un tube de laiton t est rempli d'eau et fermé avec un bouchon de liège. Il est mis en rotation rapide par l'intermédiaire de la roue à manivelle R et du volant V. Pendant qu'il tourne, on le presse avec une large pince en bois P. Le tube s'échauffe, l'eau se vaporise et les vapeurs font partir le bouchon.

5. La percussion développe de la chaleur. — Toutes les fois qu'on déforme un corps par une action mécanique, particulièrement un corps ductile, il se développe de la chaleur. Si l'on ploie alternativement dans un sens, puis dans l'autre, une verge métallique pour la rompre, la température s'élève dans la partie que la flexion déforme en sa structure moléculaire. Un métal devient brûlant quand on le passe au laminoir ou à la filière. Un fil métallique, tendu par un poids capable de le rompre, commence par s'atténuer, par s'étrangler au point où doit se faire la rupture. En ce point, la température s'élève jusqu'à devenir brûlante. La percussion est un moyen des plus énergiques pour produire ces déformations moléculaires, sources de chaleur. Un morceau de fer, martelé à coups redoublés sur une enclume, s'échauffe assez pour mettre le feu à de l'amadou ; on parvient même à le faire rougir. Du plomb, traité de cette manière, entre en fusion et s'éparpille en gouttelettes.

6. Chaleur dégagée par la compression des gaz. Briquet à air. — La grande compressibilité des gaz rend ces corps éminemment aptes à la production de chaleur, lorsque, par la pression, on leur fait subir un changement moléculaire analogue à celui que les métaux éprouvent par le martelage. Tous les gaz comprimés dégagent de la chaleur. Si la compression est violente, la température s'élève au rouge et peut mettre feu à des matières inflammables, si toutefois l'oxygène est présent.

On le démontre avec le *briquet à air.* Dans un épais cylindre en cristal fermé par un bout (fig. 38), peut se mouvoir un piston métallique enveloppé d'un cuir gras, et portant un morceau d'amadou à son extrémité. Lorsqu'on enfonce brusquement le piston, l'air subit une compression violente et enflamme l'amadou que l'on retire aussitôt du cylindre, sinon il s'éteindrait. En outre une lueur phosphorescente, visible dans l'obscurité, remplit le briquet au moment de la compression. Elle est due à la combustion de la matière grasse dont le tube est enduit et le gaz imprégné. Cette lueur ne se manifeste plus si le piston n'est pas graissé et si le gaz ne renferme pas en suspension des matières combustibles.

7. Gaz condensés par les corps solides. — Certains corps solides, spécialement le platine très divisé, ont la propriété de condenser les gaz dans leur masse. Il se produit alors de la chaleur comme si le gaz était comprimé par une action mécanique ordinaire. Ainsi un jet d'hydrogène, dirigé sur de la mousse de platine, rend celle-ci incandescente.

8. Froid produit par l'expansion des gaz. — L'expansion d'une masse gazeuse, l'inverse de la compression, doit amener un résultat calorifique inverse, c'est-à-dire un abaissement de température. En d'autres termes, l'expansion doit être une source de froid. L'expérience confirme pleinement cette prévision.

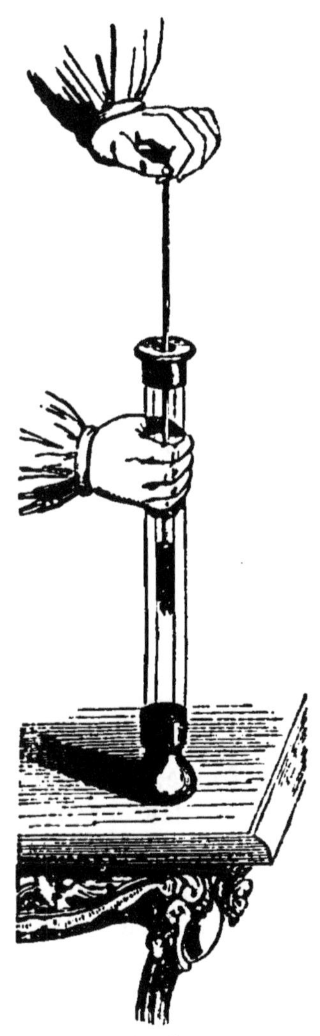

Fig. 38.

Quand on raréfie l'air avec la machine pneumatique, dès les premiers coups de piston l'atmosphère de la cloche se ternit et se voile d'un léger brouillard. L'abaissement de température dû à l'expansion de l'air qui reste en est cause, car il provoque un commencement de condensation dans les vapeurs aqueuses que cet air contient. Un thermomètre Bréguet placé sous la cloche accuse une température décroissante pendant que la raréfaction se poursuit ; puis il se met par rayonnement en équilibre de température avec les corps voisins et revient à son point de départ, si la machine cesse de fonctionner. On laisse alors rentrer l'air, et le thermomètre marche vers les températures croissantes, parce que l'air déjà dans la cloche est comprimé par celui qui s'y précipite.

Lorsqu'un jet gazeux d'acide carbonique s'échappe de l'appareil de Thilorier sous une pression de 40 à 50 atmosphères, l'énorme expansion qu'il subit abaisse tellement la température, que le gaz se solidifie en flocons neigeux. Nous avons décrit cette remarquable expérience.

De l'air humide comprimé à 3 ou 4 atmosphères dans un récipient donne lieu à des faits analogues. Une boule de verre présentée au jet gazeux se couvre d'une couche de glace.

Suivant sa pression, la vapeur d'eau, s'écoulant dans l'air, produit des résultats fort étranges en apparence. Plus froide, elle nous brûle profondément ; plus chaude, elle nous fait éprouver une impression de fraîcheur. Quand elle s'échappe d'une chaudière à 100°, elle possède la pression atmosphérique et par suite n'éprouve pas d'expansion en arrivant dans l'air. Elle conserve donc sa température 100° et nous brûle. Mais si elle jaillit d'une chaudière chauffée à 150° par exemple, la vapeur, qui possède alors une tension de 5 atmosphères environ, prend un volume quintuple et par le fait de cette expansion éprouve un refroidissement qui la condense en un épais brouillard. L'abaissement de température est suffisant pour qu'on puisse sans danger présenter la main au jet de vapeur. Loin d'être brûlé, on éprouve une sensation de fraîcheur. Cette singulière expérience se fait aisément avec la marmite de Papin.

9. Expérience de la machine de Schemnitz. — La machine employée autrefois à Schemnitz, en Hongrie, pour épuiser les eaux des galeries d'une mine de plomb était basée sur la compression de l'air, au moyen d'une colonne d'eau de 40 à 50 mètres de hauteur. Pour amuser les curieux qui venaient visiter la mine, on ouvrait un robinet donnant issue à l'air humide, et l'on présentait au jet un bonnet de mineur. A l'instant, l'intérieur du bonnet était tapissé de glaçons très compactes, tandis que des flocons de neige tourbillonnaient alentour. C'est la répétition en grand d'une expérience citée dans le précédent paragraphe. L'air, comprimé à 4 ou 5 atmosphères par le moyen de la colonne d'eau, quadruple ou quintuple son volume quand il jaillit du robinet. Cette expansion est accompagnée d'un refroidissement, qui congèle la vapeur d'eau dont l'air est saturé.

10. Les effets inverses de la compression et de l'expansion ont même valeur. — Figurons-nous deux ballons de même capacité mis en communication par des tubulures latérales munies de robinets. A chacun d'eux est adapté un thermomètre. L'un des ballons est plein d'air et l'autre est vide. Si l'on ouvre les robinets de communication, l'air se répand du ballon plein dans le ballon vide pour se répartir uniformément. Il y a donc expansion dans le premier et contraction dans le second. Aussi, le thermomètre baisse-t-il dans le premier ballon et monte-t-il dans le second. Or, une fois la répartition uniforme du gaz opérée, on constate que les deux variations thermométriques inverses sont de même valeur. Par conséquent, *l'élévation de température, produite par une certaine augmentation de pression, est égale à l'abaissement produit par une diminution de pression équivalente.*

Cette loi, due à Gay-Lussac, résulte encore de l'expérience que voici. Deux sphères en cuivre égales, l'une pleine d'air à la pression d'une vingtaine d'atmosphères, l'autre vide, sont en communication par un canal à robinet. On plonge les deux sphères dans de l'eau et l'on ouvre le robinet. Le gaz se partage également entre les deux capacités ; il éprouve une expansion dans la première sphère, une contraction dans la seconde. L'eau dans laquelle l'appareil est plongé n'éprouve cependant aucune variation de température. Il faut donc que l'échauffement du gaz comprimé soit exactement compensé par le refroidissement du gaz dilaté.

CHAPITRE X

SOURCES DE CHALEUR (*Suite*)

1. Chaleur dégagée par les actions chimiques. — Toute action chimique est accompagnée d'un dégagement de chaleur. L'agitation des molécules de nature différente se précipitant l'une vers l'autre pour entrer en combinaison amène ce résultat. S'il survient une liquéfaction, comme cela a lieu pour les mélanges réfrigérants, il peut se faire que le corps liquéfié rende latente la chaleur dégagée par la combinaison et même une partie de la chaleur sensible que possédait déjà le mélange ; alors la température se maintient constante ou baisse, mais sans infirmer le principe général. Les exemples surabondent pour démontrer que toute action chimique est une source de chaleur. — On verse de l'eau sur de la chaux vive. Les deux corps se combinent pour constituer de l'hydrate de chaux. Au moment de la combinaison, la température devient brûlante. — Un mélange d'acide sulfurique concentré et d'eau s'échauffe presque à l'ébullition. — L'acide sulfurique concentré versé goutte à goutte sur de la baryte caustique rend celle-ci incandescente. — Un mélange humide de limaille de fer et de soufre acquiert une température élevée.

2. **Combustion.** — La combustion, telle qu'on l'entend d'ordinaire, c'est-à-dire la combinaison d'un corps avec l'oxygène, est jusqu'ici la source par excellence de la chaleur que nous utilisons dans l'industrie et dans nos usages domestiques. Nous brûlons un combustible, bois, charbon, houille, etc. ; nous provoquons la combinaison des éléments qui le composent, spécialement du carbone, avec l'oxygène de l'air. De cette action chimique résulte la chaleur de nos foyers. Nous ne reviendrons pas sur la question capitale de la combustion, si longtemps enveloppée d'une profonde obscurité et résolue d'une manière si nette par les immortels travaux de Lavoisier ; dans le cours de chimie, ce point fondamental des sciences physiques a été traité avec des détails suffisants. Nous nous demanderons seulement quelle est la quantité de chaleur dégagée par les divers combustibles brûlant à poids égal.

3. **Calorimètre de Rumford.** — On doit à Rumford les

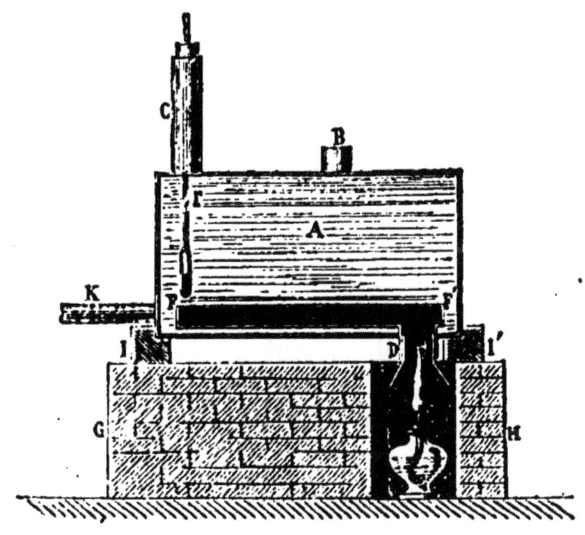

Fig. 39.

premières recherches sur cet important sujet. Son appareil

se composait d'une caisse en cuivre mince A, remplie d'eau (fig. 39). Un serpentin circule horizontalement dans le fond de la caisse. FF' en représente une partie. L'une de ses extrémités s'évase en entonnoir D sous lequel brûle le combustible expérimenté E ; l'autre extrémité K donne issue aux produits gazeux de la combustion lorsqu'ils ont lentement traversé le serpentin et cédé leur chaleur à l'eau ambiante. Un thermomètre T indique la température de l'eau.

De l'accroissement de température qu'éprouvent l'appareil et son contenu, pour un poids déterminé de combustible brûlé, on peut déduire la quantité de chaleur produite par la combustion. Mais l'exactitude du résultat repose sur des conditions difficilement réalisables. Il faudrait, en particulier, que toute la chaleur fournie par le combustible pénétrât dans le serpentin avec les gaz entraînés par le tirage, ce qui n'a pas lieu, car une portion de la chaleur est rayonnée sans avoir accès dans l'appareil. Aussi le calorimètre de Rumford est-il abandonné pour ce genre de recherches.

4. Calorimètre de MM. Favre et Silbermann. — La chambre à combustion est une boîte en cuivre doré A (fig. 41 et fig. 42). Un canal G amène au fond de la boîte le gaz comburant. Un serpentin FICI' de 1 mètre de longueur donne issue aux produits gazeux quand ils ont cédé leur chaleur à l'appareil et à l'eau qui le baigne. Le couvercle de la chambre à combustion porte deux larges tubulures. L'une D amène le gaz combustible ; l'autre E est fermée avec une glace H et permet de voir ce qui se passe dans l'intérieur.

Fig. 40.

Pour l'étude des combustibles non gazeux, on suspend au même couvercle soit une petite lampe L (fig. 40) alimentée avec le liquide à brûler, soit une corbeille de platine à mailles serrées K contenant le combustible solide. On allume le corps que l'on veut expérimenter, on l'introduit rapidement dans la chambre à combustion, pour qu'il y ait le moins possible de chaleur perdue, et l'on visse le cou-

vercle. La combustion désormais se continue au moyen du
gaz comburant, air ou oxygène, qui arrive par le canal G.
Toutes les pièces, y compris la chambre à combustion, étant
ainsi plongées dans l'eau, la perte de chaleur par rayonnement est rendue impossible. En outre, afin d'éviter l'influence de la température extérieure, le calorimètre est
entouré de deux enceintes, la première $d\,d'$ garnie de duvet

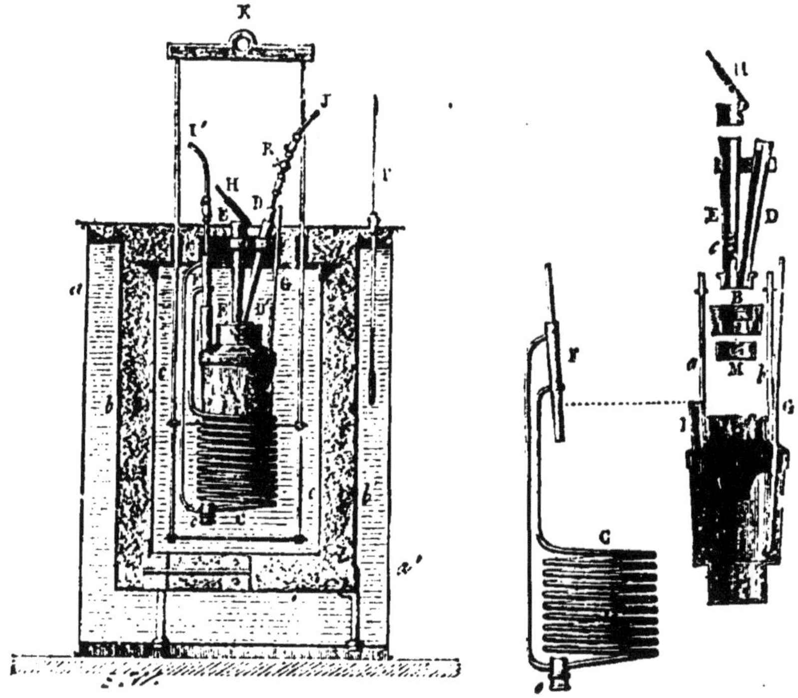

Fig. 41.   Fig. 42.

de cygne, matière de très faible pouvoir conducteur, la seconde bb' remplie d'eau.

5. Résultats numériques. — Le tableau suivant indique, en calories, la quantité de chaleur que produit un kilogramme de différents corps brûlant dans l'oxygène. Ainsi,
le nombre 8080 placé en face du charbon de bois signifie
que 1 kilogramme de cette substance dégage en brûlant la
chaleur qui serait nécessaire pour élever de 1° thermométri-

que 8080 kilogrammes d'eau, ou, en d'autres termes, produit 8080 calories.

SUBSTANCES.	NOMBRE DE CALORIES dégagées par la combustion d'un kilogramme de matière.
Hydrogène	34462
Oxyde de carbone	2403
Hydrogène protocarboné	13063
Hydrogène bicarboné	11857
Charbon de bois	8080
Diamant	7770
Soufre	2261
Sulfure de carbone	3400
Éther sulfurique	9027
Esprit de bois	5307
Alcool	7184
Acide stéarique	9716
Essence de térébenthine	10852
Huile d'olives	9862

Il est à remarquer que l'hydrogène est de tous les corps celui qui produit en brûlant le plus de chaleur. A poids égal, il dégage 4 fois plus de chaleur que le charbon, 17 fois plus que le soufre.

6. Combustibles industriels. — Les combustibles utilisés par l'industrie, charbon de bois, houille, tourbe, anthracite, lignite, etc., ont des pouvoirs calorifiques un peu variables, et qui s'élèvent au plus aux nombres suivants :

COMBUSTIBLES.	NOMBRE DE CALORIES dégagées par la combustion d'un kilogramme de matière.
Charbon de chêne	7670
Anthracite	7300
Huiles grasses	7370
Houille sèche	6230
Lignite	4830
Bois	4314
Tourbe	4300

La somme de chaleur dégagée par un combustible ne peut pas nous renseigner d'une manière absolue sur l'effet calorifique produit, sur la température obtenue. Il faut encore tenir compte de la rapidité de la combustion. On conçoit très bien, en effet, que la température s'élève d'autant moins que la totalité de chaleur se répartit dans un laps de temps plus long. Ainsi la tourbe, qui à poids égal dégage autant de calories que le bois, est loin de produire la même température, à cause de sa lente et difficultueuse combustion.

Les diverses espèces de bois, au même degré de dessiccation et à poids égal, dégagent sensiblement la même somme de chaleur. Et cela doit être, car, abstraction faite de la petite quantité de matières minérales qui forment les cendres, il n'entre guère dans leur composition que de la cellulose, matière identique dans tous les végétaux. Néanmoins, les bois durs et les bois tendres ont des modes de combustion qui ne conviennent pas à tous les travaux indifféremment. Les bois durs, difficilement perméables à l'air, brûlent d'abord à la superficie avec flamme, tant que la chaleur, se propageant dans la masse, en dégage des gaz combustibles. Puis la flamme s'épuise, et il reste un charbon volumineux et compact qui se consume lentement. Au contraire, les bois légers, qui se laissent pénétrer par l'air et qui d'ailleurs se déchirent en s'échauffant, ont une combustion rapide et toujours accompagnée de flamme, parce que la majeure partie de leur charbon brûle en même temps que les gaz combustibles. Les bois tendres sont donc préférables lorsqu'il faut une combustion vive, une température élevée, une flamme longue et continue, comme dans les verreries, les fourneaux à porcelaine ou même à poterie ordinaire ; mais dans les usages domestiques on donne les préférences aux bois durs, dont la combustion moins active est ainsi de plus longue durée.

7. Chaleur animale. — Au point de vue chimique, la vie est caractérisée par une incessante combustion. Pour vivre, tout animal a besoin d'air, qui pénètre dans l'organisme par l'acte respiratoire, au moyen de poumons, de branchies, de trachées, ou même de l'enveloppe cutanée suffisamment perméable. Chez les animaux à respiration pulmonaire, par exemple, le liquide nourricier, la chair coulante, le sang enfin, après avoir parcouru toutes les parties du corps et accompli son travail organique, arrive au cœur, et de là aux poumons à l'état de sang veineux. Il est alors d'un rouge noir, et en outre imprégné des produits de la combustion vitale, en particulier d'acide carbonique. A travers les minces parois des cellules pulmonaires, dont la superficie totale équivaut, chez l'homme, à trente fois environ la superficie du corps, le sang veineux laisse exhaler son acide carbonique et dissout en échange de l'oxygène amené par la respiration. De noir qu'il était, le sang devient alors d'un rouge vif et prend le nom de sang artériel. Ainsi oxygéné, des poumons il revient au cœur, qui le lance dans les artères et le distribue dans tout le corps.

C'est dans les dernières ramifications des conduits sanguins, dans les vaisseaux capillaires multipliés à profusion dans tous les tissus, que s'accomplit l'acte chimique entre l'oxygène du sang et les matériaux de l'organisme renouvelés par l'alimentation. De cette combustion, que règle l'influence nerveuse, résulte la chaleur organique qui maintient en nous une température constante, malgré les causes extérieures de refroidissement. Cette incessante production de chaleur ne s'effectue pas dans telle ou telle autre partie déterminée du corps, elle a lieu dans tout l'organisme à la fois, partout où de l'oxygène circule entraîné par le sang artériel. La quantité d'oxygène absorbée, et par suite la quantité de chaleur développée dans un laps de temps, varient considérablement d'une personne à l'autre, mais chez toutes, pour un gramme d'oxygène consommé, il se produit cinq calories à très peu près. La température de l'homme, n'importe la race et le climat, est de 37° environ.

8. Animaux à sang chaud et animaux à sang froid. — Chez les animaux supérieurs, mammifères et oiseaux, la production de chaleur vitale est assez active et assez abondante pour compenser à chaque instant les pertes dues au refroidissement par les causes extérieures. Ce sont en quelque sorte des calorifères dont l'activité de combustion s'exalte avec la dépense en chaleur, de manière que la température se maintienne constante. Ces animaux ont donc une température propre, à peu de chose près invariable, malgré les variations thermiques extérieures. Pour ce motif, on les nomme animaux à sang chaud. Les oiseaux, qui possèdent un appareil respiratoire si développé et si bien en rapport avec le travail mécanique relativement énorme dépensé dans le vol, occupent le premier rang sous le rapport de la puissance calorique. Leur température propre s'élève dans quelques espèces à 41°.

Chez les animaux à sang froid, poissons, reptiles, insectes, mollusques, crustacés, etc., il se produit aussi de la chaleur par le travail vital, car leur température est ordinairement supérieure de quelques degrés à celle du milieu où ils vivent. D'ailleurs, comme chez les animaux à sang chaud, la dépense de force musculaire exalte en eux la puissance calorifique. Le sphinx Atropos, bel et grand papillon crépusculaire dont la larve vit sur les feuilles des pommes de terre, et qui est orné sur son corselet velu de taches blanches figurant une tête de mort, possède pendant le repos une température supérieure à celle de l'air ambiant d'un ou deux degrés à peine. Lorsqu'après le coucher du soleil il vole rapidement de fleur en fleur, pour plonger sa trompe au fond des corolles où se trouve la liqueur sucrée qui lui sert de nourriture, sa température s'élève bientôt de près de dix degrés au-dessus de celle de l'air.

Les animaux à sang froid produisent donc incontestablement de la chaleur, mais si lentement et en proportion si faible, qu'ils ne peuvent compenser les pertes dues aux causes extérieures. Sans que leur existence soit compromise, leur température est ainsi sous la dépendance des variations thermiques, soit en plus, soit en moins, du milieu ambiant. En résumé, les animaux à sang chaud ont une température constante, qui ne saurait varier sans les plus graves désordres organiques ; les animaux à sang froid ont une température qui varie dans des limites considérables, avec celle du milieu ambiant sans que la vie soit compromise.

9. Chaleur propre des végétaux. — La chaleur animale résulte d'un travail chimique accompli dans toutes les parties de l'organisation, en particulier de la combinaison de carbone avec l'oxygène. Des combinaisons analogues ont lieu dans les végétaux, d'une manière non continue, il est vrai, et avec bien moins d'intensité. A ce travail chimique vital, si lent, si faible qu'il soit, doit correspondre une certaine production de chaleur. C'est ce que l'expérience confirme. Au moyen d'appareils thermo-électriques très sensibles on a pu constater dans les jeunes tiges, les feuilles, les fruits, les fleurs en boutons, un excès de température atteignant au plus un demi-degré.

Fig. 43.

Dans quelques plantes, à certains moments, l'excès de température s'élève assez pour être appréciable au thermomètre ordinaire et même au simple toucher. Les aroïdées surtout sont remarquables sous ce rapport. Nous avons abondamment dans les haies deux arum, l'un l'arum vulgaire, commun dans les départements du centre et du nord, l'autre l'arum d'Italie, spécial aux départements méridionaux. Dans tous les deux, l'inflorescence se compose d'un grand cornet jaunâtre ou *spathe*, du sein duquel s'élève une tige charnue portant les organes floraux, étamines et pistils. Cette tige se termine par un renflement nommé *massue* (fig. 43). Au moment de la floraison, la chaleur de la massue est parfaitement sensible à la main. Un thermomètre plongé dans le cornet s'élève de 8 à 10° au-dessus de la température de l'air. Certains arum de l'île Bourbon, groupés au nombre de douze autour d'un thermomètre, le font monter de 30° et plus. Il est à remarquer qu'au moment de cette production exaltée de chaleur, l'inflorescence des aroïdées est le siège d'un travail chimique identique à celui qui produit la chaleur animale. Il se fait une absorption considérable d'oxygène et un dégagement équivalent de gaz carbonique. La fleur respire comme l'animal ; et, comme lui, elle dégage de la chaleur par suite d'une combustion.

10. **Chaleur solaire.** — Le soleil est pour nous la source primordiale de chaleur ; la terre est vivifiée par le rayonnement de l'astre souverain. Un des points fondamentaux de l'histoire de la chaleur serait donc de déterminer numériquement la puissance calorifique des rayons solaires. Nous allons d'abord faire connaître quelques-uns des résultats dus aux recherches de M. Pouillet, résultats approximatifs sans doute, mais qui néanmoins nous renseignent d'une manière suffisante sur l'énorme puissance calorifique du soleil.

Chaque mètre carré de la surface de cet astre émet par minute 848000 calories environ. Traduite en combustible, cette quantité de chaleur représente ce que donnerait la combustion de 130 kilogrammes de houille brûlant en une minute. A parité de surface, c'est plus de sept fois la chaleur de nos meilleures forges. Si l'on suppose le soleil recouvert d'une couche indéfinie de glace, l'épaisseur fondue serait de près de 12 mètres en une minute, de 4 lieues et 1/4 en un jour, de 1547 lieues en un an.

La terre, si petite et comme perdue dans les immenses régions où pénètrent les rayons dardés par le soleil, ne reçoit, pour sa part, qu'une bien faible partie de cette chaleur totale. L'ensemble de la chaleur qu'elle reçoit en un an pourrait fondre une couche de glace de 30 mètres environ d'épaisseur qui l'envelopperait en entier, si l'atmosphère n'absorbait en moyenne les 4 dixièmes des rayons directement venus du soleil.

11. **Expériences. Pyrhéliomètre.** — Examinons maintenant comment l'expérience a pu donner ces nombres, qui frappent tant l'esprit. L'appareil employé par M. Pouillet

dans ses belles recherches porte le nom de *pyrhéliomètre*, signifiant mesure de la chaleur solaire. Il se compose (fig. 44) d'un vase discoïdal en argent *vv'*, très mince, recouvert en dehors de noir de fumée et rempli d'eau. Dans le liquide plonge la boule d'un thermomètre *t* fixé au moyen d'un bouchon. Un support articulé *c* maintient l'appareil sur un appui vertical et permet de lui donner l'orientation convenable. La face noircie du vase est tournée vers le soleil, de manière à recevoir ses rayons perpendiculairement. Un disque *d* permet de juger si cette condition est remplie. Il faut que l'ombre du vase vienne exactement se projeter sur le disque *d*. Pendant tout le temps de l'expérience, on fait tourner l'axe du vase au moyen du bouton *b* pour agiter l'eau et répartir uniformément la chaleur reçue.

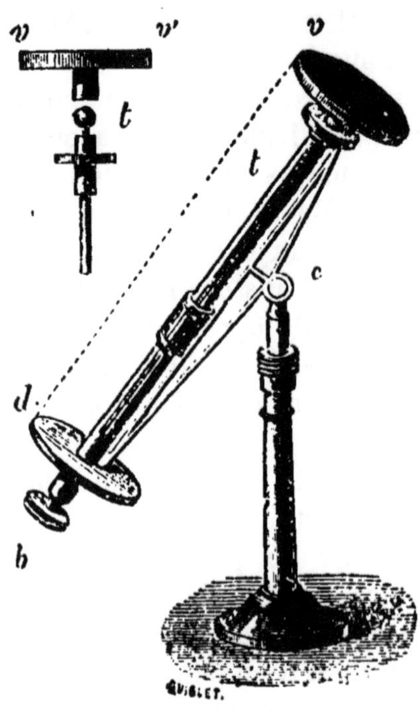

Fig. 44.

On oriente d'abord l'appareil par un temps calme et serein autant que possible, en tenant la face noircie du vase masquée avec un écran. L'orientation obtenue, on enlève l'écran et on laisse pendant un certain nombre de minutes, quatre par exemple, les rayons solaires agir sur le vase et échauffer l'eau. On lit enfin sur le thermomètre l'accroissement de température obtenu. Soit *t* cet accroissement de température. Si l'on représente par *p* le poids de l'eau, par *p'* et *c'* le poids et la chaleur spécifique du vase en argent, le nombre de calories gagné par l'eau sera pt, et le nombre de calories gagné par le vase sera $p'c't$. L'expression $pt + p'c't$

représente donc la quantité de chaleur fournie au vase par le soleil pour une superficie et un temps déterminés.

12. Influence de l'atmosphère. — L'épaisseur de l'atmosphère traversée par les rayons solaires est variable, suivant l'heure de la journée. Ainsi, quand le soleil est à l'horizon, ses rayons traversent l'épaisseur atmosphérique A C (fig. 45); ils traversent une épaisseur bien moindre A B quand l'astre est au zénith, ou du moins passe au méridien. Or, si l'on expérimente avec le pyrhéliomètre à différentes heures de la journée, on constate que la quantité de chaleur reçue par l'appareil est d'autant moindre que l'épaisseur atmosphérique traversée est plus grande.

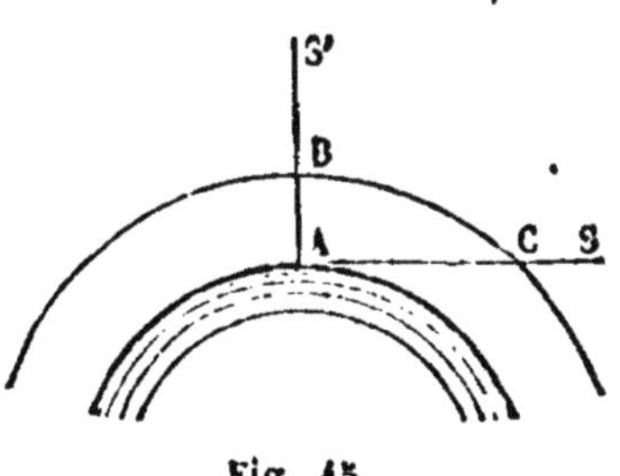

Fig. 45.

Ce résultat pouvait du reste se prévoir. Qui ne connaît l'affaiblissement de la chaleur solaire à mesure que l'astre est plus près de l'horizon. C'est à midi, au moment où le soleil passe au méridien et nous envoie ses rayons à travers la moindre épaisseur atmosphérique, que l'insolation a le plus d'énergie ; c'est au lever et au coucher du soleil, au moment où les rayons traversent la plus grande épaisseur atmosphérique, que l'insolation a la moindre valeur. Le pyrhéliomètre confirme cette observation élémentaire, mais avec une précision qui se prête au calcul. La géométrie permet en effet de comparer les épaisseurs d'air traversées aux différentes heures de la journée. De cette comparaison et de la quantité de chaleur accusée par le pyrhéliomètre dans chacune des positions du soleil, on peut déduire l'absorption due à l'atmosphère. On trouve ainsi que l'enveloppe atmosphérique arrête la chaleur solaire dans une proportion qui varie entre 0,3 et 0,5 suivant l'état du ciel. En moyenne, la terre ne reçoit donc que les 0,6 de la chaleur que lui rayonne le soleil ; les 0,4 restants sont absorbés par l'atmosphère.

13. Chaleur totale. — Pour tenir compte de la déperdition à travers l'air, si l'on augmente les indications du pyrhéliomètre, en moyenne dans le rapport de 6 à 10, on trouve qu'en l'absence de l'atmosphère, la terre recevrait annuellement du soleil 2 310 000 calories par mètre carré de surface, c'est-à-dire assez de chaleur pour fondre une couche de glace de 30 mètres environ d'épaisseur.

De ces nombres, il est facile de remonter à la chaleur totale émise par le soleil. Supposons une sphère décrite avec la distance du centre du soleil à la terre pour rayon. La superficie de cette sphère, dont le soleil occupe le centre, reçoit la totalité de la chaleur solaire dans une proportion par mètre carré égale à celle qui précède. Il suffit donc d'évaluer en mètres carrés la surface de cette sphère idéale, pour avoir la totalité de la chaleur solaire. Le résultat divisé par la surface du soleil donne le nombre de calories dégagées par chaque mètre carré de la superficie de l'astre. On trouve ainsi que le soleil émet par minute et par mètre carré de sa surface 848 000 calories environ.

CHAPITRE XI

NOTIONS SUR LES MACHINES A VAPEUR

1. Denis Papin. — De toutes les puissances utilisées par l'activité humaine, la plus importante, à cause de ses nombreuses applications, est celle de la vapeur. Dans l'eau vaporisée se trouve un auxiliaire inépuisable en ressources dans tout genre de travail mécanique, quelle que soit la force ou la dextérité à mettre en jeu. Aussi l'emploi de la vapeur comme force motrice est-il une des grandes étapes de l'humanité dans sa voie de progrès. L'antiquité ne paraît pas même avoir soupçonné cet emploi. Tout au plus, les auteurs de ces temps reculés nous ont-ils légué quelques stériles expérimentations de simple curiosité, naïfs débuts sur un sujet dont il était réservé à l'avenir de saisir l'importance.

Ainsi Héron, d'Alexandrie, nous parle d'un vase en métal dans lequel on chauffe de l'eau. Le vase n'a d'autre orifice que celui d'un tube en haut duquel une bille est placée pour bouchon. Quand l'eau bout, la vapeur chasse la bille (fig. 46). Quel début pour la locomotive, qui traîne, avec une vitesse vertigineuse, son interminable file de wagons ! qu'il y a loin de la marmite du savant d'Alexandrie à ces admirables machines qui transforment aujourd'hui l'élan brutal de la vapeur en tel travail que nous voulons !

Fig. 46.

Le problème de l'emploi de la vapeur, comme puissance mécanique, a été pour la première fois résolu vers la fin du dix-septième siècle par une des gloires de la France, par l'infortuné Denis Papin, qui, après avoir fourni le point de départ de la machine à vapeur, source incalculable de bien-être, languit à l'étranger dans la misère et l'abandon. L'idée fondamentale de Papin, idée féconde qui devait centupler les forces de l'homme, est d'avoir songé à faire agir la vapeur sur un piston se mouvant dans un cylindre. L'ingénieux novateur opérait ainsi.

Le cylindre A (fig. 47), fermé inférieurement, ouvert supérieurement, contenait une faible couche d'eau. Un piston B, armé d'une tige BH, descendait d'abord à proximité du liquide. Du feu était allumé sous le cylindre: des vapeurs se formaient et, par leur force élastique, poussaient le

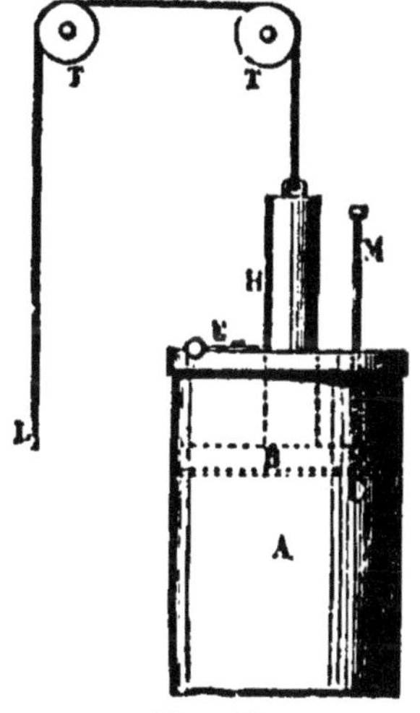

Fig. 47.

piston au haut du cylindre. Au moyen d'une clavette E, s'enfonçant dans une entaille de la tige le piston était alors arrêté dans la position qu'il venait d'atteindre. On retirait le feu : le cylindre se refroidissait, les vapeurs diminuaient de force élastique en se condensant et ne pouvaient plus contre-balancer la pression de l'air s'exerçant sur la face supérieure du piston. Quand on retirait la clavette, le piston descendait donc poussé par son poids et l'atmosphère ; et, dans sa descente, il soulevait, par l'intermédiaire d'une corde s'enroulant sur les poulies TT, une charge appendue au bout de cette corde. De nouveau remis, le feu provoquait une seconde ascension du piston ; de nouveau retiré, il provoquait une seconde descente ; et, de cette manière, le piston était animé d'un mouvement de va-et-vient dans le cylindre tour à tour réchauffé ou refroidi.

Papin ne se borna pas à démontrer, au moyen de cette expérience, l'action mécanique de la vapeur ; il établit encore comment le va-et-vient du piston pouvait être utilisé, soit pour faire mouvoir des pompes destinées à épuiser l'eau des mines, soit pour faire avancer des bateaux avec des *rames tournantes*. Ces rames tournantes de Papin, ces palettes choquant l'eau dans leur mouvement révolutif, sont le point de départ de la navigation à vapeur. Papin les appliqua à un bateau qui marcha sur la Fulda, près Cassel, et fut plus tard méchamment détruit par des bateliers au moment où le malheureux inventeur se disposait à le faire passer en Angleterre pour y continuer ses essais.

2. **James Watt. Machine à double effet.** — L'appareil de Papin, corps de pompe et piston, fut repris plus tard par James Watt, qui, d'abord pauvre ouvrier mécanicien dans une petite ville d'Écosse, devint, par son génie et ses découvertes sur l'emploi de la vapeur, l'un des hommes les plus importants de son siècle. La plus heureuse des innovations de Watt consiste à faire agir la vapeur à tour de rôle au-dessus et au-dessous du piston, ce qui remplace le travail intermittent de l'appareil de Papin par un travail continu. D'ailleurs ici la pression atmosphérique n'est pas utilisée ; c'est la vapeur seule qui provoque le va-et-vient du piston, et de cette manière est radicalement évitée la pénible alternative d'é-

chauffement et de refroidissement du cylindre. Aujourd'hui toutes les machines à vapeur sont construites sur le principe de Watt.

Représentons-nous un gros cylindre creux en métal exactement fermé aux deux bouts. C'est là ce qu'on appelle le corps de pompe. Un piston, également en métal et de même calibre que le corps de pompe, peut glisser, aller et venir dans la cavité de ce dernier, s'il est convenablement poussé dans un sens ou dans l'autre. Par chacune de ses extrémités, le corps de pompe peut, tour à tour, recevoir de la vapeur de la chaudière ou laisser écouler dans l'air celle qu'il contient déjà. D'autre part, cette entrée et cette sortie de la vapeur sont réglées de telle sorte que, lorsque le corps de pompe reçoit la vapeur de la chaudière par sa partie supérieure, il laisse écouler dans l'atmosphère celle qu'il renferme de l'autre côté du piston, dans sa partie inférieure, et réciproquement. Ces dispositions rendent immédiatement compte du mouvement du piston. Lorsqu'elle arrive dans le compartiment supérieur, la vapeur, trouvant de ce côté toute issue fermée, agit sur le piston par sa force élastique et le fait descendre, à la condition que la vapeur n'agisse pas en même temps en dessous ; et c'est ce qui a lieu, car en ce moment la vapeur contenue dans le compartiment inférieur s'écoule en liberté dans l'air. Cela fait, la vapeur cesse d'arriver en haut, et celle qu'il y a déjà s'échappe au dehors ; au-dessous, au contraire, il en arrive. Le piston doit remonter, entraîné par une poussée égale à celle qui l'a fait descendre.

Au moyen de cette arrivée et de cet écoulement alternatifs de la vapeur, tant à la partie inférieure qu'à la partie supérieure du corps de pompe, le piston est animé d'un mouvement de va-et-vient qui lui fait parcourir, dans un sens, puis dans l'autre, alternativement, toute la longueur du corps de pompe. Pour utiliser ce mouvement, on munit le piston d'une solide tige en métal, qui pénètre dans le corps de pompe par un orifice percé au milieu de l'une de ses extrémités, et tout juste suffisant pour livrer passage à la tige sans laisser échapper la vapeur. L'extrémité de cette tige, saillante au dehors, est donc animée du même mouvement de va-et-vient que le piston. C'est elle qui se rattache à la machine qu'il faut faire mouvoir et lui communique sa force et son mouvement, transformé en mouvement révolutif par d'ingénieuses combinaisons.

L'énergie de ce mouvement est très facile à évaluer. Supposons que l'eau de la chaudière soit chauffée à 152 degrés. La force élastique de la vapeur est alors de cinq atmosphères, c'est-à-dire qu'elle presse sur chaque décimètre carré comme le ferait un poids de 500 kilogrammes environ. Si la surface du piston est de 20 décimètres carrés, ce piston éprouve donc, tour à tour en dessus et en dessous, une pression de 10000 kilogrammes. Mais comme, lorsqu'une face du piston est en rapport avec la vapeur de la chaudière, l'autre est en rapport avec l'air, chose nécessaire pour l'écoulement de la vapeur qui doit ne plus agir, l'atmosphère presse sur cette dernière face et contre-balance une partie de la poussée supportée par la première. Le piston n'obéit donc, en réalité, qu'à une poussée de quatre atmosphères, c'est-à-dire, à cause de l'étendue de sa surface, à une poussée représentée par un poids de 8000 kilogrammes à peu près.

3. **Distribution de la vapeur. Tiroir.** — L'arrivée et l'écoulement alternatifs de la vapeur, de part et d'autre du piston, sont obtenus au moyen d'un ingénieux mécanisme, imaginé par Watt et appelé *tiroir*. De la chaudière, la vapeur arrive par le canal F dans un compartiment spécial FG (fig. 48 et 49), adossé au corps de pompe et nommé *boîte à vapeur*. Elle peut communiquer, en temps opportun, d'une part, avec les deux extrémités du corps de pompe par les canaux *a*, *b*, d'autre part, avec l'atmosphère par un canal perpendiculaire au plan de la figure et dont la base est en K. Une pièce *mm*, conduite par une tige E que la machine elle-même met en mouvement, monte et descend à tour de rôle dans l'intérieur de la boîte à vapeur. Elle a la forme d'une petite caisse sans couvercle, enfin la forme d'un tiroir de

table, et de là lui vient son nom de tiroir. Son rôle est de faire communiquer tour à tour chaque face du piston avec la chaudière et avec l'atmosphère, de laisser arriver alternativement la vapeur d'un côté du piston et de la laisser écouler dans l'air.

Supposons au tiroir la position qu'il a dans la figure 48. Dans ce cas, le canal *a* est seul en rapport avec la boîte à vapeur. La vapeur arrive donc librement au-dessus du piston,

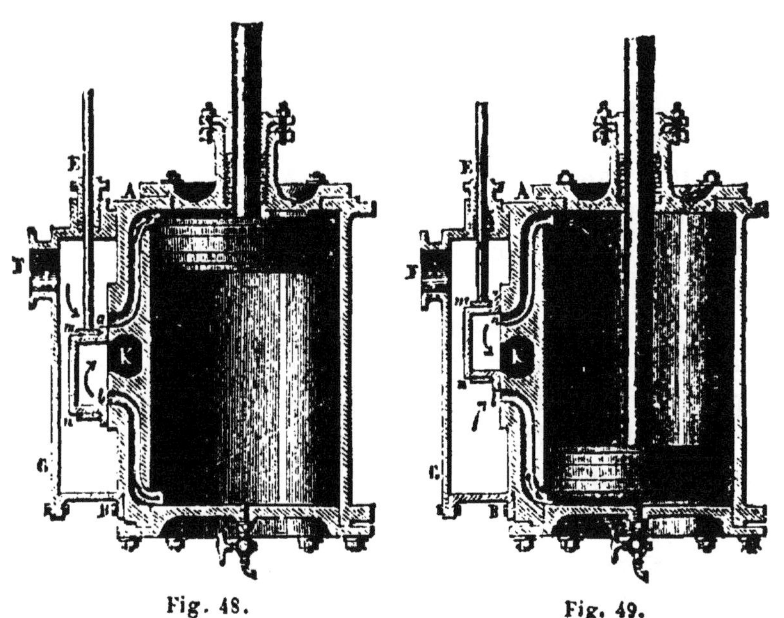

Fig. 48.   Fig. 49.

et pressant sur celui-ci le fait descendre. Mais il faut qu'en ce moment la vapeur située au-dessous s'écoule pour ne pas arrêter le piston en neutralisant la pression exercée au-dessus. C'est ce qui a lieu, car, par le canal *b*, la vapeur inférieure est en rapport avec la cavité du tiroir et par suite avec l'atmosphère au moyen du canal K. Le piston descend donc entraîné par l'excès de la poussée de la vapeur sur la poussée de l'air. Il arrive au bas de sa course (fig. 49); mais, en même temps, le tiroir remonte un peu comme le montre la figure 40, et l'action de la vapeur est renversée.

Maintenant, en effet, c'est le canal inférieur *b* qui communique avec la boîte à vapeur, tandis que le canal supérieur *a* communique avec la cavité du tiroir et par conséquent avec l'air. La vapeur arrive donc au-dessous pendant qu'elle s'écoule au-dessus, et le piston remonte, poussé de bas en haut avec la même force qui le poussait tout à l'heure de haut en bas. A peine est-il arrivé au haut de sa course, que le tiroir s'abaisse un peu, reprend la position de la figure 48, et, par le renversement de la distribution de la vapeur, amène une nouvelle descente. Et ainsi de suite.

On voit donc que si la tige du tiroir est reliée à une pièce de la machine qui, en temps opportun, la pousse légèrement dans un sens puis dans l'autre, cela suffit pour intervertir l'accès de la vapeur sur les deux faces du piston et perpétuer indéfiniment le va-et-vient de celui-ci. La machine est ainsi chargée de régler elle-même l'arrivée de la vapeur et son écoulement.

4. Excentrique. — Pour suppléer ainsi l'intelligence du mécanicien, et, par le seul jeu de la machine, distribuer à temps la vapeur au-dessus et au-dessous du piston avec une précision admirable, on a recours à ce qu'on nomme un *excentrique*. Un axe O (fig. 50) ou arbre de la machine porte

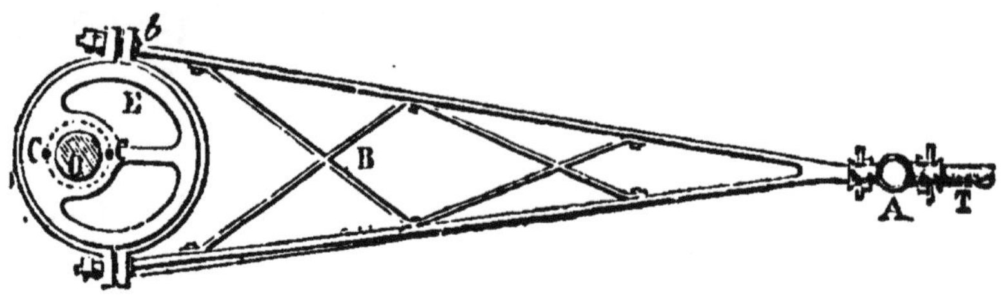

Fig. 50.

un disque circulaire E faisant corps avec lui, mais dont le centre C ne se confond pas avec celui de l'axe. C'est à cette disposition indépendante des deux centres que fait allusion le mot d'excentrique. Ce disque est entouré par un collier qui peut librement glisser et est relié à un système de tringles convergentes, dont le sommet est en rapport avec un levier coudé *abc* que représente la figure 51. L'axe O tourne, entraînant avec lui l'excentrique, qui présente sa protubérance tantôt en arrière tantôt en avant. Le collier, à cause de sa liaison avec les tringles, ne peut suivre le mouvement révolutif ; mais il glisse, tantôt porté un peu en arrière, tantôt porté un peu en avant, et l'extrémité du système de tringles accomplit ainsi un mouvement alternatif d'avance et de recul. Lorsque cette extrémité recule, le levier coudé prend la position indiquée par la partie pleine de la figure 51.

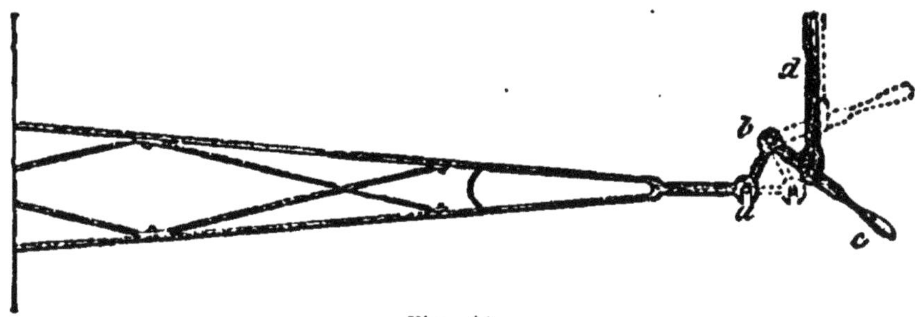

Fig. 51.

Or, à la seconde branche de ce levier est articulée une tige *d* dont un tronçon seul est représenté. Par sa partie supérieure, cette tige s'articule avec la tige du tiroir. Elle fait donc baisser le tiroir au moment du recul du sommet des tringles. Quand, au contraire, l'excentrique se porte en avant, le levier coudé prend la position que représente la partie ponctuée de la figure ; il pousse de bas en haut la tige articulée avec sa seconde branche, et cette tige à son tour pousse dans le même sens la tige du tiroir, qui se trouve ainsi soulevé. A chaque demi-révolution de l'axe, correspondant soit à une allée soit à une venue du piston, le tiroir est donc déplacé dans un sens ou dans l'autre, comme l'exige l'inversion de la vapeur.

5. **Volant. Régulateur à force centrifuge.** — Le mouvement de va-et-vient de la tige du piston met en rotation, au moyen de pièces dont nous allons parler, l'axe principal ou arbre de la machine, qui meut lui-même tous les autres or-

ganes si variés et si nombreux qu'ils soient. Il faut que cet arbre conserve une vitesse constante comme le comporte un travail régulier. Cependant la résistance que la machine doit vaincre peut varier d'un moment à l'autre, suivant le travail qu'elle exécute. Si la résistance augmente, la vitesse de l'arbre diminue ; si la résistance diminue, la vitesse augmente. Pour éviter ces variations de vitesse et conserver à la machine une impulsion constante, malgré des résistances accidentellement plus grandes ou plus faibles, on adapte à l'arbre une grande roue en fonte à circonférence très lourde. C'est ce qu'on nomme le volant. En vertu de son inertie, le volant ralentit la machine quand elle tend à marcher plus vite, comme aussi il l'accélère en lui communiquant son impulsion quand elle tend à marcher plus lentement.

Toutefois, le volant à lui seul ne pourrait régulariser la marche de la machine si les variations dans la résistance à vaincre étaient de longue durée ; d'instant en instant accéléré ou ralenti, il ne tarderait pas à prendre lui-même une vitesse en rapport avec les résistances vaincues. Il faut donc que la marche de la machine puisse être réglée d'une autre manière, qui ne peut consister que dans l'accès plus ou moins complet de la vapeur dans le corps de pompe. Ici, une main intelligente paraît indispensable pour ouvrir ou fermer au point voulu le conduit amenant la vapeur. Il n'en est rien ; la machine elle-même est chargée de ce soin : elle augmente ou diminue en temps opportun l'arrivée de la vapeur avec une précision que l'homme atteindrait difficilement et qui exigerait l'attention la plus fatigante. L'homme a mis dans la machine mieux que le travail de ses mains : il y a mis le travail de son intelligence ; et la machine, dont tous les organes sont disposés en vue d'un résultat prévu, fonctionne comme douée d'un reflet de l'intelligence de son constructeur. Par l'intermédiaire du tiroir, elle fait alternativement arriver la vapeur au-dessus et au-dessous du piston ; par l'intermédiaire d'un régulateur, elle augmente ou elle diminue l'accès de la vapeur dans le corps de pompe, suivant que la vitesse tend à se ralentir ou à s'accélérer. Le

plus fréquemment employé de ces appareils est le régula
teur à force centrifuge.

Une tige verticale AB (fig. 52) est mise en rotation par la
machine au moyen d'un cordon et d'une poulie. Deux tringles M, terminées par deux boules métalliques, sont articulées en B, point immobile. Deux autres tringles N sont articulées avec les premières, et de plus articulées à un anneau
mobile DC, pouvant glisser
le long de la tige AB. Si la
vitesse de la machine s'accélère parce que la résistance à vaincre diminue
temporairement, la tige AB
tourne plus vite, ainsi que
les deux boules qu'elle entraîne dans sa rotation.

Or un corps tournant
autour d'un axe tend à
s'éloigner de cet axe, et
d'autant plus que la vitesse
de rotation est plus grande.
On donne le nom de *force
centrifuge* à cette force qui
naît du mouvement rota-
toire et a pour effet d'éloi-

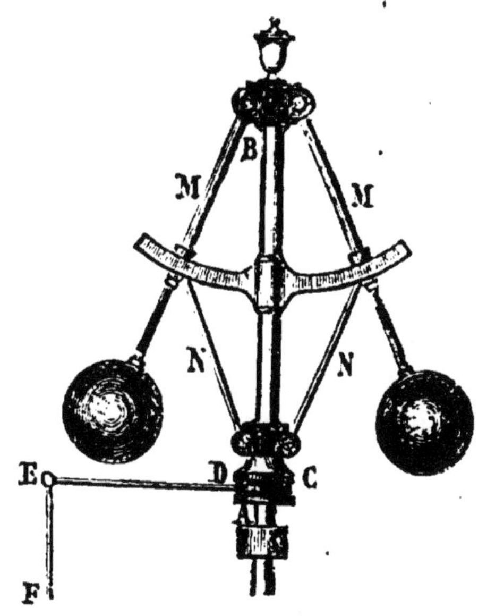

Fig. 52.

gner les corps de leur centre ou de leur axe de rotation.
Avec une vitesse plus grande de la machine, les deux boules
de métal s'écartent donc davantage de la tige AB, et, par le
moyen des tringles articulées, font plus ou moins remonter
l'anneau mobile DC. Au contraire, si la vitesse de la machine
se ralentit, la force centrifuge décroît, les boules métalliques
entraînées par leur poids se rapprochent de la tige AB et
l'anneau descend.

Il faut actuellement utiliser l'excursion de l'anneau le
long de la tige pour régler l'accès de la vapeur. A cet effet,
le canal qui fait communiquer la chaudière avec la boîte à
vapeur et par suite avec le corps de pompe, porte dans son

intérieur une rondelle de tôle ou valve pareille à celle qu'on dispose dans les tuyaux de poêle pour régler le tirage. Si la valve est tournée perpendiculairement à l'axe du canal, celui-ci est bouché et la vapeur n'arrive plus ; si elle est tournée parallèlement à l'axe du canal, celui-ci, ouvert en plein, laisse à la vapeur le plus grand accès possible. Dans des positions plus ou moins obliques, la valve obstrue le canal en plus ou moins grande partie. Cela compris, il est visible qu'en mettant la clef de cette valve en rapport avec l'anneau DC du régulateur par l'intermédiaire de quelques tringles EF, l'ascension de l'anneau pourra plus ou moins fermer la valve quand la vitesse de la machine augmente, et ralentir cette vitesse en interceptant partiellement le passage de la vapeur. Sa descente, quand la vitesse de la machine se ralentit, aura un effet contraire : la valve s'ouvrira davantage, et la vapeur, arrivant en plus grande abondance, rétablira la vitesse au degré normal.

6. Transformation du va-et-vient du piston en mouvement révolutif. — Pour utiliser le va-et-vient du piston et le transformer en mouvement révolutif, Watt rattachait la tige C du piston (fig. 53) à un grand balancier FD pouvant osciller autour d'un axe E reposant sur un appui inébranlable. L'articulation de la tige avec le balancier n'est pas immédiate : elle se fait par l'intermédiaire de tringles articulées entre elles et formant un parallélogramme. Ce système de tringles articulées porte le nom de *parallélogramme de Watt*.

Son utilité est facile à saisir. L'extrémité D du balancier décrit dans ses oscillations un arc de cercle dont le centre est en E ; l'extrémité de la tige du piston ne peut, dans son mouvement, s'écarter de la ligne droite, sinon cette tige serait bientôt faussée, rompue par sa flexion, ce qui arriverait si la tige venait directement se rattacher à l'extrémité D du balancier. Mais par l'intermédiaire du parallélogramme articulé, qui change de configuration à mesure que le balancier se relève ou s'abaisse, la tige se maintient suivant une droite invariable, malgré le mouvement en arc de cercle du point D.

A l'autre extrémité du balancier est articulée une longue pièce FG nommée *bielle*, qui conduit une dernière pièce ou *manivelle* fixée à l'arbre K. Celui-ci se trouve ainsi mis en rotation par le mouvement oscillatoire du balancier. Dans la même figure se voient le régulateur à force centrifuge, le volant LL, le corps de pompe A, et le système de tringles SS mettant en rapport l'excentrique avec le tiroir.

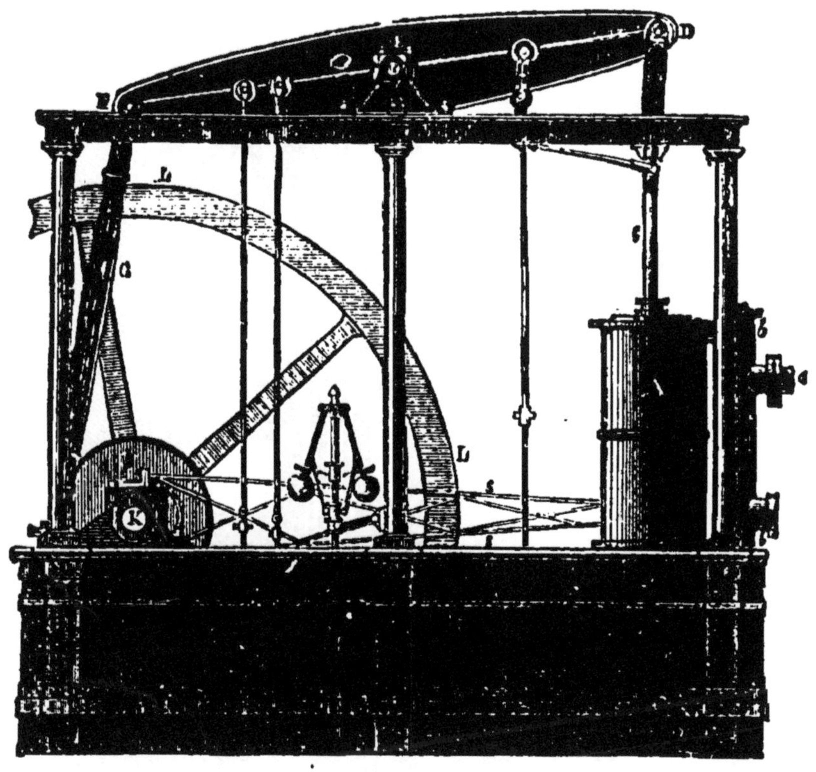

Fig. 53.

Pour plus de simplicité, on supprime d'ordinaire aujourd'hui le balancier de Watt, et l'on articule directement la tige du piston avec la bielle conduisant la manivelle, ainsi que le montre la figure 54. Pour ne pas être faussée dans ses mouvements, la tige est guidée par des glissières C.

7. **Chaudière.** — Les chaudières ou générateurs de la

vapeur sont formées d'épaisses plaques de tôle assemblées

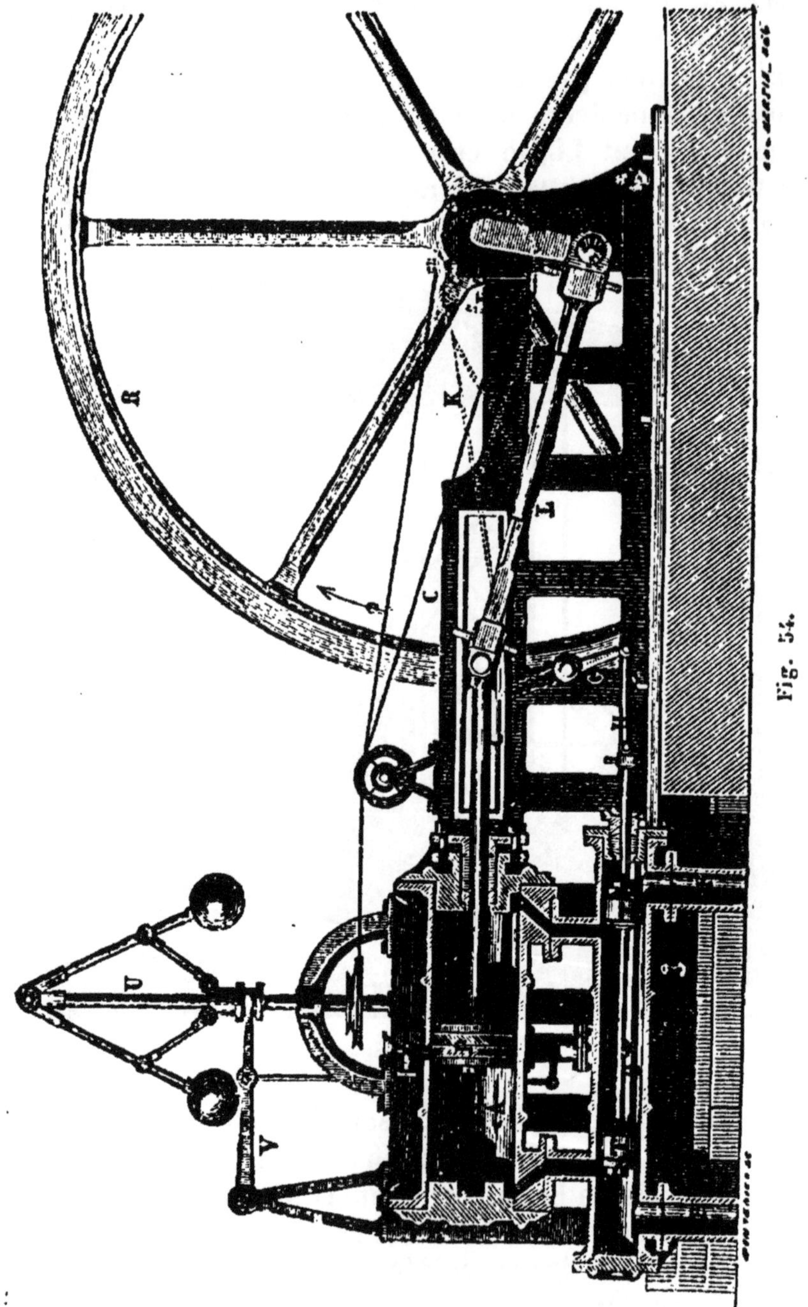

avec des clous à river. On leur donne la forme de cylindres
allongés terminés aux deux bouts en calotte sphérique. Cette
forme ronde est celle qui résiste le mieux à la force élastique de la vapeur. Le corps de la chaudière est fréquemment
accompagné de *bouilleurs*. Ce sont deux cylindres de diamètre moindre, disposés côte à côte au-dessous du cylindre
principal et communiquant avec celui-ci par quatre ou six
tubulures. Dans la figure 55, A est la chaudière ; BB est

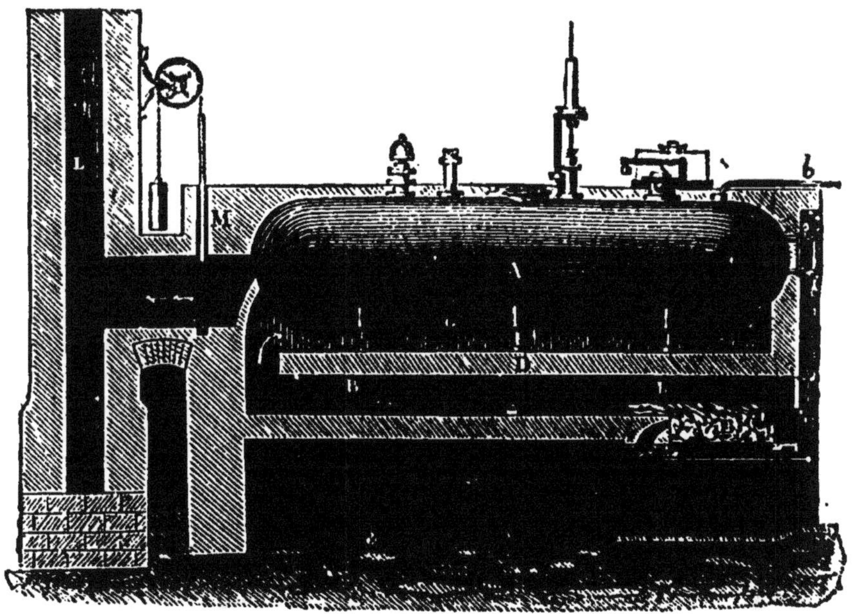

Fig. 55.

l'un des bouilleurs ; C, C, C sont les tubulures de communication. La figure 56 reproduit une section des mêmes parties : A chaudière ; B, B bouilleurs ; H, H tubulures de communication. Les bouilleurs ont pour effet d'augmenter la
surface de chauffe et d'accélérer ainsi la vaporisation. Le
fourneau est divisé en deux étages par une cloison horizontale D pratiquée à la hauteur des bouilleurs ; en outre, l'é-
tage supérieur se subdivise en trois compartiments H G H au
moyen de deux cloisons verticales. Les deux compartiments
latéraux H, H prennent le nom de *carneaux*.

La flamme du foyer F parcourt d'abord l'étage inférieur d'avant en arrière et chauffe les bouilleurs ; elle revient alors d'arrière en avant par le compartiment médian G, et chauffe la partie inférieure de la chaudière ; enfin elle retourne par les carneaux d'avant en arrière en chauffant les parois la-

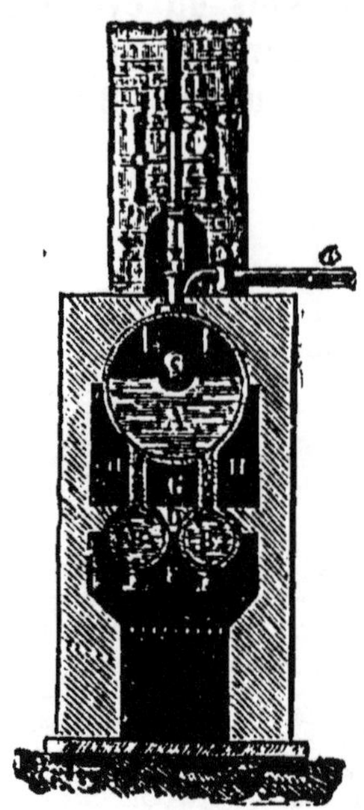

Fig. 36.

térales de la chaudière. Après ces allées et venues, qui ont pour effet d'utiliser la chaleur autant que possible, les produits de la combustion s'engagent dans la cheminée L, dont on règle le tirage au moyen du registre M.

L'énergie de vaporisation d'une chaudière dépend évidemment de l'étendue de la surface de chauffe ; aussi les plus puissantes, sous ce rapport, sont-elles les chaudières dites tubulaires. Dans ces générateurs, les produits de la combustion, avant de se rendre dans la cheminée, traversent un nombre plus ou moins grand de tubes métalliques plongés dans l'eau qu'il faut vaporiser.

8. Pompe alimentaire. — Niveau. — Manomètre. — Soupape de sûreté. — Sifflet d'alarme. — L'eau est renouvelée, à mesure qu'elle se vaporise, soit au moyen d'une pompe, dite alimentaire, soit au moyen d'un appareil très ingénieux, qui porte le nom de son inventeur, savoir l'*injecteur Giffard*.

Un ouvrier spécial, le *chauffeur*, est exclusivement occupé à surveiller la marche de la chaudière et du foyer. Il faut qu'il s'informe à chaque instant de ce qui se passe dans la chaudière ; il faut qu'il sache si la vaporisation est assez rapide, si la force élastique n'est pas trop considérable ou trop faible, si l'eau fournie par la pompe alimentaire est en quantité convenable. Un manomètre le renseigne sur la force élastique de la vapeur, un tube de niveau placé à l'avant de la chaudière (fig. 55) lui montre à quelle hauteur arrive l'eau. Il est de la plus haute importance de ne jamais laisser baisser le niveau de l'eau au-dessous de la région que la flamme n'atteint pas. Supposons, en effet, qu'à un certain moment une partie de la chaudière léchée par la flamme se trouve à sec. Cette partie sera portée à la température rouge. Si elle vient en cet état à se trouver plus tard en contact avec l'eau, il se formera soudainement une masse de vapeur douée d'une force élastique énorme et capable de faire éclater la chaudière avec explosion. Les débris lancés avec une puis-

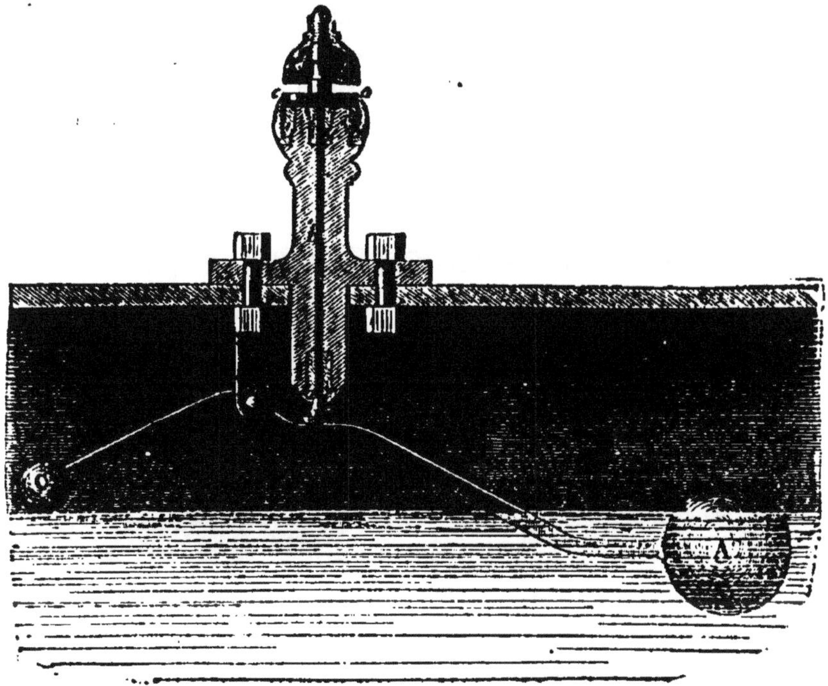

Fig. 57.

sance indomptable ébranlent, renversent les maçonneries les plus solides et écrasent les ouvriers sous les ruines. Pareil désastre est, du reste, très rare ; et quand il arrive, c'est presque toujours pour cause de négligence.

Des dispositions sont d'ailleurs prises pour avertir le chauffeur inattentif que le niveau de l'eau menace de trop baisser.

Ces dispositions consistent dans le sifflet d'alarme. A l'intérieur de la chaudière un levier coudé CBA peut tourner autour de l'axe fixe B (fig. 57). L'extrémité de sa longue branche porte une boule A équilibrée en partie par une boule moins lourde C fixée à l'autre branche. A l'aide de ce contrepoids, la grosse boule flotte sur l'eau. Quand le niveau dans la chaudière atteint la hauteur voulue, la longue branche du levier, maintenue en place par la boule flottante, engage un bouchon conique *a* dans un étroit canal traversant la paroi de la chaudière et tient ce canal fermé. Si le niveau baisse, le flotteur baisse aussi ; le bouchon métallique abandonne l'orifice, et la vapeur s'élançant dans le canal et s'épanouissant en un jet annulaire vient frapper la tranche d'un timbre *d*, et produit de la sorte un sifflement aigu qui avertit le chauffeur.

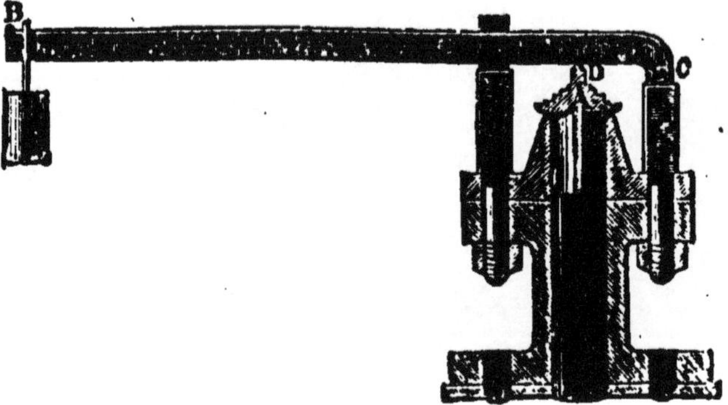

Fig. 58.

Bien qu'un manomètre indique à chaque instant la pression de la vapeur et permette de régler le feu en conséquence, un appareil spécial est disposé pour empêcher la force élastique de croître au delà de certaines limites et de devenir dangereuse. C'est la soupape de sûreté. Sur un orifice de la chaudière s'applique un obturateur A, maintenu en place par la pression d'un levier CB chargé d'un poids (fig. 58). La valeur de ce poids et sa distance au point d'appui C sont réglées de manière qu'il en résulte pour l'obturateur une pression équivalente au nombre d'atmosphères que l'on ne veut pas dépasser. Si la vapeur atteint une force élastique plus grande que cette pression, la soupape est soulevée malgré la résistance du levier, et la vapeur surabondante s'écoule dans l'air.

9. **Bateaux à vapeur.** — Parmi les innombrables applications de la vapeur, nous nous bornerons à en signaler deux des plus remarquables : les bateaux à vapeur et la locomotive. Nous avons déjà dit comment Papin, en possession de sa découverte féconde, le piston se mouvant dans un cylindre par la poussée de la vapeur, fit construire un bateau à palettes tournantes, pour démontrer, disait-il, par quel moyen le feu rend un ou deux hommes capables de plus d'effet que plusieurs centaines de rameurs. En mettant en pièces l'ingénieuse machine qui se passait des forces de l'homme et leur portait ombrage, les mariniers anéantirent les dernières espérances de l'inventeur, à bout de ressources. Fulton, au commencement de ce siècle, reprit les palettes tournantes de Papin et eut la gloire d'établir définitivement la navigation à vapeur. Un service par ce système fut

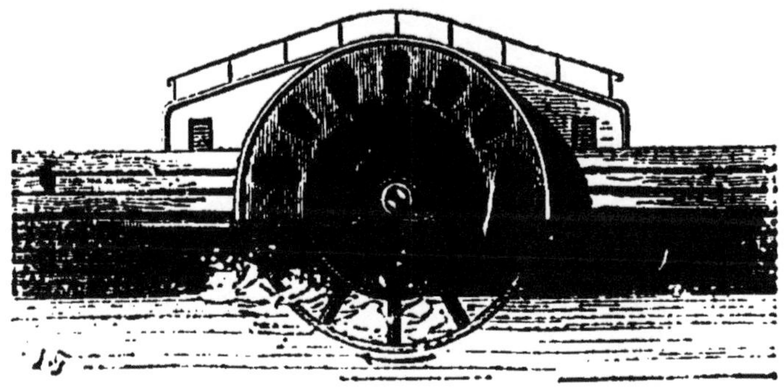

Fig. 59.

établi entre New-York et Albany ; puis, en 1812, le premier bateau à vapeur apparut en Europe. Il s'appelait *la Comète*. Les espérances de Fulton ont été largement dépassées; la navigation par la vapeur est aujourd'hui une des grandes puissances des nations.

Le bateau est mis en mouvement par deux genres de propulseurs : les roues à palettes et l'hélice. Le propulseur est

mû lui-même par une machine à vapeur installée dans le bateau. Les roues à palettes sont les premières en date : Fulton les employait dans ses constructions. Elles consistent en deux grandes roues, disposées l'une à droite, l'autre à gauche du bateau, vers la région moyenne. Leurs aubes viennent tour à tour choquer l'eau violemment et prennent ainsi un appui sur le liquide pour pousser le bateau en avant (fig. 59).

Fig. 60.

L'ingénieur suédois Éricson obtint le premier, en 1836, de

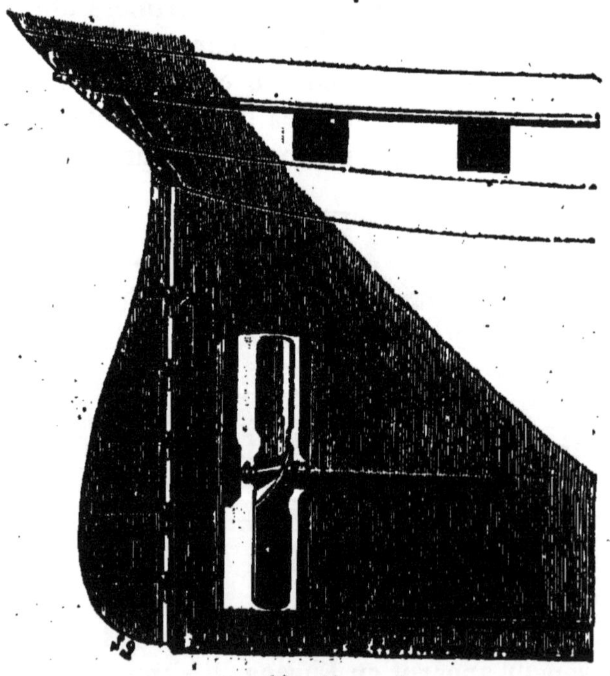

Fig. 61.

résultats satisfaisants en employant l'hélice comme propulscur. L'hélice (fig. 60) se compose de trois ou quatre ailes à surface courbe, rappelant les ailes d'un moulin à vent ou mieux des segments de la lame spirale d'un tire-bouchon. L'hélice est complétement immergée dans l'eau. Elle est à l'arrière du bâtiment et se meut autour d'un axe parallèle à la quille (fig. 61). A cause de la forme spirale de ses ailes, l'hélice en tournant dans l'eau se comporte à peu près comme le tire-bouchon qui tourne dans le liège. Le tire-bouchon progresse parce que sa lame spirale trouve appui dans la masse traversée ; de même l'hélice progresse dans l'eau et pousse le navire, en prenant appui sur l'eau violemment frappée.

10. **Locomotive.** — On appelle locomotive la machine à vapeur qui, sur les chemins de fer, entraîne à sa suite la file de wagons composant un convoi. La première locomotive qui ait rempli les conditions d'un emploi vraiment usuel a été construite, en 1829, en Angleterre, par Robert Stephenson. Par une heureuse coïncidence, la première voie ferrée au service des voyageurs venait d'être établie entre Manchester et Liverpool. Un concours fut ouvert pour la meilleure machine propre à traîner des fardeaux sur cette voie. La locomotive de Stephenson, *la Fusée*, remporta le prix.

Une locomotive est presque en entier formée par la chaudière, portée sur six roues (fig. 62). Le foyer se trouve à l'arrière. La flamme et la fumée qui s'en dégagent traversent l'eau de la chaudière par une centaine ou plus de tubes en cuivre B, et vont se rendre dans la cheminée, placée à l'avant. Cette disposition a pour résultat de mettre en rapport avec l'eau une grande étendue de surface chauffée, afin de produire rapidement et en abondance la vapeur nécessaire au jeu de la machine. De chaque côté de la chaudière, se trouve un corps de pompe horizontal A, que la figure représente ouvert. La tige du piston est reliée par une bielle à un point de la grande roue voisine et met celle-ci en rotation. Après avoir agi sur le piston, la vapeur s'élance dans la cheminée même du foyer et par son écoulement active beau-

Fig. 62.

coup le tirage. La voiture qui vient immédiatement après la locomotive s'appelle le *tender*. Là se trouvent la provision de charbon pour entretenir le foyer et la provision d'eau qu'un injecteur lance peu à peu dans la chaudière pour remplacer celle qui s'est vaporisée.

Il semble d'abord que les deux roues, mues par la vapeur, devraient tourner sur place, glisser sans avancer. Mais, à cause du poids considérable de la locomotive, il s'établit un tel frottement entre les roues et les rails, que le glissement est impossible et se trouve remplacé par un roulement en avant. Une locomotive à voyageurs pèse 22 000 kilogrammes ; une locomotive à marchandises en pèse 37 000. On en construit même qui pèsent 49 000 kilogrammes. C'est à la faveur de ce poids énorme que le frottement devient assez énergique pour amener la progression. La puissance d'une locomotive n'équivaut pas, il s'en faut de beaucoup, au poids de la charge entraînée, car il suffit d'un effort de 4 kilogrammes environ pour remorquer sur la voie ferrée un poids de 1 000 kilogrammes ou d'une tonne. Aussi, avec des pistons d'un diamètre médiocre, une locomotive à voyageurs peut-elle remorquer, à raison d'une douzaine de lieues par heure, un convoi dont le poids total atteint 150 000 kilogrammes. Une locomotive à marchandises remorque, avec une vitesse de 7 lieues par heure, un poids total de 650 000 kilogrammes.

DEUXIÈME PARTIE
ÉLECTRICITÉ DYNAMIQUE

CHAPITRE PREMIER

PILES A UN ET A DEUX LIQUIDES. COURANTS

1. Élément voltaïque. — Dans un bocal en verre contenant de l'eau acidulée avec de l'acide sulfurique, plongeons
une lame de zinc Z (fig. 63). A l'instant une vive réaction
chimique se déclare; sous l'influence combinée de l'acide et
du métal, l'eau est décomposée: son hydrogène se dégage,
son oxygène se porte sur le zinc, le convertit en oxyde, et cet
oxyde se combine avec l'acide en produisant du sulfate de
zinc.

Or pendant que le métal se dissout ainsi, les deux électricités de nom contraire sont mises en liberté. L'électricité négative se porte sur le métal corrodé; l'électricité positive,
dans le liquide corrosif. Soit maintenant une lame de cuivre
C, plongée dans le liquide en face de la lame de zinc, sans la
toucher en aucun point. Cette lame de cuivre, qui n'est pas
attaquée par le liquide acide et qui constitue un excellent
conducteur, a pour rôle de recueillir l'électricité positive ré-
pandue dans l'eau acidulée et de l'amener à la portée de
l'expérimentateur. On a ainsi, dans le même local, deux

lames de métaux différents, l'une en zinc attaquée par l'acide, et l'autre en cuivre non attaquée. La première se charge d'électricité négative, l'autre d'électricité positive dans une proportion équivalente.

Pour mettre les deux électricités en évidence, il suffit de leur offrir une voie qui leur permette de se porter à leur rencontre mutuelle et de se recombiner. A cet effet, un fil métallique est rattaché par une extrémité à chacune des deux lames. Entre les extrémités libres de ces deux fils conducteurs, une étincelle jaillit quand elles sont rapprochées l'une de l'autre, à la condition que les lames aient une grande étendue en surface. A cette première étincelle en succèdent d'autres immédiatement et indéfiniment tant que dure la corrosion du zinc; l'appareil se charge de lui-même d'électricité à mesure qu'il se décharge. Mais avec des lames de médiocre étendue, l'électricité développée est insuffisante pour se traduire en étincelles, à moins qu'on ne dispose en série un nombre plus ou moins grand de bocaux pareils à celui que nous venons de

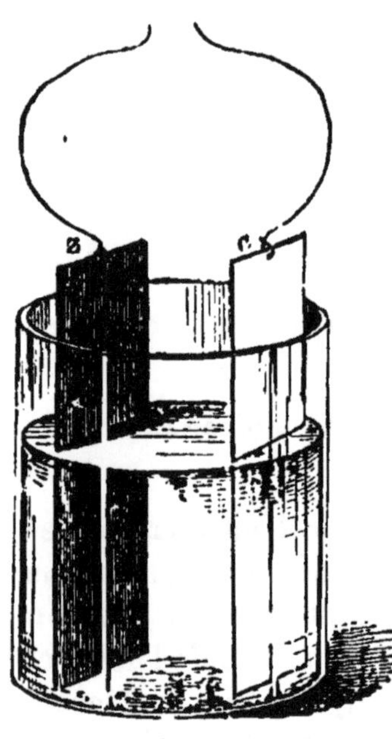
Fig. 63.

décrire, et dont chacun prend le nom d'*élément voltaïque* ou *couple voltaïque*, en l'honneur de l'illustre italien Volta, à qui l'on doit la découverte du merveilleux appareil qu'on nomme une *pile*.

2. **Pile.** — Soient donc plusieurs bocaux contenant chacun de l'eau acidulée, une lame de zinc et une lame de cuivre. On les range à la file l'un de l'autre, et l'on met exactement en communication, sans jamais intervertir l'ordre, la lame de zinc de l'un avec la lame de cuivre du suivant. L'appareil ainsi disposé n'est autre qu'une *pile*, dont la puissance dé-

pend de la surface des lames métalliques et du nombre des éléments associés.

D'après la disposition suivie, on voit que, dans une pile ou série d'éléments voltaïques, une extrémité est formée par une lame de zinc, et l'autre par une lame de cuivre. Ces deux extrémités portent le nom de *pôles*. La lame extrême en zinc est le *pôle négatif*; là se rend l'électricité négative. La lame extrême en cuivre se nomme le *pôle positif*; là se rend l'électricité positive.

Depuis Volta, la structure de la pile a été beaucoup améliorée, et sa disposition varie suivant l'usage qu'on se propose d'en faire. Toutefois, dans une pile, n'importe les modifications de détail, trois choses fondamentales se retrouvent toujours: un liquide corrosif, une lame métallique attaquée par le liquide, et une lame non attaquée, qui peut être métallique ou non, mais toujours bon conducteur de l'électricité.

Ainsi, par exemple, la pile telle que l'imagina Volta se composait d'éléments formés d'un disque de zinc et d'un disque de cuivre, séparés par une rondelle de drap humectée avec de l'eau acidulée. Ces éléments étaient *empilés* l'un sur l'autre, toujours dans le même ordre : zinc, drap mouillé, cuivre; zinc, drap mouillé, cuivre, etc. Le tout formait ainsi une petite colonne de disques *empilés*, d'où le nom de *pile* donné à l'appareil (fig. 64). Les piles

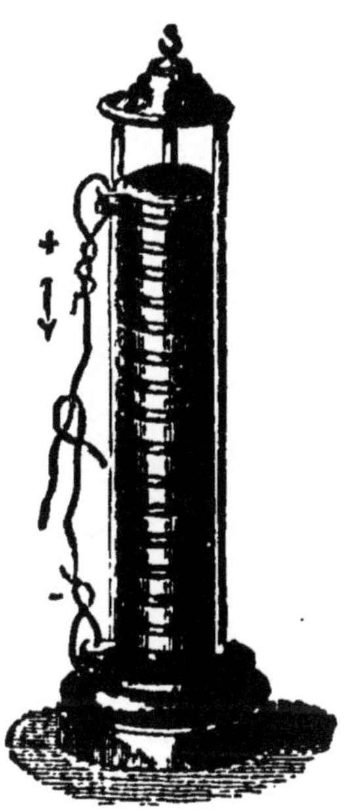

Fig. 64.

d'aujourd'hui, plus puissantes et plus commodes que celle de Volta, n'ont dans leur structure rien de conforme à l'étymologie de leur nom, mais toutes, sous une forme ou sous l'autre, sont la répétition d'une lame attaquée par un liquide corrosif et d'une lame non attaquée.

3. **Pile à auges.** — Telle que l'avait construite Volta, la

pile ne tarda pas à présenter de graves inconvénients dont les expérimentateurs aussitôt se préoccupèrent. Comprimées par le poids des parties supérieures, les rondelles de drap laissaient écouler le liquide dont elles étaient imbibées, et perdaient ainsi leur action sur le zinc. D'autre part, les divers couples, au lieu d'être isolés l'un de l'autre, ainsi que l'exige le fonctionnement de l'appareil, communiquaient entre eux au moyen du liquide qui ruisselait à leur surface. Ce double vice disparut dans la disposition suivante, imaginée par Cruikshank.

Le zinc et le cuivre ne sont plus taillés en disques, mais en larges lames rectangulaires que l'on soude deux à deux, le zinc sur une face et le cuivre sur l'autre. Les doubles lames ainsi construites sont enchâssées parallèlement l'une à l'autre et à une petite distance, dans une auge en bois enduite d'un mastic imperméable à l'eau. On obtient de la sorte, avec ces cloisons métalliques, une série de compartiments que l'on remplit d'eau acidulée (fig. 65).

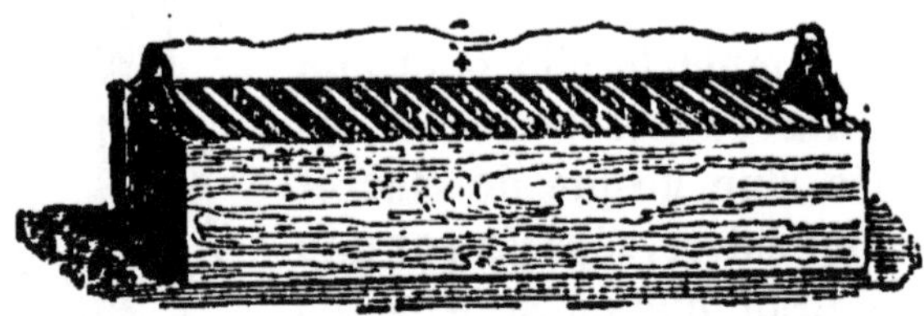

Fig. 65.

La disposition adoptée par Volta est ici parfaitement reconnaissable. Dans la pile de Cruikshank, ou *pile à auges*, comme l'a fait appeler sa disposition en compartiments, se retrouve l'alternance du cuivre, du zinc et de l'eau acidulée ; seulement cette eau n'imbibe plus des rondelles de drap ; elle est contenue dans des auges spéciales, dont les deux métaux forment partiellement les cloisons. Avec cet arrangement n'est plus à craindre la compression qui exprimerait et chasserait hors de la pile le liquide acide ; en outre ce liquide n'établit plus d'un couple à l'autre des communications vicieuses, puisqu'il ne peut ruisseler hors de l'appareil.

4. Pile de Wollaston. — Vint bientôt la pile de Wollaston (fig. 67), qui suspendait à un support commun en bois les différents couples, dans le but de pouvoir les plonger tous à la fois dans de larges bocaux séparés et remplis d'eau acidulée, ou bien de les retirer tous à la fois aussi pour éviter une corrosion inutile quand l'appareil ne doit plus fonctionner. Dans la pile de Volta et dans la pile à auges, une seule face des deux métaux est utilisée, d'une part pour la réaction chimique, et d'autre part pour la récolte de l'électricité positive du liquide acide. Afin d'utiliser les deux faces, Wollaston formait un couple en soudant une lame rectangulaire de zinc z, à une feuille de cuivre c, qui se coudait deux fois à angle droit, puis se recourbait en enveloppant à distance le zinc suivant (fig. 66).

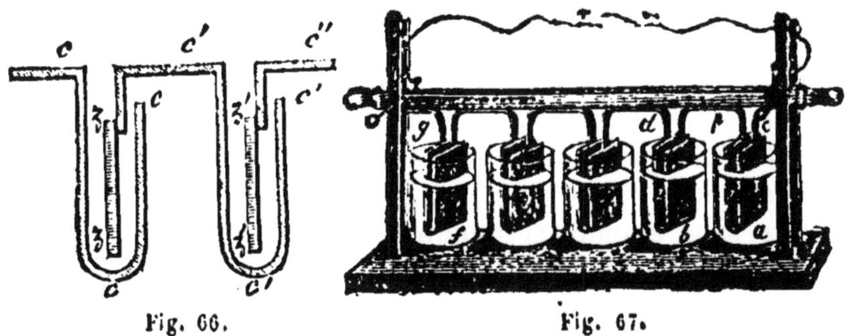

Fig. 66.   Fig. 67.

L'Institution royale de Londres mit au service de Davy, l'illustre inventeur des métaux alcalins, une pile de Wollaston à dimensions énormes. Elle comprenait deux mille couples et mesurait en superficie métallique près de 100 mètres carrés. Cet appareil eut pour rival la pile d'un simple particulier, Children, compatriote de Davy et riche amateur d'expériences électriques. Elle se composait de vingt et un éléments, mesurant chacun de 3 à 4 mètres carrés. Aujourd'hui ces prodigieuses piles, dont quelques-unes, notamment celle de Davy, ont mesuré jusqu'à près d'un are en étendue superficielle, sont tombées en désuétude, remplacées avec avantage par d'autres qui, avec des dimensions bien moindres, sont aussi énergiques parce que la construction en est mieux entendue.

5. Inconvénient des piles à un seul liquide. — Uniquement composée de lames de zinc et de lames de cuivre plongeant par couples dans de l'eau acidulée avec de l'acide sulfurique, une pile produit au début son effet le plus grand ; mais bientôt elle s'affaiblit et finit par donner à peine des traces d'électricité, bien que le liquide n'ait rien perdu de son action corrosive sur le zinc. La cause de cet affaiblissement rapide est due surtout au dépôt d'hydrogène qui se forme sur le cuivre.

Il y a ici, en effet, décomposition de l'eau : l'hydrogène se porte sur le cuivre ; l'oxygène sur le zinc. Ce dernier métal s'oxyde donc ; et si la couche oxydée restait en place sur le métal, elle mettrait bientôt fin à la production électrique à cause de sa mauvaise conductibilité. Mais à mesure que l'oxyde se forme, il se combine avec l'acide sulfurique et produit un sel, le sulfate de zinc, qui se dissout dans l'eau ambiante, de manière que le zinc est toujours à découvert, toujours facilement attaquable et toujours bon conducteur. Il n'en est pas de même pour le cuivre, qui reçoit l'hydrogène. Ce gaz, sans emploi chimique dans les réactions en jeu, adhère au cuivre et le recouvre d'un fourreau gazeux, mauvais conducteur de l'électricité. Dès lors le courant faiblit ; mais il reprend son énergie première si le cuivre est retiré du bain acide, puis replongé, car alors la couche d'hydrogène abandonne le métal.

La répétition fréquente de cette manœuvre étant impraticable, un seul moyen se présente d'obtenir une pile qui fonctionne indéfiniment sans perdre sa force, ou, en d'autres termes, une pile à *courant constant :* c'est d'éviter la formation de l'hydrogène, ou bien d'engager ce gaz, à mesure qu'il apparaît, dans une combinaison chimique qui le fasse disparaître. C'est ce à quoi l'on parvient au moyen des *piles à deux liquides,* dont nous allons décrire les plus importantes, celle de Daniell et celle de Bunsen.

6. Pile de Daniell. — Dans la pile telle que nous l'avons supposée jusqu'ici, le zinc décompose de l'eau acidulée, c'est-à-dire en nous servant de la notation chimique, du sulfate d'eau HO,SO³. De cette décomposition résultent de l'hydrogène H, qui se porte sur le cuivre, autour duquel il forme une enveloppe gazeuse, dont la faible conductibilité entre pour une grande part dans l'affaiblissement rapide du courant; et d'autre part de l'oxygène O et de l'acide sulfurique SO³, qui se portent sur le zinc et produisent avec lui une combinaison saline ZnO,SO³ ou sulfate de zinc. Pour éviter le dépôt d'hydrogène, c'est du sulfate de cuivre CuO,SO³ qui est décomposé dans la pile de Daniell.

Le cuivre Cu, chimiquement l'analogue de l'hydrogène H, se porte sur la lame en cuivre de l'élément voltaïque ; de sorte que cette lame gagne en épaisseur par le dépôt de même nature métallique qui s'effectue peu à peu à sa surface, mais sans entraver le courant, puisque le cuivre déposé continue la lame primitive sans rien lui juxtaposer d'étranger. Quant à l'oxygène O et à l'acide sulfurique SO³, provenant de la décomposition du sulfate de cuivre, ils se portent toujours sur le zinc et le transforment en sulfate. En résumé, le couple de Daniell remplace l'hydrogène par le cuivre, substitution très logique, car l'hydrogène remplit toujours les fonctions chimiques d'un métal. Au fond, la réaction chimique est la même avec l'eau acidulée ou sulfate d'hydrogène et avec le sulfate de cuivre; mais ce dernier métal a l'avantage d'éviter, sur la lame positive du couple, l'enveloppe gazeuse dont la mauvaise conductibilité entrave le jeu de la pile.

Fig. 68.

Un couple de Daniell est disposé comme il suit. Dans un bocal en verre A (fig. 68) on met une dissolution saturée de sulfate de cuivre ; et dans cette dissolution on plonge une lame cylindrique en cuivre B, percée de trous. Cette lame est le pôle positif du couple. Une lanière en cuivre permet de la mettre en rapport, au moyen d'une vis de pression, avec le zinc de l'élément suivant quand plusieurs couples sont disposés en série. Au centre de la lame cylindrique de cuivre plonge, dans la même dissolution cuivrique, un vase D en terre de pipe poreuse. Ce vase est fermé inférieurement. Il contient de l'eau acidulée avec de l'acide sulfurique. Enfin, dans cette eau acidulée plonge une lame cylindrique de zinc E, munie également d'une lanière de cuivre et d'une vis de pression pour être mise en rapport avec le cuivre du couple précédent. Cette lame de zinc est le pôle négatif du couple.

La réaction chimique débute entre le zinc et l'eau acidulée ambiante comme à l'ordinaire. Mais, à la faveur du courant électrique qui s'établit à travers le vase poreux, le sulfate de cuivre est décomposé ; le cuivre provenant de cette décomposition se dépose sur la lame positive B, plongée au sein de la dissolution cuivrique ; tandis que l'oxygène et l'acide sulfurique du sel décomposé franchissent le vase poreux et se portent sur le zinc pour continuer la réaction et perpétuer le courant. Pour que la réaction chimique et par suite le courant conservent la même intensité, il faut que la dissolution cuivrique, malgré son incessante décomposition, conserve une même richesse. A cet effet, le cylindre en cuivre B est surmonté d'une galerie C, percée de trous et remplie de sulfate de cuivre en cristaux. A mesure que la dissolution entourant le cylindre B s'appauvrit, ces cristaux se fondent dans le liquide qui les baigne et maintiennent saturée la dissolution. Enfin, si la pile doit fonctionner longtemps avec une constance précise, il faut faire arriver de l'acide sulfurique goutte à goutte dans le vase poreux ; mais, dans bien des cas, ce renouvellement de l'acide est inutile.

Pour accroître la surface du zinc attaquée et augmenter ainsi l'énergie du courant, il convient de renverser l'ordre des métaux dans le couple de Daniell, c'est-à-dire de mettre le zinc à l'extérieur et le cuivre à l'intérieur. Dans ce cas, la lame Z est en zinc et sans trous. Elle plonge dans de l'eau

acidulée. La lame C est en cuivre et plonge dans une dissolution de sulfate de cuivre contenue dans le vase poreux. Ce
renversement des métaux change évidemment l'ordre des
pôles par rapport au couple, mais nullement par rapport aux
métaux eux-mêmes. Le zinc, devenu
maintenant extérieur, continue à
être la lame négative ; le cuivre,
devenu intérieur, continue à être la
lame positive (fig. 69).

S'il s'agit de disposer en série plusieurs éléments de Daniell, on serre
l'une contre l'autre, au moyen d'une
vis, la lanière du zinc de l'un avec
la lanière du cuivre du suivant, et
l'on continue ainsi sans jamais intervertir l'ordre. La série se termine
donc d'une part par un zinc, qui est
le pôle négatif de la pile, de l'autre
par un cuivre, qui en est le pôle
positif. Une précaution indispensable est à prendre, tant pour la

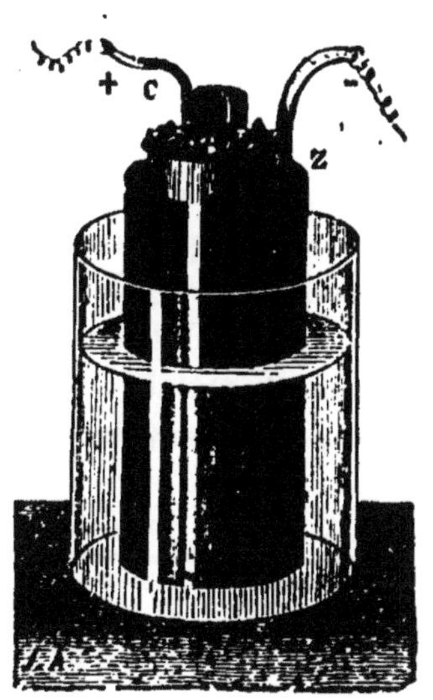

Fig. 69.

pile de Daniell que pour toute autre pile, lorsqu'on met en
contact les lanières de communication. Les métaux conduisent bien l'électricité, mais leurs oxydes la conduisent
mal. Il faut donc décaper avec soin les lanières de communication aux points de contact, soit avec une fine lime, soit
avec du papier de verre. Sans cette précaution, le courant
s'établirait difficilement d'un couple à l'autre, à cause de
la couche d'oxyde dont les lanières de cuivre ne tardent pas
à se couvrir.

7. **Piles de Bunsen.** — Dans la pile de Bunsen, la réaction chimique qui provoque le courant est encore la décomposition de l'eau acidulée ou sulfate d'hydrogène au moyen
du zinc. Pour éviter le dépôt de cet hydrogène sur la lame
positive, on fait absorber ce gaz, à mesure qu'il se forme,
par un corps oxydant énergique, particulièrement par l'acide
azotique. Au contact de l'hydrogène, l'acide azotique AzO^5

10.

cède au premier une partie de son oxygène, le brûle, c'est-à-dire le convertit en eau HO, tandis qu'il passe lui-même à l'état d'acide hypoazotique AzO^4. Mais l'emploi de cet acide rend impossible l'intervention du cuivre, parce qu'il attaque vivement ce métal. On a donc substitué au cuivre une lame de platine, métal non attaquable ; et l'on a alors la pile de Grove.

Ici une nouvelle difficulté se présente : c'est le prix élevé du platine. On doit à Bunsen d'avoir levé cette difficulté en remplaçant le platine de Grove par des lames de coke et mieux de charbon des cornues, qui n'est pas attaqué par l'acide azotique tel qu'on l'emploie, et conduit l'électricité aussi bien qu'un métal. Un élément de Bunsen se compose de quatre pièces, savoir (fig. 70) : un vase en grès V, contenant

Fig. 70.

de l'eau acidulée avec de l'acide sulfurique ; un cylindre creux en zinc Z, qui plonge dans le vase V ; un vase poreux en terre de pipe T, plein d'acide azotique ordinaire, et placé à l'intérieur du cylindre en zinc ; enfin, une épaisse plaque C de charbon des cornues, plongée dans l'acide azotique du vase T. La figure P montre les quatre pièces disposées dans l'ordre voulu. La lame de zinc se termine par une lanière en cuivre, qui est le pôle négatif du couple. Au moyen d'un frein que serre une vis, la plaque de charbon est armée d'une lanière pareille qui est le pôle positif.

Pour disposer en série plusieurs éléments de Bunsen, on fait communiquer, par des vis de pression, la lanière du charbon d'un élément avec la lanière du zinc de l'élément qui suit. La série se termine ainsi d'un côté par un charbon, qui est le pôle positif de la pile ; de l'autre par un zinc, qui est le pôle négatif. Le zinc de chaque couple décompose l'eau acidulée ou sulfate d'hydrogène qui le baigne : l'oxygène O et l'acide sulfurique SO^3 se portent sur le zinc et le convertissent en sulfate de zinc ZnO,SO^3 ; quant à l'hydrogène H, il traverse le vase poreux pour se porter sur le charbon ou lame positive. Mais dans le vase poreux, il est en rapport avec l'acide azotique, qui le convertit en eau en lui cédant une partie de son oxygène, et devenant ainsi acide hypoazotique. La pile de Bunsen est plus énergique que celle de Daniell, mais elle est moins constante ; elle a en outre l'inconvénient de laisser dégager des vapeurs nitreuses fort incommodes, provenant de la décomposition de l'acide azotique par l'hydrogène.

Pour éviter ces vapeurs nitreuses, on substitue à l'acide azotique une dissolution de bichromate de potasse, composé qui cède aisément une partie de son oxygène et convertit en eau l'hydrogène dont il faut se débarrasser. On trouve encore des piles de Bunsen construites sur le modèle adopté au début. Dans ces piles, le zinc est intérieur et plonge dans le vase poreux contenant l'eau acidulée. Le charbon, en forme de cylindre creux percé de trous, est extérieur ; il est reçu dans un bocal en verre contenant l'acide azotique. Cette disposition est moins avantageuse que l'autre au point de vue de l'intensité du courant produit, parce que l'action chimique s'exerce sur une moindre surface de zinc.

8. **Courant.** — Si l'on met en communication les deux pôles d'une pile par un corps bon conducteur, spécialement par un fil métallique, les deux électricités de nom contraire, incessamment mises en liberté, se recombinent incessamment aussi dans le fil conducteur. L'idée qui se présente la première au sujet de cette recombinaison, c'est que l'électricité positive se porte au-devant de l'électricité négative en parcourant le fil interpolaire du pôle positif au pôle négatif, tandis que l'électricité négative circule en sens inverse, du

pôle négatif au pôle positif. De cette manière de voir résulte l'expression de *courant*, qui fait allusion à l'afflux des deux électricités se portant au-devant l'une de l'autre.

Mais les choses se passent-elles réellement ainsi? y a-t-il transport des électricités, d'un pôle à l'autre, en sens inverse? Si ce transport a lieu, en effet, c'est au milieu du fil interpolaire que la recombinaison doit se faire; et alors ce point milieu doit être le siège d'un conflit électrique cause de phénomènes spéciaux qu'on ne doit plus retrouver dans les deux moitiés du fil parcourues par une seule espèce d'électricité. Or rien de pareil ne se passe: le fil reliant les deux pôles acquiert des propriétés fort remarquables, dont nous aurons à nous occuper; mais ces propriétés ne se manifestent pas exclusivement en un point particulier; elles se retrouvent, également prononcées, d'un bout à l'autre du fil, si long que soit ce dernier. Le conflit électrique s'effectue donc dans toute la longueur du fil interpolaire à la fois, de molécule à molécule; il n'y a pas transport des deux électricités accourant des deux pôles pour se porter au-devant l'une de l'autre et se réunir au milieu du conducteur; il y a plutôt une succession rapide de décompositions et de recompositions électriques d'une molécule à l'autre. Peut-être même convient-il mieux d'apporter dans cette délicate question une extrême réserve, et de regarder les propriétés nouvelles éveillées dans le fil interpolaire comme le résultat d'un ébranlement moléculaire spécial, que la science est encore dans l'impossibilité de définir d'une manière rigoureuse. Nous nous garderons alors d'attribuer au mot de courant, consacré par l'usage, sa signification vulgaire ayant rapport à une chose qui coule, qui court. Il faut entendre par là l'état particulier dans lequel se trouve le fil métallique reliant les deux pôles d'une pile en activité, sans rien préjuger sur la manière d'agir de l'électricité.

Quoi qu'il en soit, on voit que nous sommes en présence de faits d'un ordre différent de celui qui a fait l'objet de nos premières études électriques. Nous nous sommes occupés d'abord de l'*électricité statique*, c'est-à-dire en repos à la surface des corps; voici maintenant un nouveau champ de recherches, plus riche que le premier, celui de l'*électricité dynamique*, c'est-à-dire en activité continue le long de conducteurs.

CHAPITRE II

EFFETS CHIMIQUES DE LA PILE. — ÉLECTROLYSE. — GALVANOPLASTIE

1. Décomposition de l'eau par la pile. — Dans un vase dont le fond donne passage aux fils conducteurs d'une pile (fig. 71), on met de l'eau acidulée avec de l'acide sulfurique, et l'on couvre l'extrémité de chaque fil d'une petite éprouvette remplie du même liquide. Dès que les fils sont en rapport avec les pôles d'une pile, de nombreuses bulles gazeuses se dégagent autour de leurs extrémités et gagnent le haut de l'éprouvette correspondante, plus abondantes dans l'éprouvette H en rapport avec le fil négatif, c'est-à-dire avec le fil qui part du pôle négatif ou pôle zinc de la pile, moins abondantes dans l'éprouvette O, où se rend le fil qui part du pôle positif, cuivre ou charbon, de la pile. Du commencement à la fin de l'expérience, le volume gazeux en H est double du volume gazeux en O.

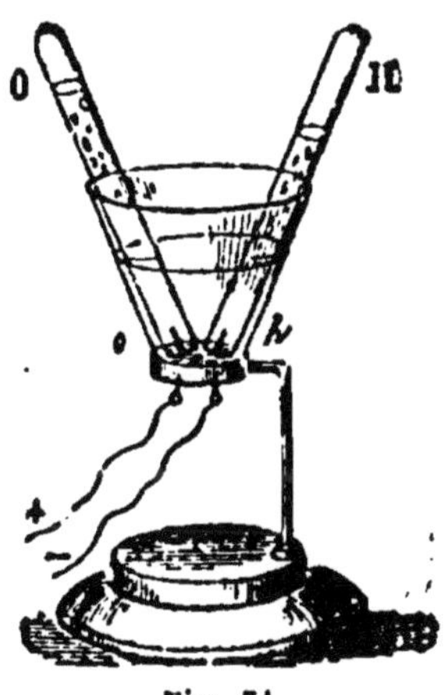

Fig. 71.

Tant que le courant persiste, c'est-à-dire tant que le circuit est établi par l'intermédiaire des deux fils métalliques et du liquide bon conducteur du vase, le dégagement gazeux continue; il cesse à l'instant si l'on interrompt le circuit en détachant l'un des fils conducteurs de son pôle ou du crochet qui le rattache à la pointe métallique traversant du fond du vase ; il reprend dès que le circuit est de nouveau fermé. Enfin ces reprises et ces interruptions du dégagement gazeux, qui ont lieu chaque fois que le circuit est rétabli ou interrompu, se passent aux extrémités des deux fils simultanément. Quand les bulles gazeuses cessent d'apparaître autour d'une d'elles, parce que le circuit est ouvert, elles cessent d'apparaître sur l'autre ; quand elles se dégagent de nouveau autour de la première, parce que le circuit est fermé, elles se dégagent encore autour de la seconde. Rien n'arrive dans une éprouvette, dégagement gazeux ou non-dégagement, qui ne soit à l'instant même accompagné du même fait dans l'autre éprouvette.

Le contenu des deux éprouvettes ne diffère pas seulement en volume, il diffère aussi en nature chimique. A sa propriété de prendre feu à l'approche d'une mèche de papier allumée et de brûler avec une flamme très pâle, le gaz à volume double de l'éprouvette négative H est reconnu pour de l'hydrogène ; à sa propriété de rallumer une bougie récemment éteinte et possédant encore dans sa mèche un point en ignition, le gaz à volume simple de l'éprouvette positive O est reconnu pour de l'oxygène. Cet oxygène possède les propriétés oxydantes exaltées qui, en chimie, le font désigner par un nom spécial, celui d'ozone. Aussi faut-il que l'extrémité métallique autour de laquelle il se dégage soit en platine. En cuivre, cette extrémité s'oxyderait au contact de l'ozone et pas une bulle gazeuse ne monterait dans l'éprouvette, tout le gaz contractant combinaison avec le métal à mesure que le courant le dégage de l'eau. Quant à l'extrémité négative, il est indifférent qu'elle soit en cuivre ou en platine. Mais, pour pouvoir se servir indifféremment des deux fils métalliques fixés au fond de l'appareil et les mettre en rapport avec tel pôle de la pile que l'on voudra, il est mieux qu'ils soient l'un et l'autre en platine, métal inattaquable par l'ozone.

Le résultat de l'expérience que nous venons de décrire parait immédiatement être celui-ci. Par l'action du courant, l'eau est décomposée en ses deux éléments, savoir : deux volumes d'hydrogène pour un volume d'oxygène. L'hydrogène se dégage autour du fil négatif ; l'oxygène, autour du fil positif. Le résultat fourni par la pile est parfaitement conforme à toutes les données de la chimie : dans les deux éprouvettes se rendent isolés les deux éléments de l'eau, oxygène et hydrogène, et les deux gaz sont dans les proportions voulues. Mais est-ce bien ainsi que les choses se passent ? est-ce l'eau seule, l'eau pure qui prend part à la décomposition ?

L'eau mise dans l'appareil est préalablement additionnée d'acide sulfurique, dont le rôle est de rendre le liquide meilleur conducteur de l'électricité. C'est du moins ainsi qu'on est dans l'usage d'expliquer l'intervention de l'acide sulfurique. Or, si l'on essaye la même expérience simplement avec de l'eau, de l'eau distillée surtout, une pile puissante provoque à peine quelques traces de décomposition, et l'on est en droit de se demander si l'eau parfaitement pure serait en effet décomposée. Si la pureté de l'eau rend sa décomposition par la pile extrêmement difficultueuse, si la présence de l'acide sulfurique la rend au contraire facile, il devient très probable, nous dirions presque certain, que le rôle de l'acide ne se borne pas à augmenter la conductibilité du liquide. Un autre travail chimique est ici en cause, apparemment le même que celui qui donne à la pile son activité. Dans la pile, l'eau acidulée ou sulfate d'hydrogène est décomposée par le zinc : son hydrogène se porte sur la lame positive, le cuivre ; son oxygène et l'acide sulfurique se portent sur la lame négative, le zinc. Une décomposition semblable s'effectue autour des deux pointes métalliques terminant les fils conducteurs de la pile et immergés dans de l'eau acidulée : l'hydrogène se porte sur le fil du pôle négatif, l'oxygène et l'acide sulfurique se portent sur le pôle positif. Nous allons reconnaître, en effet, dans d'autres décompositions, que l'acide sulfurique et les divers acides se rendent au fil ou pôle positif. L'oxygène qui l'accompagne se dégage parce qu'il est gazeux ; quant à l'acide, il reste en dissolution dans le liquide. Cette manière de voir, que tout démontre fondée, a en outre l'avantage de la généralisation, car elle rattache la décomposition de l'eau à celle des composés salins dont nous allons nous occuper.

2. **Électrolyse. — Électrodes.** — On donne le nom d'*électrolyse* à la décomposition chimique d'un corps par l'action du courant de la pile, et celui d'*électrodes*, signifiant route de l'électricité, aux deux extrémités du fil conducteur plongeant dans le liquide au sein duquel la décomposition s'effectue. C'est sur les électrodes uniquement qu'apparaissent les corps mis en liberté par l'analyse. L'une d'elles, celle qui se rend au pôle positif de la pile, est l'*électrode positive* ; l'autre celle qui se rend au pôle négatif, est l'*électrode négative*. Nous savons que les électricités de nom contraire s'attirent. Alors le corps qui, provenant de la décomposition, se porte sur l'électrode positive et semble attiré par elle, se comporte comme s'il était électrisé négativement. Pour ce motif, il prend le nom d'élément *électro-négatif*. De même le corps qui se porte sur l'électrode négative est l'élément *électro-positif*. Dans le cas que nous venons d'examiner, celui de la décomposition de l'eau, l'oxygène est électro-négatif et l'hydrogène électro-positif.

3. **Décomposition du sulfate de potasse.** — Dans un tube à deux branches (fig. 72), on met une dissolution de sulfate de potasse ; et, de chaque côté, on verse avec précaution, sur la liqueur saline, une couche de sirop de violettes, dont la coloration bleue tourne au rouge par les acides et au vert par les alcalis. Dans chacune des branches plonge l'extrémité de l'un des fils conducteurs de la pile, extrémité que nous supposerons en platine et à laquelle nous donnerons désormais le nom d'*électrode*. Le courant s'établit d'un fil à l'autre à travers le contenu liquide du tube, et l'on

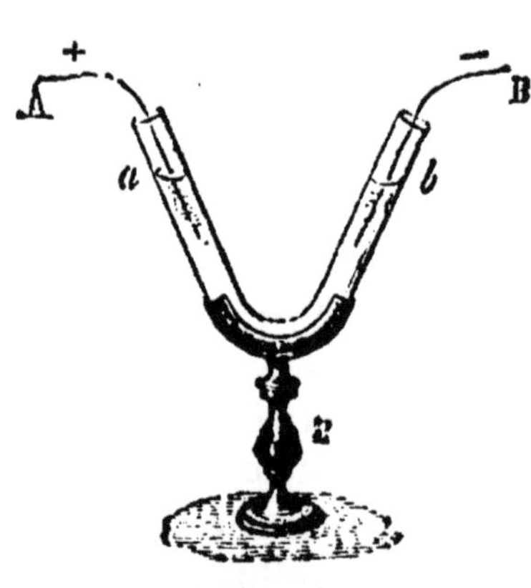

Fig. 72.

ne tarde pas à voir le sirop de violettes rougir en *a* autour de l'électrode positive et verdir en *b* autour de l'électrode négative. En même temps, de l'oxygène se dégage en *a* et de l'hydrogène en *b*.

Il paraîtrait donc, en n'apportant aucune critique dans l'interprétation des faits obtenus, il paraîtrait que le sulfate de potasse se dédouble en acide sulfurique, cause de la couleur rouge se manifestant sur le sirop de violettes de l'électrode positive, et en potasse, cause de la coloration verte autour de l'électrode négative. Il paraîtrait enfin que l'eau de la dissolution se décompose en même temps en oxygène, qui se porte sur le fil positif, et en hydrogène, qui se porte sur le fil négatif. De la sorte, sel et dissolvant seraient à la fois décomposés : l'acide du sel et l'oxygène de l'eau se rendraient sur l'électrode positive, la base du sel et l'hydrogène de l'eau se rendraient sur l'électrode négative.

Mais ici encore les apparences, non judicieusement interprétées, nous mettent dans une fausse voie. Par ses propres énergies chimiques, le potassium décompose l'eau, devient potasse en se combinant avec l'oxygène fourni par cette décomposition et laisse l'hydrogène se dégager. Nous dirons donc : le courant décompose le sulfate de potasse d'une part en métal, potassium, qui se rend sur l'électrode négative ; d'autre part en oxygène et acide sulfurique, qui se rendent sur l'électrode positive. Mais en même temps, le potassium décompose l'eau en contact avec lui et provoque le dégagement d'hydrogène qui s'observe autour du fil négatif, tandis que l'oxygène accompagnant l'acide sulfurique se dégage de son côté autour du fil positif. Abstraction faite du conflit chimique entre le potassium et l'eau, on voit que la décomposition du sulfate de potasse est de tout point semblable à la décomposition de l'eau acidulée ou sulfate d'eau. Des deux parts l'élément métallique, hydrogène ou potassium, se rend sur l'électrode négative, tandis que la partie non métallique, oxygène et acide sulfurique, se rend sur l'électrode positive.

On peut, du reste, démontrer directement que c'est bien le potassium qui est mis en liberté par l'électrolyse et non la potasse. Un tube recourbé, à branches inégales et contenant du mercure, plonge dans une dissolution de sulfate de po-

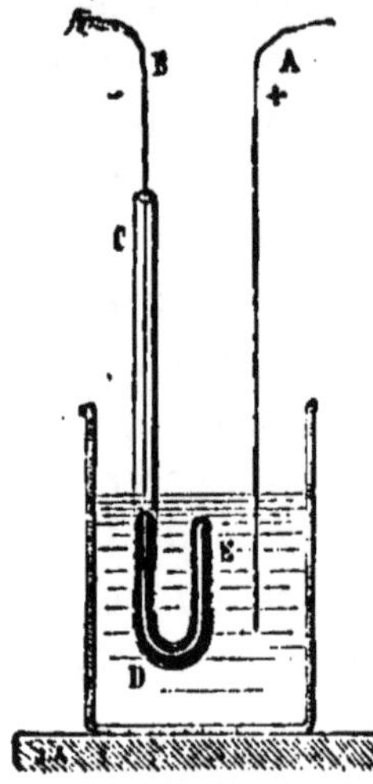

Fig. 73.

tasse. Le mercure de la longue branche C reçoit l'électrode négative B ; la dissolution aqueuse de sulfate de potasse reçoit l'électrode positive A (fig. 73). Avec cet arrangement, le potassium, se portant sur l'électrode négative, ne se trouve plus en rapport avec l'eau et ne peut ainsi donner lieu aux réactions chimiques qui troublaient la simplicité de l'expérience précédente. Il se combine donc avec le mercure, qui s'épaissit peu à peu, et forme avec lui un amalgame, d'où il est possible de le retirer par la distillation, qui chasse le mercure et laisse le métal alcalin en liberté.

4. Décomposition du sulfate de cuivre. — Avec une dissolution saline dont le métal soit sans action sur l'eau, les faits apparaissent dans toute leur simplicité. Dans le tube de la figure 72, mettons une dissolution de sulfate de cuivre et servons-nous toujours de fils de platine pour électrodes. Sur l'électrode négative, il se fait un dépôt de cuivre métallique, provenant du sel décomposé ; autour de l'électrode positive, il se dégage de l'oxygène, et de plus la liqueur devient acide. Tout se borne là. Le sel est donc bien décomposé en métal qui va au fil négatif, et en acide et oxygène qui vont au fil positif. Si ce fil positif était en métal attaquable par l'oxygène naissant ou ozone, par exemple en cuivre, le dégagement d'oxygène ne s'observerait pas, parce que le gaz, à propriétés oxydantes exaltées, serait retenu par l'électrode, qui se convertirait en oxyde, comme nous l'avons vu au sujet de la décomposition de l'eau.

De ces trois exemples, embrassant les particularités les plus remarquables, sulfate de cuivre, sulfate de potasse et sulfate d'hydrogène ou eau acidulée, nous conclurons que les composés salins soumis à l'action de la pile se dédoublent d'une façon uniforme, savoir : en principes métalliques, hydrogène, cuivre, potassium, qui se porte sur l'électrode négative ; et en principes non métalliques, oxygène et acide, qui se portent sur l'électrode positive.

5. Décomposition du chlorure de cuivre et du chlorure d'ammonium. — Soumettons du chlorure de cuivre à l'action de la pile dans le même appareil. Du cuivre apparaîtra sur l'électrode négative et du chlore sur l'électrode positive. Le même fait se reproduirait avec un composé binaire quelconque, contenant un métalloïde et un métal ; dans tous les cas le métal se porterait sur le fil négatif et le métalloïde sur le fil positif. L'hydrogène, dont les allures chimiques sont éminemment celles d'un métal, suit la même loi. Ainsi l'acide chlorhydrique, que la logique nous engage à appeler ici chlorure d'hydrogène, se dédouble par l'action de la pile, en hydrogène qui se porte là où se rend tout autre métal, c'est-à-dire sur l'électrode négative, et en chlore qui se porte sur l'électrode positive. Les autres hydracides donneraient des résultats semblables. Ainsi, toutes les fois qu'un composé binaire renferme un métalloïde et un métal, et au nombre des métaux nous comprenons l'hydrogène, l'électrode négative reçoit le métal du corps composé et l'électrode positive reçoit le métalloïde.

La chimie nous apprend que certains groupes de corps simples font eux-mêmes fonctions de corps simples et remplissent, suivant leur nature, le rôle d'un métalloïde ou le rôle d'un métal. Ainsi le cyanogène, composé d'azote et de carbone, C^2Az, fait fonction de métalloïde et marche de pair avec le chlore ; ainsi encore, le composé AzH^4 ou ammonium, fait fonction de métal et se classe à côté du potassium. Ces groupes complexes, suivant le rôle chimique qu'ils remplissent, se portent tout d'une pièce sur l'un ou sur l'autre des électrodes, à la manière d'un métal ou d'un métalloïde.

Ainsi le cyanure de potassium donne du potassium sur

l'électrode négative et du cyanogène sur l'électrode positive, mais avec les réactions accessoires résultant du contact du potassium avec l'eau. Ainsi encore, le chlorure d'ammonium AzH^4Cl, vulgairement sel ammoniac ou chlorhydrate d'ammoniaque, se dédouble en chlore, que reçoit l'électrode positive, et en ammonium AzH^4, que reçoit l'électrode négative. On creuse en godet un morceau de sel ammoniac. Dans la cavité, on met du mercure où l'on fait plonger l'électrode négative d'une puissante pile. Le godet lui-même repose sur une lame de platine servant d'électrode positive. Des émanations de chlore se manifestent sur cette lame, tandis que l'ammonium se rend sur l'autre électrode et s'amalgame avec le mercure ambiant. On voit, en effet, le mercure se gonfler beaucoup, perdre sa fluidité et acquérir la consistance du beurre tout en conservant ses caractères métalliques. Cette pâte butyreuse est une combinaison du mercure avec l'ammonium. Quand le courant cesse de passer, elle se décompose spontanément. Le mercure reprend son volume primitif et sa fluidité, tandis qu'il se dégage de l'hydrogène H et de l'ammoniaque AzH^3, dont l'association produisait le métal composé AzH^4 ou ammonium.

6. **Décomposition de la potasse.** — Un procédé exactement pareil décompose la potasse et met en liberté son métal, le potassium. Un godet est creusé dans un fragment de potasse caustique. On le remplit de mercure dans lequel on plonge l'électrode négative d'une forte pile, et on le dispose lui-même sur une lame de platine formant l'électrode positive. L'oxygène se porte sur cette dernière, le potassium se porte sur le mercure, s'amalgame avec lui et forme une pâte butyreuse analogue à celle que donne l'ammonium. Mais cette pâte métallique n'est pas spontanément altérable ; on peut la distiller, chasser le mercure et obtenir le potassium isolé. Le rôle du mercure dans cette opération est de mettre à l'abri de l'air le potassium, dont l'oxydation est des plus faciles.

Ce mode de préparation du potassium est aujourd'hui abandonné ; on lui préfère des méthodes chimiques bien autrement promptes et avantageuses. Il n'en est pas moins remarquable au point de vue théorique, comme aussi au point de vue historique, car c'est en employant la pile que Humphry Davy, au commencement de ce siècle, montra que les alcalis fixes et les terres, soude, potasse, chaux, etc., résultent de l'association d'un métal avec l'oxygène.

7. Action décomposante du courant. — L'appareil qui vient de nous servir pour la décomposition de l'eau porte le nom de *voltamètre* parce qu'il peut servir à mesurer les intensités relatives des courants.

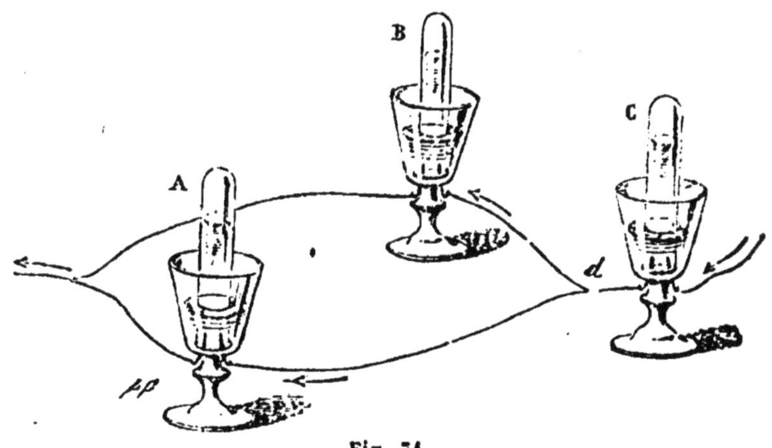

Fig. 74.

Avec son aide, il est facile d'établir que l'*action décomposante du courant a même valeur en tous les points du fil conducteur reliant les deux piles.* Si l'on dispose, en effet, un voltamètre en tel ou tel autre point de ce fil conjonctif, le volume des gaz recueillis est le même dans un temps égal, à la condition, bien entendu, que le voltamètre reste identique à lui-même dans les différentes positions qu'on lui fait occuper.

Il est encore facile de reconnaître que l'*action décomposante est proportionnelle à l'intensité du courant.* Imaginons que le fil conjonctif se dédouble quelque part en deux branches qui se rejoignent plus loin et redeviennent un fil unique aboutissant à l'autre pôle. A la bifurcation du fil, le courant se partage en deux courants égaux, si les deux branches de la bifurcation sont identiques. Enfin chacun de ces courants est, en intensité, la moitié du courant unique. Eh bien, un voltamètre mis tour à tour en rapport avec le fil conjonctif simple ou l'une des branches du fil conjonctif dédoublé, donne, dans le premier cas, un volume de gaz double. Si chaque branche est munie d'un voltamètre, la somme des gaz recueillis dans les deux, A et B (fig. 74), reproduit exactement la quantité recueillie dans un troisième voltamètre C disposé sur le trajet du courant simple.

8. **Décomposition de l'eau dans une série de voltamètres.** — Si l'on met différents voltamètres à tour de rôle en rapport avec le fil conjonctif, chacun d'eux, à moins qu'ils ne soient d'une identité parfaite, donne en un temps égal un volume inégal de gaz. La raison en est facile à saisir. La couche d'eau que le courant doit traverser pour la décomposer, constitue une résistance à vaincre, résistance considérable comme en présentent les liquides en général. L'interposition du voltamètre a donc pour effet immédiat d'affaiblir le courant. La diminution d'intensité dépend de l'épaisseur de la couche liquide à traverser et du degré de conductibilité de cette couche. Pour peu que les deux fils de platine des divers voltamètres soient inégalement distants, pour peu que le liquide plus ou moins acidulé varie de conductibilité, le courant est affaibli dans des proportions différentes, et la puissance décomposante change d'un voltamètre à l'autre.

Au lieu de les mettre chacun à son tour en rapport avec la pile, disposons plusieurs voltamètres à la suite l'un de l'autre, de manière que le courant passe du premier au second, du second au troisième, etc., au moyen de fils conducteurs interposés. Dans ce cas, d'un bout à l'autre de la série, le volume des gaz mis en liberté est le même dans chaque appareil, si différents que soient les voltamètres. Chacun d'eux, il est vrai, constitue une résistance variable de l'un à l'autre; mais de l'ensemble de ces résistances individuelles résulte une résistance totale qui affaiblit le courant de la même manière pour tous les points du circuit, quels qu'ils soient. Chaque voltamètre décompose donc l'eau proportion-

nellement à la puissance du courant réduite par la somme
des résistances, c'est-à-dire la décompose avec une activité la
même pour tous.

9. **Loi de Faraday.** — Actuellement (fig. 75) dans l'un des
voltamètres V mettons de l'eau, dans un second C une dissolution de sulfate de cuivre, dans un troisième B une dissolution d'azotate d'argent, dans un quatrième A une dissolution
d'acétate de plomb, et lançons le courant dans la série des

Fig. 75.

appareils. Au bout d'un certain temps, on recueillie l'hydrogène, le cuivre, l'argent, le plomb qui se sont portés sur les
électrodes négatives. Leurs poids se trouvent être exactement
dans le rapport de leurs équivalents chimiques. S'il s'est dé-
gagé 1 gramme d'hydrogène dans le premier voltamètre, il
s'est déposé $31^{gr},75$ de cuivre dans le second, 108^{gr} d'argent dans le troisième, $103^{gr},5$ de plomb dans le quatrième.
Les mêmes faits se reproduisent avec les autres dissolutions
salines. Par conséquent, *les poids des corps simples séparés par
un même courant sont entre eux comme les équivalents chimiques de ces corps.* Cela revient à dire que, dans la supposi-
tion où le courant conserverait la même intensité, la pile qui
décompose de l'eau et donne en un certain temps 1 gramme
d'hydrogène donnerait dans le même temps, en décomposant des dissolutions salines, soit $31^{gr},75$ de cuivre, soit
108^{gr} d'argent, soit enfin un équivalent d'un métal quelconque. Dans ces divers cas, le travail chimique s'équivaut
électriquement.

10. Galvanoplastie. — Par ce nom de galvanoplastie, on désigne l'art de déposer par l'action du courant, sur un corps servant de moule, le métal contenu dans une dissolution saline, particulièrement le cuivre. Nous venons de voir que, soumis à l'action de la pile, le sulfate de cuivre se dédouble en métal, qui se dépose sur l'électrode négative, et en oxygène et acide sulfurique, qui se portent sur l'électrode positive. Or, si pour électrode négative nous prenons un corps que nous nous proposons de revêtir de cuivre ou un moule dont nous voulons prendre l'empreinte, le dépôt métallique, effectué molécule à molécule avec une exquise précision, recouvrira l'objet dans ses moindres détails, et, l'opération terminée, nous aurons un enduit continu de cuivre donnant au corps une nouvelle apparence, ou une lame de ce métal qu'on pourra détacher du moule, dont elle reproduira en relief le dessin gravé en creux ou inversement.

Quelques précautions sont à prendre pour que le dépôt de cuivre soit homogène, régulier, résistant. D'abord la pile doit être médiocrement forte. Trop puissante, elle donne un dépôt cristallin et fragile. Il faut ensuite que le courant soit constant. Cette condition exige que la dissolution saline, à travers laquelle le courant se propage en la décomposant, se conserve au même point de saturation malgré le dépôt métallique qui se fait sur l'électrode négative. A cet effet, à l'extrémité du fil positif, on suspend pour électrode une lame de cuivre d'étendue superficielle à peu près équivalente à celle de l'objet qui sert d'électrode négative. Sur cette lame se portent l'oxygène et l'acide sulfurique provenant de la décomposition du sulfate, et il se régénère ainsi autant de sulfate de cuivre qu'il s'en décompose, de sorte que la dissolution se trouve maintenue au même degré de richesse. Cette lame, destinée à reconstituer autant de sulfate de cuivre que le courant en décompose et à maintenir le bain au même point de saturation pour que le courant se conserve constant, prend le nom d'*électrode soluble*, parce qu'elle se dissout peu à peu au moyen de l'oxygène et de l'acide qui lui arrive sans cesse. Enfin il convient que la liqueur saline soit aci-

dulée avec de l'acide sulfurique, car à l'état neutre elle donnerait un dépôt cristallin.

Proposons-nous, comme exemple le plus simple, de reproduire galvanoplastiquement une médaille. A l'extrémité du
fil négatif, on suspend la médaille; et à l'extrémité du fil
positif, une lame de cuivre ou électrode soluble. Puis lame et
médaille sont plongées, côte à côte, mais sans se toucher,
dans un vase contenant une dissolution de sulfate de cuivre.
Sous l'influence du courant, le cuivre se sépare peu à peu de
son dissolvant et se dépose sur la médaille servant d'électrode
négative. Celle-ci se recouvre donc d'une pellicule de
cuivre, qui se moule avec une irréprochable perfection dans
tous les creux et sur tous les reliefs du dessin. La pellicule
métallique augmente graduellement d'épaisseur, et au bout
de vingt-quatre heures, plus ou moins, elle est assez solide
pour être détachée tout d'une pièce.

Pour ne pas éprouver de difficultés lorsqu'il faut enlever
le cuivre déposé, on enduit légèrement la médaille de plombagine réduite en poudre impalpable, ou bien on l'expose un
instant à la fumée d'une flamme de résine. Le mince enduit
charbonneux ainsi déposé empêche l'adhérence. Enfin, on
recouvre de cire la face qui ne doit pas être reproduite ainsi
que le bord. Avec ces précautions, le cuivre déposé se sépare
aisément de la médaille, dont il reproduit en creux les détails
les plus délicats. On substitue alors le moule en creux à la
médaille, et on recommence l'opération. Le cuivre se dépose
de nouveau, prenant cette fois la forme en relief. La reproduction est si fidèle, qu'il est impossible de trouver la moindre différence entre le dessin de la médaille modèle et le
dessin de la médaille copie.

11. **Moulage.** — Telle que nous venons de la décrire, une
opération de galvanoplastie demande deux fois le concours
de la pile : pour obtenir d'abord un moule ou contre-épreuve
en creux de l'objet à reproduire et pour obtenir enfin l'épreuve
en relief. D'ordinaire, la première opération se fait par le
simple moulage. On prend l'empreinte de la médaille ou de
tout autre objet, tantôt avec un alliage fusible dans lequel

entrent trois parties en poids de bismuth, trois d'étain, et cinq de plomb, alliage qui fond à une température inférieure à celle de l'eau bouillante ; tantôt avec une lame de plomb bien décapée que l'on comprime sur la planche gravée qu'il faut reproduire. Tantôt encore on a recours à des substances plastiques non métalliques, au plâtre, à la cire, à la gélatine, à la gutta-percha, à l'acide stéarique ou substance dont les bougies sont formées. L'emploi de chacune de ces substances exige certaines précautions dont les détails circonstanciés ne peuvent être développés ici.

Nous nous bornerons à dire que, pour ne pas être attaqué par le sulfate de cuivre, le moule en plâtre une fois sec doit être imprégné d'acide stéarique fondu ; que l'acide stéarique est préférable quand il est associé avec de la cire vierge ; que la dissolution de gélatine destinée à prendre une empreinte doit être additionnée de tannin dissous dans l'alcool ; que la gutta-percha, ramollie dans l'eau chaude et pétrie dans les mains, doit être soumise à une forte pression pour se mouler avec fidélité sur l'objet. Tous ces moules de nature non métallique ont un défaut commun : c'est de ne pas conduire l'électricité et d'empêcher ainsi, sans précaution spéciale, la propagation du courant et par suite la décomposition du sel cuivrique. On les rend bons conducteurs en les couvrant avec le pinceau d'une mince couche de plombagine en poudre impalpable, et en frottant cet enduit avec une brosse douce jusqu'à ce que la surface soit d'un noir miroitant.

Les moules ainsi préparés peuvent recevoir plusieurs à la fois le dépôt de cuivre. Une cuve MN en verre (fig. 76) contient une dissolution de sulfate de cuivre acidulée. Le pôle positif de la pile est en communication avec une tringle métallique T, à laquelle sont appendues des plaques en cuivre immergées dans la dissolution cuivrique. Ces plaques sont des électrodes solubles, elles se dissolvent peu à peu avec le concours de l'oxygène et de l'acide sulfurique que leur amène le courant, et maintiennent le bain au même degré de saturation. D'autres tringles A et A′ également en métal, et dont l'ensemble communique avec le pôle négatif de la pile, portent appendus à des fils métalliques les moules qui doivent recevoir le dépôt de cuivre.

D'autres fois la cuve contenant le bain métallique fait elle-même partie de la pile. L'auge MN (fig. 77) contient la dis-

Fig. 76.

solution de sulfate de cuivre. Dans cette dissolution sont plongés divers vases poreux contenant une lame de zinc et de l'eau acidulée. Toutes les lames de zinc sont mises en communication par des pinces avec une tringle métallique T. Deux autres tringles métalliques A et A', disposées à droite et à

Fig. 77.

gauche de la première, tiennent les moules suspendus. Enfin des conducteurs métalliques font communiquer la tringle des zincs avec les deux tringles des moules. On reconnaît ici, dans ce qu'elle a d'essentiel, la disposition d'un couple de Daniell. L'ensemble des zincs plongés dans l'eau acidulée des vases poreux forme la lame négative, l'ensemble des moules plongés dans la liqueur cuivrique forme la lame positive. Quand la communication est établie entre les deux lames, le sulfate de cuivre est décomposé comme il l'est dans un couple ordinaire de Daniell : l'oxygène et l'acide sulfurique se portent sur le zinc à travers le vase poreux, le cuivre se dépose sur la lame positive ou sur les moules. Pour entretenir le bain au même degré de richesse, on y tient immergés des sachets S et S' contenant du sulfate de cuivre en cristaux.

12. Application. — Planches gravées. — Par la galvanoplastie on recouvre de cuivre des statues, des bas-reliefs en plâtre et on leur donne les apparences du bronze. La fonte de fer si résistante, et qui prend si bien l'empreinte des moules, peut également être revêtue de cuivre et acquérir le riche et artistique aspect du bronze. Les candélabres en fonte pour l'éclairage au gaz, les bas-reliefs des fontaines monumentales sont bronzés par la galvanoplastie.

La reproduction des planches gravées est une application plus belle encore de cette branche de la physique. De nos jours, la librairie met en vente, à des prix fort modérés, des ouvrages illustrés de nombreuses gravures qui reposent le regard et facilitent le travail intellectuel. Ces gravures, nous les devons à la galvanoplastie. On les obtient comme il suit. Sur une planchette en bois bien polie, l'artiste trace d'abord le dessin au crayon. Un ouvrier, appelé graveur, prend alors la planchette, et, avec des instruments en acier, il entaille et creuse le bois sur tous les blancs du dessin, qui finalement apparaît en relief. Avant la découverte de la galvanoplastie, le bois ainsi gravé servait lui-même au tirage des figures. Un rouleau noirci d'encre d'imprimerie était passé sur la planche gravée, dont les parties saillantes prenaient seules l'encre. Une feuille de papier était alors appliquée sur la planche : et, par une pression convenable, elle prenait l'empreinte du dessin encré. Mais la pression que l'ouvrier doit exercer, soit pour étendre l'encre avec le rouleau, soit pour bien appliquer la feuille de papier, finissait par écraser les reliefs délicats du dessin ; et, après un nombre peu considérable d'épreuves, la planche gravée était hors de service.

Aujourd'hui, on n'emploie presque plus les bois gravés pour imprimer. On reproduit en cuivre par la galvanoplastie, autant de fois qu'on le désire, le travail du graveur, de la même manière qu'on reproduit le relief d'une médaille. Les plaques gravées ainsi obtenues prennent le nom de *clichés*. Ce sont les clichés qu'on emploie directement au tirage des gravures. A mesure qu'ils sont usés, on les remplace par de nouveaux, que le bois gravé type fournit à bas prix en aussi grand nombre que l'on veut, sans éprouver d'altération dans la finesse de ses détails.

13. Argenture et dorure. — L'application d'une mince couche d'or ou d'argent, sur le cuivre, le laiton, le fer et autres métaux de peu de prix, n'a pas simplement pour but de satisfaire aux petites vanités de l'amour-propre, qui nous portent à posséder au moins l'apparence des choses, quand nous ne pouvons posséder les choses elles-mêmes ; c'est surtout affaire d'élégance, de propreté, de durée et même d'hygiène. Les métaux les plus usuels, cuivre, fer, laiton, etc., se ternissent au contact de l'air, s'altèrent, se rouillent. Le cuivre et le laiton donnent même naissance à des matières très vénéneuses. Au contraire, l'or et l'argent, qualifiés, pour cette raison surtout, de métaux précieux, conservent à l'air leur brillant et ne contractent pas de propriétés dangereuses. On communique aux ustensiles de toute nature, fabriqués avec les premiers métaux, l'éclat inaltérable et l'innocuité des seconds en les recouvrant d'une couche d'or ou d'argent.

Aujourd'hui la dorure et l'argenture se pratiquent au moyen de la pile. L'objet à dorer ou à argenter est préalablement *déroché*, c'est à-dire chauffé fortement, ce qui a pour effet de détruire les matières grasses dont le seul contact de nos mains peut l'avoir enduit. Il est ensuite *décapé*, c'est-à-dire trempé dans un acide, généralement un mélange d'acide azotique et d'acide sulfurique, qui dissout la pellicule d'oxyde formée. Il est enfin lavé à l'eau et séché dans de la sciure de bois chaude. Ces opérations préliminaires ont pour but de mettre parfaitement à nu le métal pour que l'adhérence du dépôt galvanique n'éprouve pas d'entraves. Ainsi préparé, l'objet est appendu au fil négatif de la pile.

Pour l'argenture, le bain se compose de cyanure d'argent et de cyanure de potassium dissous dans l'eau ; pour la dorure, de chlorure d'or et de cyanure de potassium. Ces bains sont très vénéneux, à cause du cyanure de potassium ; leur emploi exige donc une grande prudence. A l'extrémité du fil positif, on dispose une lame d'argent ou une lame d'or, suivant que l'on se propose d'argenter ou de dorer. Cette lame constitue l'électrode soluble qui maintient le bain au même degré de richesse métallique. Enfin l'électrode soluble et l'objet sont immergés dans le bain, ainsi que nous venons de le voir pour le dépôt cuivrique. Le dépôt du métal précieux apparaît immédiatement, mais il faut attendre un certain temps pour que l'épaisseur soit convenable et puisse résister au frottement. Du reste, l'épaisseur de la couche déposée est proportionnelle à la durée de l'opération. Au sortir du bain, la pièce est couverte d'une couche mate d'or ou d'argent. On fait apparaître le brillant par le *brunissage*, c'est-à-dire en frottant la pièce avec des corps durs et polis.

CHAPITRE III

EFFETS PHYSIQUES DES COURANTS. — CHALEUR. — LUMIÈRE. EFFETS PHYSIOLOGIQUES. — EFFETS MÉCANIQUES.

1. Effets calorifiques des courants. — Un fil métallique court et fin disposé entre les fils conducteurs ou *rhéophores* d'une pile, s'échauffe, devient incandescent et peut même entrer en fusion ou brûler avec éclat s'il est oxydable. Ces effets sont d'autant plus prononcés que le fil est plus court, plus fin et moins bon conducteur du courant. Cependant avec une pile puissante on peut porter à l'incandescence des fils assez gros et d'une certaine longueur. Dans les expériences de ce genre, c'est l'étendue superficielle des couples plutôt que leur nombre qui détermine l'intensité de l'effet calorifique.

Un seul couple de Bunsen suffit pour faire rougir un fil très fin et court ; Children, avec une pile de 21 couples dont chaque zinc présentait une superficie de 3 à 4 mètres carrés, mettait en fusion des tiges de platine de 7 centimètres de longueur et de 5 millimètres de diamètre ; avec 50 couples de la pile à charbon, on fait brûler et jaillir en brillantes étincelles des aiguilles d'acier à tricoter. A parité de longueur et de finesse, c'est le fil dont la conductibilité est la moindre qui s'échauffe le plus. Le platine est moins bon conducteur que l'argent. Si l'on compose un fil de longueurs alternatives de platine et d'argent, les premières deviennent incandescentes et les secondes restent obscures. Comme l'incandescence se produit à l'air libre, il peut y avoir combustion avec flamme de teinte variable si le métal est oxydable. Le platine, non oxydable, devient éblouissant, et, si la température s'élève assez, se liquéfie et se résout en gouttelettes du plus vif éclat. Mais le fer brûle avec une flamme rouge, le cuivre avec une flamme verte, le zinc avec une flamme bleue, l'étain avec une flamme pourpre.

2. Application à la chirurgie. — Pour cautériser des parties profondes, pour enlever des tumeurs, des loupes, la chirurgie emploie le fil de platine porté à l'incandescence par le passage du courant. Cette méthode, désignée sous le nom d'*électro-caustique*, est remarquable par son innocuité, sa précision, l'absence d'hémorrhagie. La tumeur à enlever est enveloppée à sa base d'une anse en platine, que l'on met en rapport avec une pile quand toutes les dispositions sont prises et que l'on rétrécit peu à peu.

3. Expériences de Despretz. — Si l'on termine les rhéophores d'une puissante pile par deux pointes de charbon des cornues, et qu'on rapproche ces deux pointes, il se produit entre elles un foyer de lumière et de chaleur le plus intense que nous sachions obtenir. Davy expérimenta, le premier, sur une grande échelle la puissance de cette source calorifique. Le corps à essayer étant disposé au fond d'une cavité creusée dans le charbon inférieur, il le touchait avec la pointe du charbon supérieur. N'importe la nature du corps, la fusion avait lieu, et fréquemment la volatilisation.

Plus tard, Despretz, avec une pile de 600 éléments de Bunsen, obtint des effets d'une incomparable intensité. Les métaux les plus réfractaires, le palladium et le platine, étaient fondus en quelques minutes, le premier sous le poids de 80 grammes, le second sous le poids de 250 grammes. La chaux et la magnésie furent liquéfiées, converties en verres transparents et même volatilisées. Le silicium et le bore, comparables au diamant pour leur résistance à la chaleur, furent réduits en globules liquides dans une atmosphère d'azote. Le charbon lui-même, le charbon sur lequel jusqu'alors la chaleur n'avait pas eu de prise, fut ramolli au point que des baguettes de ce corps pouvaient se plier, s'enfoncer l'une dans l'autre, se souder entre elles. Après refroidissement, le charbon qui avait subi la fusion pâteuse était une substance douce au toucher, tachant les doigts et le papier en noir brillant. La chaleur de la pile l'avait converti en graphite. Enfin, avec 100 éléments de plus, Despretz vit s'élever du charbon un nuage noir qui se condensa en fine poussière sur les parois du ballon où se faisait l'expérience dans une atmosphère non comburante. Cette poussière se composait de parcelles cristallines, dures, capables de rayer le verre et de polir les pierres précieuses.

4. Effets lumineux des courants. — Si les extrémités des deux rhéophores d'une pile sont rapprochées jusqu'à se toucher presque, chaque électricité accourt par le fil correspondant au-devant de l'électricité contraire, et une étincelle jaillit, d'autant plus vive et plus forte que les éléments de la pile sont plus nombreux et de plus grande surface. En maintenant ces extrémités en face l'une de l'autre, à la distance voulue, on obtient une suite d'étincelles se succédant avec une telle rapidité, qu'elles forment un éclair continu. La lumière électrique engendrée par la pile est incomparablement plus brillante si chaque fil conducteur se termine par une pointe en charbon de cornue. L'appareil peut être disposé comme le représente la figure 78.

Deux pointes de charbon *a* et *b* sont supportées, à une petite distance l'une de l'autre, par deux pièces métalliques *d* et *c* que sépare une tige de verre. Les fils conducteurs partant des pôles d'une pile de Bunsen d'une cinquantaine d'éléments sont fixés en *d* et en *c*. Ainsi disposés, les deux charbons deviennent incandescents, et, dans l'intervalle qui les sépare, s'élance un jet continu d'une lumière si pénétrante, qu'on ne peut la comparer qu'à celle du soleil. Il est impossible de supporter

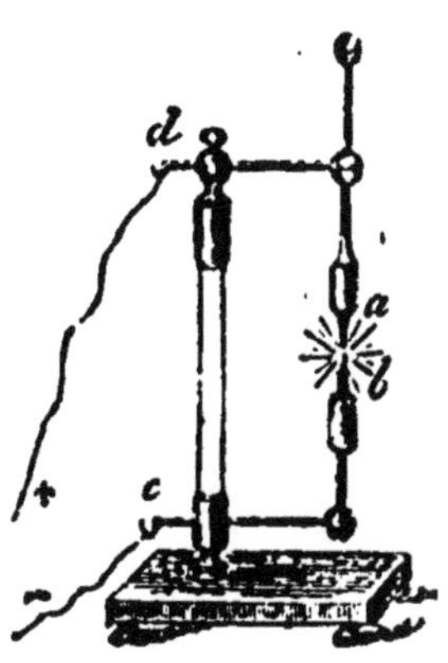

Fig. 78.

sans précaution les splendeurs de ce foyer électrique, qui vous frappe d'éblouissement, si l'on n'a soin d'abriter la vue derrière des verres colorés. La figure même souffre dans son voisinage ; la peau devient rouge et douloureuse, absolument comme à la suite d'un coup de soleil.

Pour que l'incandescence se manifeste, il faut d'abord que les deux pointes de charbon soient mises en contact. On peut alors les écarter peu à peu l'une de l'autre sans interrompre le courant qui continue à passer à la faveur de parcelles charbonneuses transportées d'un cône de charbon à l'autre. On obtient ainsi un jet continu d'une lumière violacée, affectant en général la forme courbe, et nommé, pour ce motif, *arc voltaïque*. Si l'on opère dans le vide, pour prévenir la combustion des charbons, on observe que le cône positif se creuse rapidement au sommet, tandis que le cône négatif s'accroît et allonge sa pointe. Il y a donc transport de particules charbonneuses du premier cône au second. Dans l'air, les deux charbons brûlent en se combinant avec l'oxygène ambiant, et tous les deux s'usent avec rapidité. Si donc on veut utiliser la lumière de l'arc voltaïque, il faut faire intervenir un *régulateur* qui rapproche les deux pointes

à mesure qu'elles s'usent et les maintient à la distance convenable ; sinon l'arc voltaïque cesserait de jaillir lorsque
l'usure aurait trop éloigné les deux charbons l'un de
l'autre.

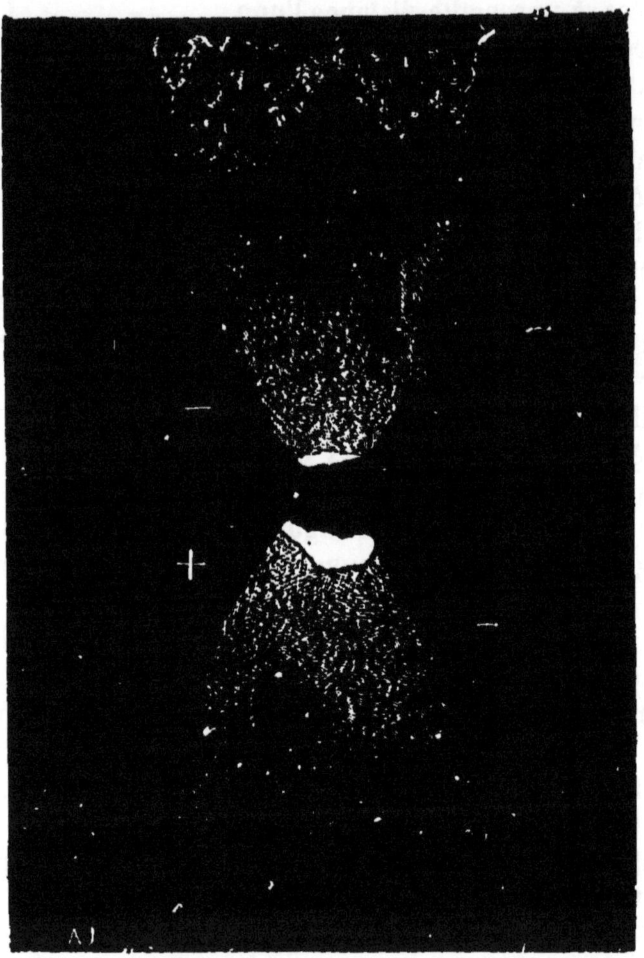

Fig. 79. — Charbons de l'arc voltaïque.

La lumière électrique est aujourd'hui utilisée pour l'éclairage ; mais le générateur du courant n'est plus une pile ;
c'est un autre appareil, une machine magnéto-électrique,
dont nous aurons à nous occuper plus tard.

5. **Effets physiologiques.** — On termine les fils conducteurs d'une pile par deux poignées en cuivre que l'on saisit à pleines mains. Alors les deux électricités se recombinent à travers le corps de l'expérimentateur et suscitent des commotions continues, redoutables si la pile est puissante. Les mains, violemment contractées, n'obéissent plus à la volonté et ne peuvent lâcher les poignées, les articulations sont rudement ébranlées, des secousses douloureuses traversent la poitrine, des convulsions désordonnées tordent les bras. Avec une pile de plusieurs centaines d'éléments, la commotion est très dangereuse et peut terrasser la personne la plus robuste. Gay-Lussac se ressentit pendant vingt-quatre heures de la commotion éprouvée en touchant les deux pôles d'une pile de 600 éléments. Deux milliers d'éléments suffisent pour tuer un cheval ou un bœuf. Cinquante éléments de Bunsen provoquent une commotion très forte, mais qui n'a rien encore de dangereux. Enfin, avec une pile faible, on éprouve un simple frémissement dans les articulations des doigts.

La pile provoque encore des convulsions dans les cadavres peu de temps après la mort. En mettant les fils conducteurs en rapport avec telle ou telle autre partie du corps, on a vu, sur des suppliciés, les mouvements de la vie se reproduire avec une effrayante vérité. La poitrine se soulève et s'affaisse comme pour respirer ; le visage grimace et s'anime de mouvements passionnés ; le poing se ferme et frappe violemment la table où se fait l'expérience : les jarrets fléchissent, puis se détendent brusquement, enfin les contorsions de tout le corps deviennent telles, que parfois les spectateurs se sont enfuis épouvantés, se demandant si l'on n'éveillait pas dans un cadavre de sacrilèges souffrances. Une propriété aussi merveilleuse n'est pas restée un simple objet de curiosité. La médecine s'en est emparée ; et bien des fois, pour ramener la sensibilité et le mouvement volontaire dans une partie du corps paralysée, elle n'a d'autre ressource que la commotion de la pile.

6. **Expérience de Galvani.** — Des diverses expériences physiologiques sur les courants, la plus célèbre est celle de Gal-

vani, expérience qui fut le point de départ de la pile. On peut d'ailleurs la faire sans aucun outillage spécial et néanmoins avec la certitude de réussir. Une grenouille est tuée à l'instant, jetée contre le sol. On l'écorche et on la vide : dans le ventre ouvert, on voit deux gros cordons d'un blanc grisâtre, longeant, de chaque côté, la colonne vertébrale. Ces deux cordons sont les nerfs lombaires. On coupe en travers l'animal à la naissance de ces nerfs, c'est-à-dire à leur issue de l'épine du dos ; puis on enveloppe étroitement d'un morceau de feuille d'étain et en un seul faisceau les deux bouts des nerfs lombaires tronqués. D'autre part on se munit d'une plaque quelconque de cuivre rouge, que l'on décape et nettoie avec soin. Les choses ainsi disposées, on met la grenouille, réduite au train postérieur, sur la lame de cuivre,

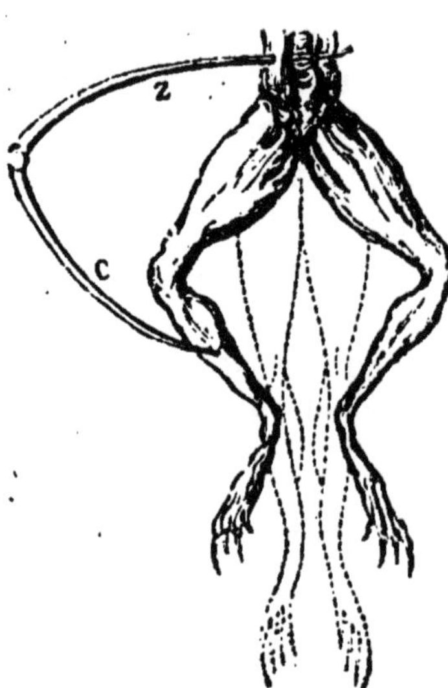

Fig. 80.

et l'on prend du bout des doigts, ou mieux avec des pinces, la petite masse d'étain enveloppant les deux bouts des nerfs lombaires. Toutes les fois qu'avec cet étain on touche la lame de cuivre, les pattes font quelques brusques mouvements pareils à ceux de la nage. Ces convulsions, dernier signe d'une vitalité qui s'éteint, sont au début violentes ; mais peu à peu elles s'affaiblissent, et finalement ne peuvent plus être provoquées.

Galvani opérait en mettant en communication les nerfs lombaires et les muscles des pattes au moyen d'un arc métallique dont une branche était en zinc et l'autre en cuivre (fig. 80). Volta interpréta ce résultat en attribuant les contractions de la grenouille à un courant électrique engendré par le contact des deux métaux hétérogènes. Tel fut le point de départ des recherches qui amenèrent à la pile.

7. Effets mécaniques. — Les cônes en charbon entre

lesquels jaillit l'arc voltaïque lors du passage du courant viennent de nous montrer qu'il se produit un arrachement de parcelles charbonneuses sur le cône positif, et un transport de ces parcelles sur le cône négatif. Si dans la cavité du charbon positif on met un fragment de métal, on reconnaît que des particules métalliques en fusion se rendent sur le charbon négatif.

Semblable déplacement a lieu lorsqu'un courant voltaïque traverse un liquide peu conducteur. Soit un vase en verre au centre duquel nous disposons un vase poreux. Ils reçoivent l'un et l'autre, et au même niveau, de l'eau ordinaire, liquide de faible conductibilité. Dans l'eau du vase poreux plonge le fil négatif d'une pile, et dans l'eau du vase en verre plonge le fil positif. Sous l'influence du courant, on voit le niveau baisser peu à peu dans le second vase et s'élever dans le premier. Il y a donc transport du liquide du fil positif au fil négatif.

<hr>

CHAPITRE IV

ACTION D'UN COURANT SUR L'AIGUILLE AIMANTÉE. — GALVANOMÈTRE.

1. Courant. — Nous avons nommé *courant* l'état électrique dans lequel se trouve le conducteur reliant les deux pôles d'une pile en activité. Cet état est identique à lui-même dans toute la longueur du conducteur. Il n'y a donc pas transport des deux électricités contraires accourant des deux pôles pour se porter au-devant l'une de l'autre et se recombiner au milieu du conducteur; il y a plutôt une succession rapide de décompositions et de recompositions électriques d'une molécule à l'autre. Concevons une file de molécules A, B, C, D, etc., et supposons que la première A reçoive incessamment de l'électricité libre d'une source, de l'électricité positive, par exemple. L'électricité positive de A décompose à distance, par influence, l'électricité neutre de B. Nous disons à distance, parce qu'il n'y a pas contact entre les molécules des corps. Elle attire du côté de A l'électricité de nom contraire et repousse du côté de C l'électricité de même nom. La molécule B se trouve ainsi *polarisée*, c'est-à-dire électrisée différemment dans ses deux moitiés opposées. A son tour, l'électricité positive de B agit par influence sur la molécule C et la polarise de la même manière. Puis C polarise D, D polarise E, et ainsi de suite.

En somme, les mêmes faits se passent dans la file de molécules que dans une série de conducteurs isolés qui se polarisent mutuellement par influence, lorsque le premier reçoit de l'électricité d'une machine. Seulement, entre les molécules, des décharges continuelles ont lieu, les électricités contraires de A et de B, de B et de C, de C et de D, etc., se recombinent, et la file moléculaire retombe à l'état neutre, pour être immédiatement polarisée par l'arrivée d'une nouvelle quantité d'électricité sur la molécule A. Il y a donc, dans le fil interpolaire, une série continue de décompositions électriques par influence et de recompositions de molécule à molécule, comme cela se passe de parcelle à parcelle métallique sur les tubes et les carreaux étincelants. Ce permanent conflit électrique intermoléculaire constitue le courant.

2. Sens du courant. — Dans le conducteur interpolaire, deux directions sont à distinguer : la direction qui va du pôle positif au pôle négatif, et la direction qui va du pôle négatif au pôle positif. Très fréquemment, il est nécessaire de préciser laquelle de ces deux directions l'on a en vue. Un choix est donc à faire, choix parfaitement indifférent en lui-même. On est convenu de considérer toujours la direction qui va du pôle positif au pôle négatif. C'est dans ce sens que l'on dit que *le courant va du pôle positif au pôle négatif à travers le conducteur interpolaire.*

Il convient de se rappeler que c'est là une simple expression conventionnelle dont les termes sont singulièrement détournés de leur valeur vulgaire. Il n'y a pas courant dans le sens propre du mot, puisqu'il n'y a pas transport d'électricité, mais simple polarisation moléculaire incessamment détruite et incessamment renouvelée ; enfin la polarisation n'a pas pour point de départ le pôle positif de la pile plutôt que le pôle négatif, elle se propage des deux pôles en même temps, ou plutôt elle se fait dans toute l'étendue du conducteur à la fois. Dire que le courant va du pôle positif de la pile au pôle négatif, c'est donc simplement affirmer que les molécules polarisées se chargent d'électricité positive dans leur moitié tournée du côté du pôle positif de la pile et d'électricité négative dans leur moitié opposée.

Enfin, par une extension de langage qui détourne complètement les mots de leur signification première pour les approprier à des idées plus ou moins éloignées du point de départ, le fil interpolaire d'une pile en activité prend aussi le nom de courant.

Cette acception a l'avantage d'être parfaitement définie, mais l'étymologie du mot n'a rien de commun avec la chose signifiée. C'est en lui donnant cette signification que nous emploierons désormais le mot de courant ; nous entendrons par là le fil interpolaire d'une pile en activité, sans nous préoccuper en aucune façon des électricités qui courent ou ne courent pas. Si le fil conducteur va sans interruption d'un pôle à l'autre, on dit que le courant est établi ; dans le cas contraire, le courant est interrompu. Enfin nous considérerons toujours la direction du pôle positif de la pile au pôle négatif, ce que le langage imagé traduit en disant que le courant marche du pôle positif au pôle négatif.

3. **Expérience d'Œrstedt.** — En 1820, Œrstedt, l'une des belles illustrations scientifiques du Danemark, ouvrit une voie des plus fécondes dans les sciences physiques en présentant le fil interpolaire d'une pile à une aiguille aimantée. La télégraphie électrique, pour se borner à un seul exemple, était en germe dans cette expérience si simple et si riche d'avenir. Avant de répéter l'expérience de l'illustre professeur de Copenhague, rappelons rapidement une des propriétés de

l'aiguille aimantée. Lorsqu'une aiguille aimantée peut se mouvoir librement au moyen d'une chape sur la pointe d'un pivot vertical, elle prend, par l'action magnétique de la Terre, une direction déterminée, qui est à peu près celle du nord au sud. Dérangée de cette position, l'aiguille y revient invariablement d'elle-même après quelques oscillations. La pointe dirigée vers le nord est le pôle *austral* de l'aiguille ; la pointe dirigée vers le sud en est le pôle *boréal*.

Soit actuellement une aiguille aimantée dans sa position d'équilibre. Nous prenons des deux mains le fil interpolaire d'une pile en activité, en un mot le courant, et nous le disposons au-dessus de l'aiguille et parallèlement à celle-ci, mais sans la toucher en aucune façon. Ce voisinage du courant suffit pour déran-

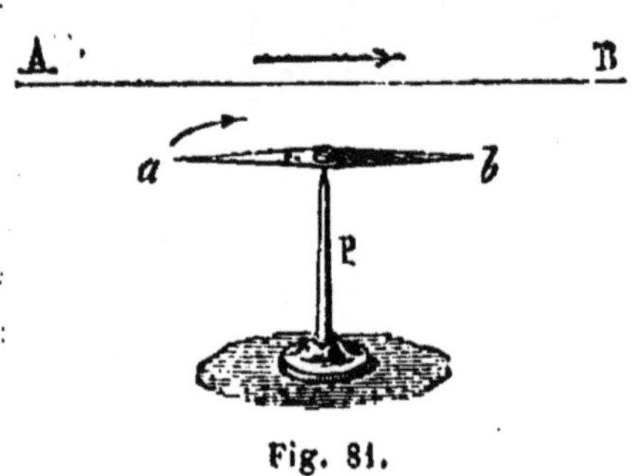

Fig. 81.

ger l'aiguille de sa position et lui en faire prendre une autre à peu près en croix avec celle du fil conducteur. A distance, le courant influence donc l'aiguille aimantée et change son orientation d'un quart de circonférence (fig. 81).

Supposons que, dans ce premier changement d'orientation, la pointe australe de l'aiguille se porte vers l'expérimentateur. Maintenant, renversons le courant, c'est-à-dire mettons à gauche la partie du fil interpolaire qui se trouvait à droite, et à droite la partie qui se trouvait à gauche ; enfin présentons de nouveau le fil à l'aiguille, en dessus et parallèlement à sa direction. L'aiguille se met encore à peu près en croix avec le courant, mais sa pointe australe ne fait plus face à l'expérimentateur, elle est tournée du côté opposé. Des faits du même genre se passent lorsque le courant est présenté à l'aiguille par-dessous. L'aiguille se met en croix avec le fil interpolaire, et son pôle austral est tourné tantôt dans un sens, tantôt dans l'autre, suivant la direction du courant.

4. Personnification du courant par Ampère. — Un

fait très remarquable ressort, sans plus ample analyse, de ces expériences. Si le courant est présenté à l'aiguille aimantée parallèlement à sa direction, soit en dessus, soit en dessous, l'aiguille est déviée de sa position d'équilibre et se met plus ou moins en croix avec le fil interpolaire. Il reste à déterminer la direction que prend un des pôles, le pôle austral, par exemple, car cette direction est variable, suivant le sens du courant et suivant sa position au-dessus et au-dessous de l'aiguille. Ampère, qui a jeté une si vive lumière dans cette branche admirable de la physique dont l'expérience d'Œrstedt est le point de départ, Ampère, avec sa tournure d'esprit aux lucides images, nous a donné une originale et élégante méthode pour nous reconnaître dans ces changements d'orientation de l'aiguille aimantée. On suppose un observateur couché tout de son long dans le fil interpolaire, les pieds du côté du pôle positif, la tête du côté du pôle négatif et faisant face à l'aiguille. Ainsi disposé, l'observateur imaginaire d'Ampère voit toujours le pôle austral de l'aiguille se porter à sa gauche.

Deux figures compléteront l'explication. Présentons le courant au-dessous de l'aiguille aimantée comme le représente la figure 82, de manière que ce courant, dans l'acception

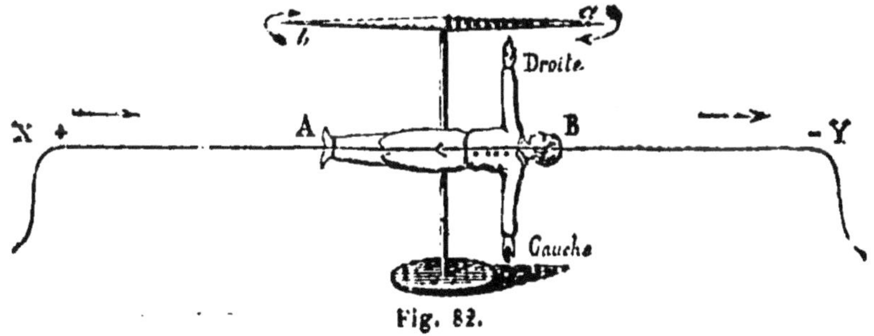

Fig. 82.

expliquée plus haut, aille de gauche à droite, de X en Y. Supposons couché dans le fil l'observateur d'Ampère, les pieds tournés vers X, côté du pôle positif, et la tête vers Y, côté du pôle négatif; supposons enfin que l'observateur regarde l'aiguille placée parallèlement au-dessus de lui. Dans ces conditions, la pointe australe *a* de l'aiguille doit se porter vers la gauche de l'observateur, et par conséquent venir en avant comme l'indique la flèche qui l'accompagne. — Si le courant va de droite à gauche (fig. 83), l'observateur a les pieds à droite, du côté du pôle positif, la tête à gauche, du côté du pôle négatif, et la main gauche en arrière du plan où la figure est tracée. C'est aussi en arrière de ce plan que se porte la pointe australe *a* de l'aiguille.

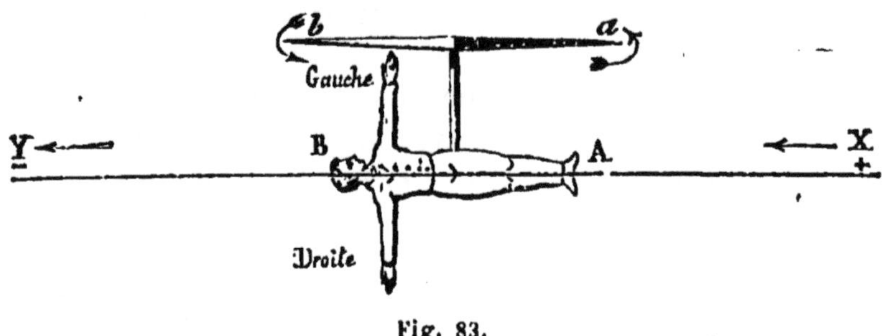

Fig. 83.

Si, pour un moment, on veut restituer au mot courant sa signification vulgaire, on peut dire que, l'observateur faisant face à l'aiguille et étant couché dans le fil interpolaire de manière que le courant lui entre par les pieds et lui sorte par la tête, le pôle austral se porte toujours à sa gauche.

La mise en croix de l'aiguille avec la direction du fil interpolaire n'est jamais complète. Il y a ici en effet deux puissances en jeu : l'action directrice de la Terre, qui tend à ramener l'aiguille suivant l'orientation nord-sud, et l'action du courant qui tend à mettre l'aiguille en croix avec lui. De ces deux actions combinées résulte pour l'aiguille une nouvelle orientation plus ou moins écartée de l'orientation normale suivant la force du courant, sans toutefois jamais atteindre la perpendiculaire du fil interpolaire.

5. **Action d'un courant enroulé autour de l'aiguille aimantée.** — Autour d'une aiguille aimantée *ab*, suspendue à un fil sans torsion A, on enroule le courant comme le montre la fig. 84. Examinons l'effet de la partie supérieure et de la partie inférieure du fil interpolaire sur l'aiguille aimantée,

mobile au centre du circuit. Supposons un observateur faisant face à l'aiguille et couché dans la partie supérieure du
circuit, de manière que le courant entre par les pieds et sorte
par la tête. Cet observateur aura les pieds à la gauche de la
figure, la tête à droite ; et, comme il regarde l'aiguille, sa
gauche se trouvera en arrière du plan où la figure est tracée.
Ainsi, par l'action seule de la partie supérieure du courant,
le pôle austral *a* de l'aiguille doit se porter en arrière du plan
de la figure.

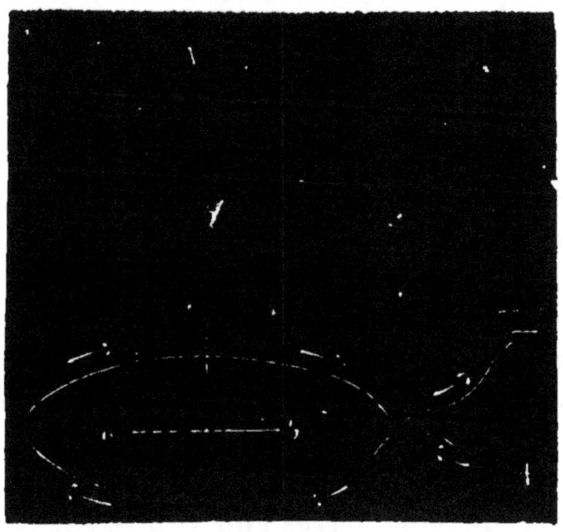

Fig. 84.

Dans la partie inférieure du circuit, l'observateur d'Ampère
aurait les pieds à droite, la tête à gauche et la face tournée
en haut. Sa gauche serait donc encore en arrière du plan où
la figure est tracée. Par conséquent, l'effet de la partie inférieure du circuit concorde avec l'effet de la partie supérieure,
et tous les deux portent en arrière du plan de la figure le
pôle austral *a* de l'aiguille. Ainsi en enroulant le fil interpolaire autour de l'aiguille aimantée on double l'action du courant, puisque la moitié supérieure et la moitié inférieure
concourent, dans une même proportion, à la déviation de
l'aiguille dans le même sens.

Nous supposons ici que le fil interpolaire ne fait qu'un tour. S'il en faisait deux, s'il en faisait cent, etc., qu'arriverait-il? Évidemment l'action de chaque tour s'ajouterait à celle des tours précédents, puisque dans tous le courant circule dans le même sens; et de leur ensemble résulterait une déviation plus grande pour l'aiguille, car l'effet du courant serait répété autant de fois que le fil ferait de tours. Avec cette disposition, on *multiplierait* l'action d'un circuit simple.

Mais alors une précaution indispensable est à prendre. Si le fil métallique s'enroulait à plusieurs reprises autour de l'aiguille, les divers tours, pressés l'un contre l'autre, seraient en contact entre eux, et ils formeraient un circuit unique, car l'électricité se porterait sans obstacle de l'un à l'autre à cause de leur grande conductibilité. L'ensemble des tours juxtaposés équivaudrait à un seul tour formé d'un fil plus gros, et le courant ne s'enroulant ainsi qu'une fois autour de l'aiguille, ne serait pas multiplié. Il faut donc que les divers tours ne communiquent pas électriquement entre eux, afin que le courant passe et repasse autour de l'aiguille pour multiplier son action. A cet effet, le fil métallique est recouvert d'un corps mauvais conducteur de l'électricité, par exemple d'une enveloppe de soie. Avec cette enveloppe isolante, les divers tours, quoique serrés l'un contre l'autre, conservent leur indépendance et ajoutent leurs effets respectifs en un effet commun. Désormais, dans ce qui va suivre, le fil métallique est censé recouvert d'une enveloppe de soie ou de toute autre matière isolante.

L'enroulement répété du fil interpolaire multiplie, disons-nous, l'action du courant sur l'aiguille aimantée, parce que l'effet d'un tour en plus s'ajoute à celui des tours qui précèdent. Toutefois on ne peut indéfiniment augmenter l'action du courant sur l'aiguille, car à mesure que le fil devient plus long, l'intensité du courant s'affaiblit, mais avec assez de lenteur pour qu'il y ait avantage à enrouler le fil plusieurs centaines de fois. Par delà certaines limites, assez éloignées et variables suivant la force de la pile et la conductibilité du

fil, on perd plus qu'on ne gagne en continuant l'enroule·
ment.

6. **Action sur une aiguille aimantée astatique.** —
L'action directrice que le globe terrestre exerce sur une ai·
guille aimantée mobile empêche le courant de mettre cette
aiguille exactement en croix avec lui. L'effet se borne à une
déviation plus ou moins grande suivant l'intensité du cou·
rant. Si la source électrique est très faible, vainement le fil
s'enroule un grand nombre de fois autour de l'aiguille, la
déviation est très faible aussi et peut devenir insensible. Pour
obtenir des résultats nettement prononcés, même avec un
courant très faible, il faudrait annuler en grande partie l'in·
fluence directrice de la Terre. On y parvient au moyen de
l'appareil suivant.

Soient deux aiguilles aimantées pareilles AB et A'B' (fig. 85)
invariablement reliées entre elles et suspendues à un fil.
Leurs pôles de nom contraire se correspondent : le pôle
austral A de l'une est tourné du côté du pôle
boréal B' de l'autre ; et de même le pôle boréal
B de la première est tourné du côté du pôle
boréal A' de la seconde. Sur ce système de
deux aiguilles supposées parfaitement égales
en intensité magnétique, l'action directrice
du globe terrestre est évidemment nulle, car
l'orientation que tend à prendre AB est con·
trariée par l'orientation que tend à prendre
A'B'. La pointe australe A doit se tourner vers
le nord, la pointe australe A' doit en faire

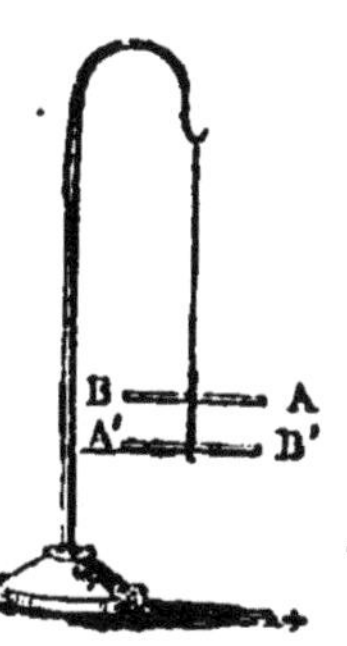

Fig. 85.

autant ; mais leur disposition inverse et leur invariable liaison
les en empêche l'une et l'autre dans toutes les positions.
L'ensemble des deux aiguilles reste donc immobile de
quelque manière qu'il soit orienté, et, pour ce motif, prend
le nom de système *astatique,* c'est-à-dire sans position dé·
terminée d'équilibre.

Un courant qui agirait sur un système d'aiguilles parfaite·
ment astatique le mettrait à angle droit avec lui, si faible
qu'il fût, puisqu'il n'aurait plus à lutter contre l'action direc·

trice de la Terre. On ne pourrait plus alors juger de l'intensité du courant d'après la valeur de la déviation de l'aiguille, car, très fort ou très faible, ce courant produirait le même résultat : la déviation à angle droit. Mais si l'une des deux aiguilles dépasse un peu l'autre en intensité magnétique, l'appareil conserve une certaine force directrice, aussi faible que l'on veut et propre à constater des courants de peu d'énergie et à comparer leur valeur.

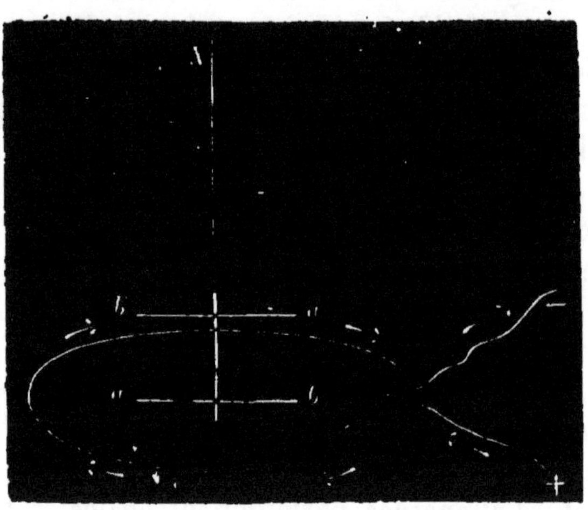

Fig. 86.

Examinons actuellement l'action d'un courant sur un système de deux aiguilles *ab* et *a'b'* suspendu à un fil sans torsion A (fig. 86). Le système est à peu près astatique ; l'une des aiguilles est au centre du circuit, l'autre est au dehors. D'après la marche du courant, la même qu'à la figure 84, nous savons déjà que le pôle austral *a* de l'aiguille intérieure doit se porter en arrière du plan où l'appareil est tracé. Il reste à voir l'action du courant sur l'aiguille extérieure.

Et d'abord examinons l'action de la partie supérieure du courant. L'observateur a alors les pieds à gauche de la figure, la tête à droite, et la face en haut. Sa gauche est donc en avant du plan du dessin, et c'est en avant de ce plan que se portera le pôle austral *a'* de l'aiguille extérieure. Ce mouvement de a' en avant concorde très bien avec le mouvement de a en arrière. A cause de la liaison invariable des deux aiguilles, les deux effets s'ajoutent. Il n'en est plus de même quand on considère l'action de la partie inférieure du courant sur l'aiguille extérieure. Dans ce cas, l'observateur a les pieds à droite, la tête à gauche et la face toujours en haut. Sa gauche est par conséquent en arrière du plan. Ainsi, la partie supérieure du circuit tend à porter en avant le pôle austral a', et la partie inférieure tend à le porter en arrière. Mais la partie supérieure agit avec plus de force parce qu'elle est plus rapprochée de l'aiguille, et de la sorte le résultat de ces actions inverses est de transporter a' en avant, ce qui favorise la marche de a en arrière. L'association des deux aiguilles a donc un double effet : premièrement, elle affaiblit la force directrice, de manière qu'un faible courant peut influencer l'appareil ; secondement, elle favorise la déviation de l'aiguille intérieure par la déviation concordante de l'aiguille extérieure. Si le fil fait un grand nombre de tours, toujours dans le même sens, les actions élémentaires s'ajoutent, et on a alors le galvanomètre.

7. **Galvanomètre.** — Le nom de cet appareil fait allusion à Galvani, célèbre médecin de Bologne, dont les travaux ont grandement contribué à la découverte de la pile. On emploie encore le nom de *multiplicateur* pour rappeler l'action multipliée du courant enroulé autour de l'aiguille aimantée.

Autour d'un cadre en bois ou en ivoire A (fig. 87) s'enroule à tours pressés un fil métallique enveloppé de soie. Les deux extrémités du fil viennent aboutir à deux pivots en laiton c et c' auxquels on peut fixer, au moyen de vis de pression, les bouts libres de deux fils métalliques communiquant avec les deux pôles d'une source d'électricité. Un système de deux aiguilles à peu près astatique est appendu à un fil de soie sans torsion. L'une d'elles est dans l'intérieur du cadre, l'autre est en dehors et peut parcourir un cercle gradué S. Le tout est recouvert d'une cloche en verre PP qui préserve les aiguilles de l'agitation de l'air. Des vis calantes VV mettent le galvanomètre d'aplomb ; une vis de rappel E fait mou-

voir le cadre avec son cercle gradué et permet d'amener le
zéro de la graduation en face de l'extrémité nord de l'aiguille
supérieure quand l'appareil est en repos. Si un courant,
même très faible, est suscité dans le fil, le système des deux
aiguilles est aussitôt dévié de sa position d'équilibre nord-sud,
et l'aiguille extérieure, par la quantité angulaire dont elle

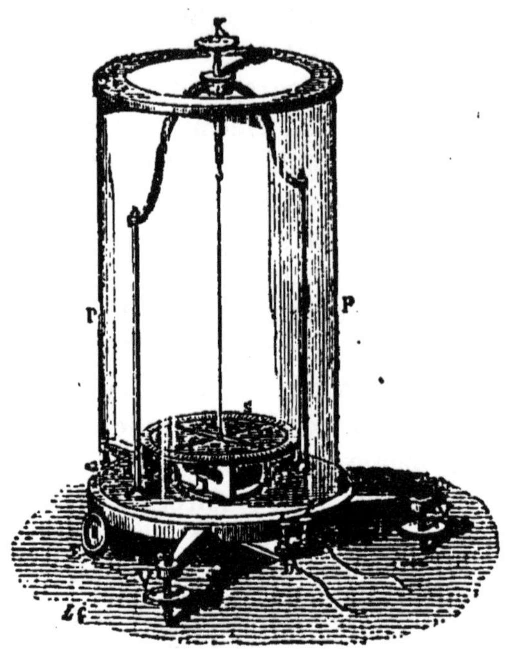

Fig. 87.

se déplace sur le cercle gradué, indique l'intensité du courant. L'exquise sensibilité de cet appareil est éminemment
propre à démontrer que toute action chimique est accompagnée d'un dégagement d'électricité.

8. Courants électriques dans les actions chimiques.
— En ce genre d'expérimentations qu'on peut varier à l'in-
fini, nous considérerons de préférence, comme étant plus
vulgairement connues, l'action d'un acide sur une base et
l'action d'un acide sur un métal.

Deux godets en verre contiennent, l'un une dissolution
de potasse caustique, l'autre de l'eau acidulée avec de l'acide

sulfurique. Dans chacun d'eux plonge une lame de platine fixée à l'extrémité correspondante du fil du galvanomètre. Les deux godets sont mis en communication par une mèche de coton mouillée. La dissolution alcaline et la dissolution acide montent dans la mèche, se mélangent peu à peu et la combinaison saline s'effectue. Or, dès que cette combinaison commence, on voit l'aiguille du galvanomètre, jusque-là immobile, se dévier plus ou moins de sa direction nord-sud suivant l'intensité de l'action chimique. Le sens de sa déviation indique d'ailleurs le sens du courant. Lorsque la marche du courant nous est connue, nous savons prévoir, au moyen de la loi d'Ampère, l'orientation que l'aiguille aimantée doit prendre ; réciproquement, de l'orientation prise par l'aiguille déviée, on peut déduire le sens du courant, cause de la déviation. On reconnaît ainsi que le courant se propage dans le fil du galvanomètre en allant de l'acide à la base, du godet à acide sulfurique au godet à potasse.

Si l'on intervertit l'ordre, c'est-à-dire si l'on plonge dans la dissolution alcaline la lame de platine qui plongeait d'abord dans la dissolution acide, et réciproquement, le courant change de sens, ce que l'on reconnaît à la déviation de l'aiguille en sens inverse de la déviation première. Ainsi quel que soit l'ordre adopté quand on plonge dans les godets les lames terminales en platine du fil du galvanomètre, le courant se propage toujours de l'acide à la base, c'est-à-dire que l'acide prend l'électricité positive et la base l'électricité négative.

Cette expérience peut être ramenée à un degré de simplification démontrant avec quelle facilité l'action chimique suscite des courants. Sur une des lames terminales en platine on met une petite rondelle de papier buvard imbibée de dissolution alcaline, et sur l'autre une rondelle pareille imbibée de dissolution acide. On rapproche les deux lames, on met les rondelles de papier en contact, et à l'instant l'aiguille est déviée. Le courant du reste se propage comme précédemment de l'acide à la base. En variant la nature de la base et de l'acide employés, on obtiendrait un résultat pareil, abstraction faite de l'intensité du courant.

Dans un verre contenant de l'acide azotique plongeons, en face l'une de l'autre, mais sans se toucher, les deux lames en platine qui terminent le fil du galvanomètre. L'aiguille se maintient immobile parce que l'acide azotique seul est sans action sur le platine. L'action chimique est encore nulle et il ne se produit pas de courant. Mais nous prenons une goutte d'acide chlorhydrique au bout d'une baguette de verre et nous la faisons glisser sur l'une des deux lames. En se mélangeant, les deux acides constituent de l'eau régale, liquide qui attaque le platine. La lame en rapport avec les deux acides à la fois devient donc le siège d'une action chimique, tandis que la seconde, uniquement enveloppée d'acide azotique, n'éprouve rien. Un courant est le résultat de cet état des choses ; l'aiguille, en effet, est aussitôt déviée, et son orientation montre que le courant est dirigé dans le fil du galvanomètre de la lame non attaquée à la lame attaquée. L'action chimique de l'eau régale sur le platine est donc accompagnée de l'apparition des deux électricités ; l'électricité négative se porte sur la lame corrodée, l'électricité positive sur le liquide corrosif et de ce liquide sur la lame non attaquée.

Une question se présente ici naturellement. Qu'arriverait-il si les deux lames en platine subissaient l'une et l'autre l'action de l'eau régale ; si, lorsqu'elles sont plongées dans l'acide azotique, on portait sur chacune d'elles une goutte d'acide chlorhydrique? Il est visible que l'on produirait des effets électriques inverses qui s'annuleraient mutuellement en totalité ou en partie suivant leur puissance relative. Pour que le courant possède toute son intensité, il faut que l'une des lames ne reçoive que de l'électricité positive et l'autre que de l'électricité négative.

Mais, si chaque lame reçoit à la fois les deux genres d'électricité, l'électricité neutre se reconstitue, et le courant est annulé si la recomposition est complète, ou du moins est affaibli si la recomposition n'est que partielle. Or c'est ce qui arrive quand les deux lames sont attaquées à la fois. Étant le siège d'une action chimique, chacune d'elles possède de l'électricité négative ; mais en même temps elle recueille, par l'intermédiaire du liquide, l'électricité positive qui accompagne l'action chimique sur la seconde lame. Si les deux charges sont rigoureusement égales, elles reconstituent de l'électricité neutre, et le courant est annulé ; si elles sont inégales, la recomposition n'est que partielle, et un courant se produit, mais évidemment affaibli et égal à la différence des courants que chaque lame produirait si elle était seule attaquée. Dans ce dernier cas, le courant marche de la lame la moins attaquée à la lame la plus attaquée.

On voit ainsi que les meilleures conditions électriques sont obtenues quand, dans un même liquide acide, plongent deux lames métalliques de nature différente, l'une fortement attaquée et l'autre non. Terminons, par exemple, le fil du galvanomètre, d'un côté par une lame de platine, de l'autre par une lame de cuivre, et plongeons les deux lames dans un verre contenant de l'acide azotique, qui attaque le cuivre et n'a pas d'action sur le platine. Un courant aussitôt apparaît, marchant du platine au cuivre dans le fil du galvanomètre. Ici encore le métal attaqué prend l'électricité négative, et le métal non attaqué recueille dans la liqueur corrosive l'électricité positive.

Du reste, la nature du métal ne décide pas cette distribution électrique, mais bien l'action chimique. Changeons de liquide acide, et nous verrons le cuivre, qui dans l'expérience précédente prend l'électricité négative, remplacer le platine et recueillir dans le liquide l'électricité positive développée par la corrosion d'un métal plus attaquable. A cet effet, nous terminons l'un des bouts du fil du galvanomètre par une lame de cuivre, l'autre par une lame de zinc, et nous plongeons les deux dans de l'eau acidulée avec de l'acide sulfurique. Dans ce cas, le zinc est violemment attaqué, mais le cuivre ne l'est pas. Aussi l'aiguille déviée indique-t-elle un courant dirigé du cuivre au zinc à travers le galvanomètre.

Il n'est pas même nécessaire de recourir à l'acide sulfurique. Pour peu que le galvanomètre soit sensible, l'immersion des deux lames, cuivre et zinc, dans de l'eau ordinaire, fait dévier l'aiguille dans un sens indiquant un courant du cuivre au zinc. L'air en dissolution dans l'eau attaque le zinc, et cette faible action chimique suffit pour qu'un courant se manifeste.

Enfin, puisque l'une des deux lames métalliques a pour rôle d'être soumise à l'action chimique du liquide, tandis que l'autre est destinée à recueillir dans le liquide l'électricité positive sans prendre part à la réaction, il est visible que cette dernière peut être remplacée par un corps quelconque non métallique, à la condition expresse qu'il soit bon conducteur de l'électricité. Tel est le charbon compact, dit charbon métallique, qui se forme par la décomposition des carbures d'hydrogène dans les cornues où l'on distille la houille pour le gaz d'éclairage. Attachons à l'une des extrémités du fil du galvanomètre une baguette de ce charbon, et à l'autre une lame de métal quelconque, platine, cuivre, fer, zinc, etc. Quel que soit le liquide corrosif employé, eau régale, acide azotique, acide sulfurique, acide chlorhydrique, etc., pourvu que le liquide choisi puisse attaquer le métal, nous obtiendrons toujours un courant dirigé du charbon non attaqué au métal corrodé, et la déviation de l'aiguille sera d'autant mieux prononcée que l'action chimique aura plus d'énergie.

Ainsi l'action chimique est toujours accompagnée d'un courant. Quand un métal, en particulier, est soumis à l'action d'un acide, les deux électricités se manifestent à la fois ; l'électricité négative se porte snr le métal corrodé, l'électricité positive se porte sur le liquide corrosif où la recueille une seconde lame bon conducteur, mais non attaquée. De la sorte, le courant est toujours dirigé dans le fil du galvanomètre de la lame non attaquée à la lame attaquée.

CHAPITRE V

ACTION DES COURANTS SUR LES COURANTS. — SOLÉNOÏDES.

1. Action de la Terre sur un courant. — Dans les expériences dont nous allons nous occuper, une partie du courant est rendue mobile au moyen de la disposition suivante. — Deux tiges en métal, coudées à angle droit, DCA, KHB (fig. 88), sont dressées sur un support en bois, et plongent par leur base dans deux cavités A et B contenant du mercure. A l'extrémité de la branche horizontale de chacune d'elles se trouve un petit godet D et K, également rempli de mercure. L'un d'eux, le godet supérieur, par exemple, porte, collée sur le fond, une petite plaque de verre horizontale dont le rôle est de faciliter le mouvement du courant mobile appendu au support.

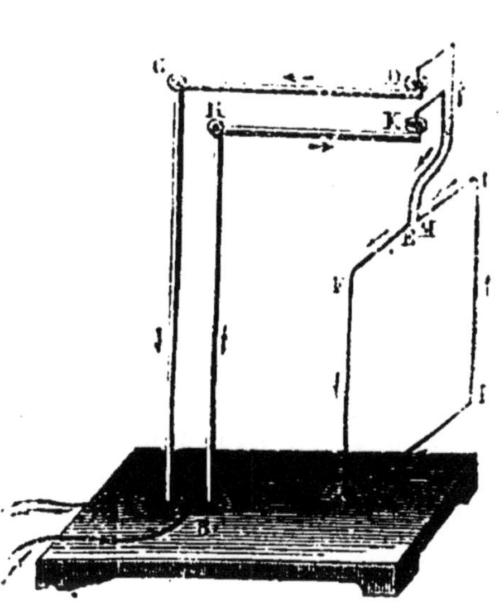

Fig. 88.

Ce courant mobile se compose d'un fil de cuivre, replié comme l'indique la figure DMLIGFEK. Ses diverses parties n'ont pas de contact entre elles; et, là où un rapprochement est nécessaire, on isole les parties rapprochées par l'interposition d'un corps mauvais conducteur qui donne de la solidité à l'appareil, sans établir des communications électriques. Le fil de cuivre se termine à chaque extrémité par une pointe verticale plongeant dans le godet correspondant. La pointe supérieure repose sur la plaque de verre du fond du godet D, et se trouve en même temps enveloppée par le mercure que ce godet contient. La pointe K plonge seulement dans le mercure de ce godet, sans prendre appui sur le fond. De la sorte, le courant mobile ne repose que sur une fine pointe et possède une grande mobilité. Dans les cavités A et B, pleines de mercure, on fait rendre l'extrémité des fils conducteurs d'une pile. Le courant entre par la cavité B, il monte par la tige métallique BHK, se propage dans le circuit mobile de cuivre dans le sens indiqué par les flèches, et, parvenu au godet D, redescend par la tige DCA.

Ces dispositions comprises, examinons ce que présente de particulier le circuit mobile. Tant que le courant ne passe pas, tant que l'appareil n'est pas en rapport avec la pile par les fils métalliques plongeant dans le mercure des cavités A et B, le circuit mobile ne se comporte pas autrement qu'un fil métallique ordinaire : il reste en équilibre dans toute position où on le met, il n'y a en lui aucune tendance à changer l'orientation qui lui est fortuitement donnée. Mais dès que le courant passe, une activité s'éveille qui fait prendre spontanément au fil une orientation déterminée. Le circuit se met donc en mouvement, et, après quelques oscillations, se fixe dans une position invariablement la même chaque fois que l'expérience est recommencée. Ainsi, par cela seul que le courant circule dans le fil métallique, celui-ci est assujetti à une force directrice qui le dispose dans un sens déterminé. On constate, en outre, que, dans sa position spontanée d'équilibre, le plan du circuit mobile FGIL est perpendiculaire à la direction de l'aiguille aimantée, et que, de plus, le courant, dans la partie inférieure GI, est dirigé d'orient en occident.

La cause de cette orientation spontanée du courant mobile ne peut être que l'action de la Terre, action qui pareillement fait prendre à l'aiguille aimantée une invariable direction à peu près nord-sud. Nous dirons donc que, sous l'influence seule de la Terre, un courant mobile se dispose perpendicu-

lairement à la direction de l'aiguille aimantée, et de telle
sorte que, dans la partie inférieure, le courant marche
d'orient en occident. La forme du circuit
mobile est, du reste, ici sans influence, car,
si nous remplaçons le courant rectangulaire qui vient de nous servir par un courant circulaire (fig. 89), le résultat final
est absolument le même. Le plan du circuit se dispose perpendiculairement à
l'aiguille aimantée, et dans la partie inférieure, le courant se dirige de l'est à l'ouest.

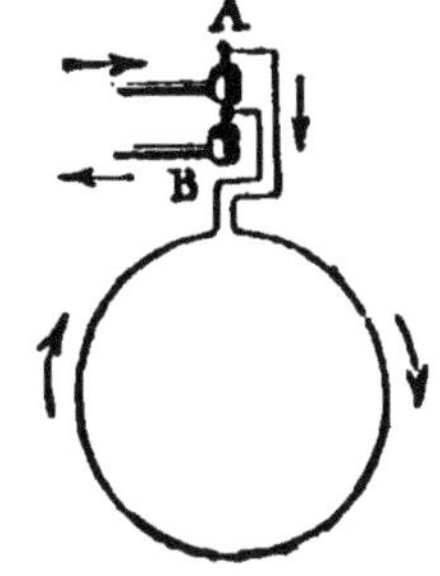
Fig. 89.

2. **Courants astatiques.** — Pour étu-
dier l'action d'un courant sur un autre, il
convient donc d'écarter l'influence directrice de la Terre,
qui pourrait plus ou moins paralyser cette action. On y
parvient au moyen de l'association
de deux courants inverses, qui annulent mutuellement leur tendance à une orientation fixe, de
même que deux aiguilles aimantées d'égale force et assemblées en
sens inverse annulent mutuellement leur tendance à se disposer
suivant le méridien magnétique.
Ainsi disposés, les courants prennent le nom de courants *astatiques*.

La figure 90 reproduit l'une des
configurations usitées. Le fil métallique, continu d'un bout à l'autre, se replie en formant deux circuits pareils rectangulaires ABCD
et A'B'C'D', dans lesquels le courant suit la direction indiquée par
les flèches, ou la direction inverse

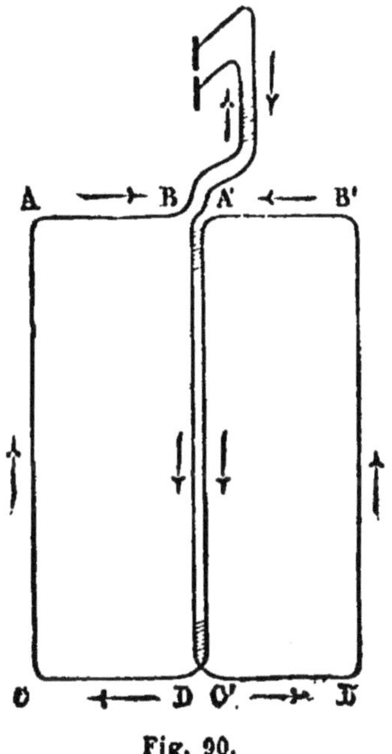
Fig. 90.

si l'on intervertit la communication avec les pôles de la pile.
Ces deux circuits ont toutes leurs parties symétriques deux à
deux. Ainsi, dans CD, le courant marche de droite à gauche;

dans son homologue C D', il marche de gauche à droite.
Dans AC, le courant monte ; dans le côté homologue A'C',
il descend, etc. Par conséquent, quelle que soit l'action
directrice de la Terre sur le circuit ABCD, cette action est
paralysée par le concours du circuit inverse A'B'C'D', et l'ensemble des deux reste en équilibre dans toutes les positions.

On donne encore au courant astatique la forme que reproduit la figure 91. D'après la manière dont le fil est replié,
on reconnaît que le circuit rectangulaire ABCD a ses côtés
un à un inverses des côtés du circuit A'B'C'D', et que, par

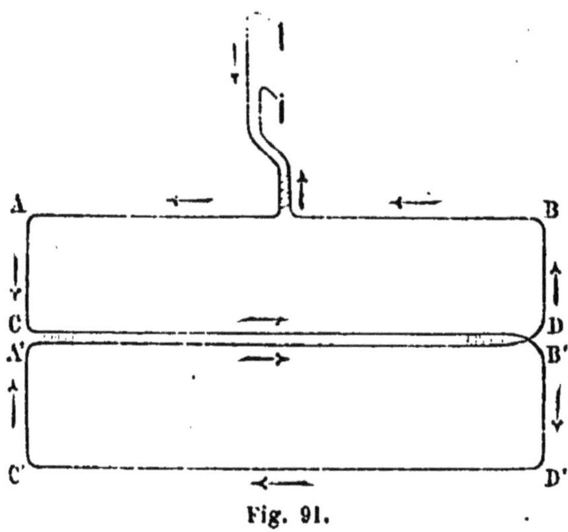

Fig. 91.

conséquent, l'action directrice exercée par la Terre sur le
premier doit être annulée par l'action exercée sur le second.

3. **Action réciproque des courants rectilignes parallèles.** — Au support galvanique de la figure 88, nous suspendons un courant astatique dans le genre de celui de la
figure 90 ; et, à une certaine distance de l'une de ses
branches verticales, nous disposons un courant fixe, parallèle à cette branche et tenu à la main. Deux cas peuvent
se présenter : les deux courants rectilignes parallèles vont
dans le même sens ou vont en sens contraire. Le premier
cas est produit dans la figure 92, où AB est le courant fixe

tenu à la main, et CD l'une des branches verticales du courant mobile appendu au support galvanique. Dans ces conditions, on voit le courant mobile tourner sur sa pointe d'appui et la branche CD se rapprocher de AB en face duquel elle s'arrête après quelques oscillations. Donc *les courants rectilignes parallèles et de même sens s'attirent.*

On renverse le courant fixe AB, qui monte alors au lieu de descendre ; et la branche CD, dans laquelle le courant continue sa marche de haut en bas, fuit devant le courant de sens inverse. Donc *deux courants rectilignes parallèles et de sens inverse se repoussent.*

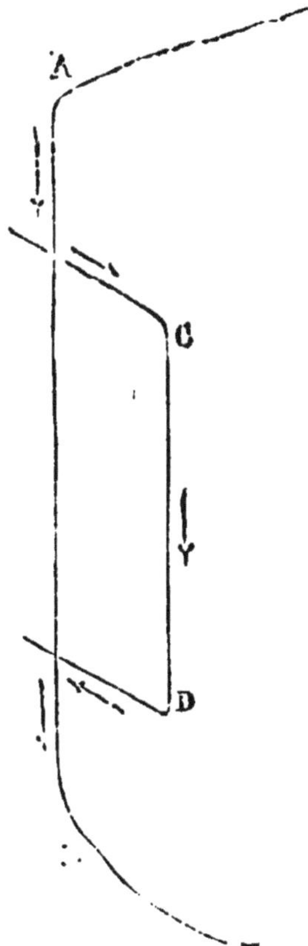

Fig. 92.

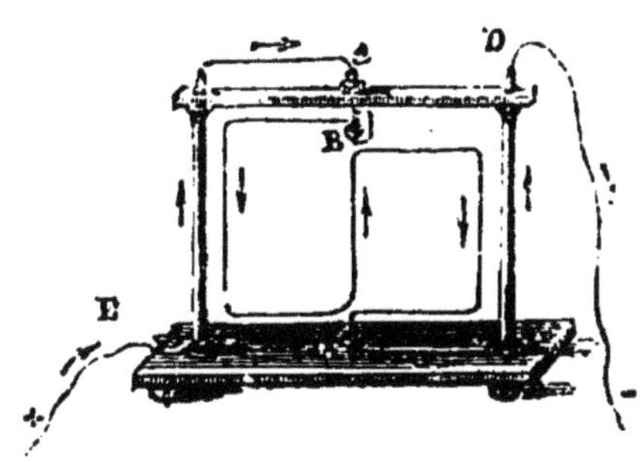

Fig. 93.

L'appareil de la figure 93 établit plus simplement encore ces deux lois. On fixe en E le fil positif de la pile, en D le fil négatif. Le courant monte par une tringle en cuivre et se propage dans un fil métallique c qui, à travers une planchette de bois, le conduit au godet B contenant du mercure. Un second godet A, également plein de mercure, est situé sur la même verticale que le premier. Entre les deux est disposé un conducteur mobile replié comme l'indique la figure. Du godet inférieur, le courant s'achemine, par un fil métallique, dans la seconde tringle de cuivre en communication avec le pôle négatif de la pile au moyen du fil partant de D. Le courant est ainsi ascendant suivant les deux colonnes ou triangles métalliques de l'appareil, il est descendant suivant

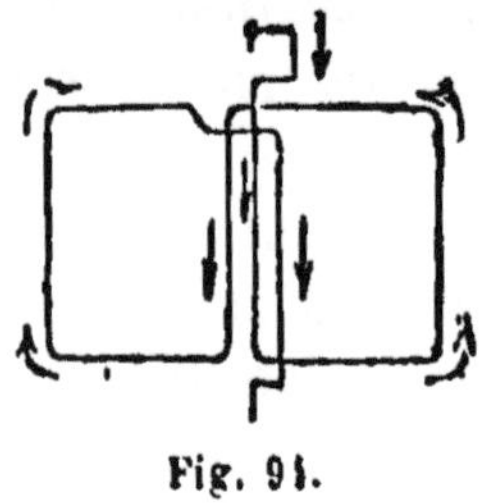
Fig. 94.

les deux branches latérales du circuit mobile. Or, si l'on approche ces deux branches des deux tringles, la partie mobile, abandonnée à elle-même, éprouve une répulsion et quitte la position qu'on lui a donnée pour en prendre une autre perpendiculaire au plan des tringles formant le courant fixe. — Pour constater l'attraction entre courants de même sens, on remplace le conducteur mobile de la figure 93 par celui de la figure 94.

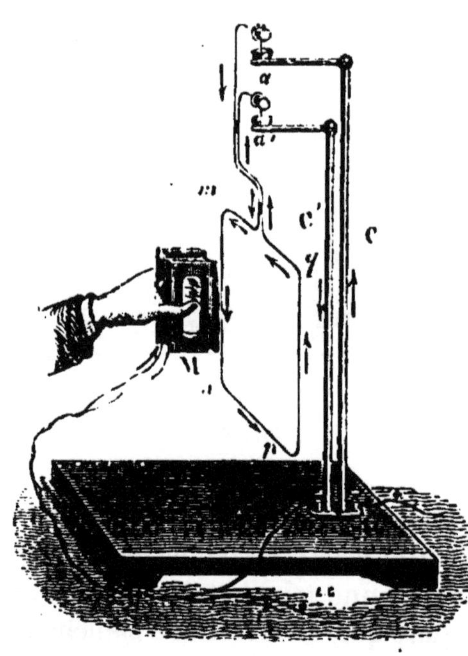
Fig. 95.

Dans ce cas, les deux branches latérales sont parcourues par le courant dans le même sens que les colonnes de l'appareil. Il y a alors attraction, car le fil mobile abandonné à lui-même vient mettre ses branches latérales en face des colonnes voisines et s'arrête dans cette position d'équilibre.

On peut encore, pour accroître l'action du courant tenu à la main, enrouler celui-ci sur un cadre M (fig. 95). Les diverses parties de l'enroulement en face du courant mobile ajoutent, en une action commune, leurs actions individuelles, et l'effet se trouve multiplié. Sans faire alors emploi de courants mobiles astatiques, on reconnaît qu'il y a attraction ou répulsion entre le courant fixe et le courant mobile, suivant que les courants se propagent dans le même sens ou dans des sens inverses.

4. Action réciproque de deux courants rectilignes formant un angle. — Le courant astatique de la figure 91 étant appendu au support galvanique de la figure 88, on présente à sa branche inférieure horizontale un courant fixe formant avec elle un angle quelconque, mais sans contact aucun entre les deux fils. CD (fig. 06) est la branche infé-

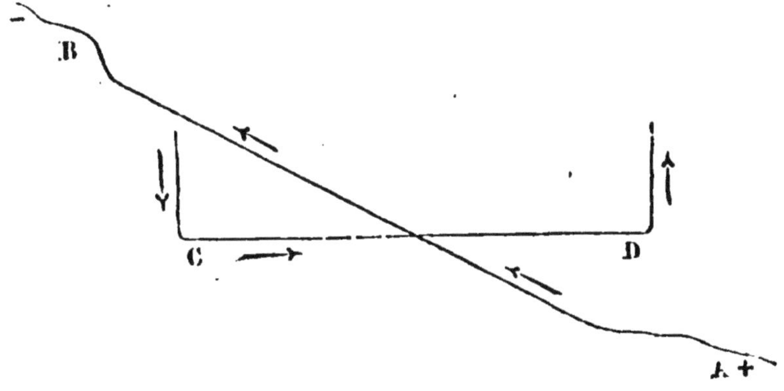

Fig. 96.

rieure du courant astatique mobile, AB est le courant fixe tenu à la main au-dessous du premier fil. Dans l'angle CB, le courant se rapproche du sommet pour un côté et s'en éloigne pour l'autre. Pareille chose a lieu dans l'angle opposé DA. Au contraire, dans l'angle BD les deux courants s'éloignent à la fois du sommet, et dans l'angle CA ils s'en rapprochent. Or, on constate que C fuit devant B pour se rapprocher de A, que D fuit devant A pour se rapprocher de B; de sorte que le courant mobile tourne sur lui-même et vient se mettre parallèlement à AB, de manière que les deux courants circulent dans le même sens. Donc *deux courants angulaires s'attirent quand tous les deux se rapprochent ou s'éloignent du sommet de l'angle; ils se repoussent quand l'un se rapproche du sommet de l'angle et que l'autre s'en éloigne.*

5. Action d'un courant fixe indéfini sur un courant mobile. — Si l'on présente un courant fixe rectiligne et indéfini à un courant mobile rectangulaire ou circulaire, n'importe (fig. 97), les attractions et les répulsions, dont nous venons de donner les lois fondamentales, font prendre au courant mobile une position déterminée qui est la suivante. Le circuit mobile se dispose parallèlement au courant fixe, et de telle sorte que, dans sa partie inférieure, le courant marche dans le même sens que le courant fixe.

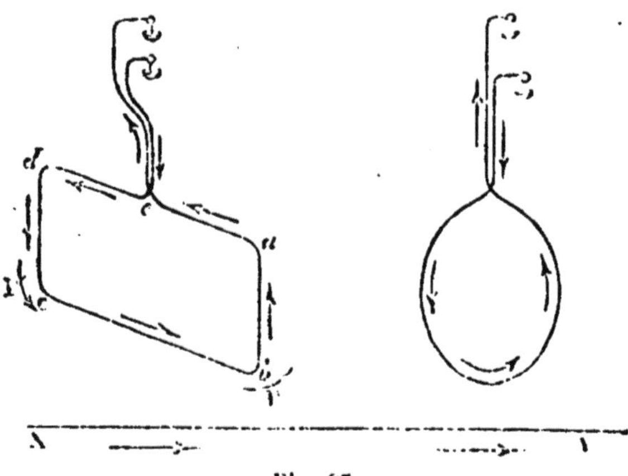

Fig. 97.

Cette position est la seule qui convienne à l'équilibre stable, car alors dans l'angle d'entrée les deux courants se rapprochent tous les deux du sommet, dans l'angle de sortie tous les deux s'en éloignent, et, dans sa partie inférieure, le courant mobile est de même sens que le courant fixe. Il y a donc attraction mutuelle entre ces diverses parties, d'où résulte la stabilité de l'équilibre. La partie supérieure du courant mobile est, il est vrai, dirigée en sens inverse du courant fixe, et par suite soumise à une répulsion, cause de trouble dans l'équilibre. Mais cette répulsion est moindre que l'attraction exercée sur la partie inférieure à cause d'une plus grande distance.

Dans toute autre position, l'équilibre est impossible. Supposons, pour fixer les idées, le courant mobile renversé. Alors, dans l'angle d'entrée, un courant se rapprochera du sommet et l'autre s'en éloignera ; dans l'angle de sortie, même chose aura lieu ; enfin dans la partie inférieure le courant mobile sera de sens contraire à celui du courant fixe. Les répulsions entre ces parties inverses ramèneront donc le courant mobile dans la position unique où tout s'attire et concourt à la stabilité de l'équilibre.

6. **Assimilation de la Terre à un courant indéfini.** — Nous avons reconnu qu'un courant non astatique prend sous l'influence seule de la Terre une orientation déterminée. Il se met perpendiculaire à la direction nord-sud de l'aiguille aimantée, et dans sa partie inférieure le courant est dirigé de l'est à l'ouest. Sous l'influence d'un courant indéfini dirigé de l'est à l'ouest, les choses se passeraient absolument de la même manière. Le courant mobile se disposerait parallèlement à ce courant fixe et marcherait de l'est à l'ouest dans sa partie inférieure. Son plan se trouverait ainsi perpendiculaire à la direction de l'aiguille aimantée. La Terre, au point de vue qui nous occupe, se comporte donc comme un courant fixe indéfini dirigé de l'est à l'ouest. Ce courant terrestre oriente les courants mobiles : il les met parallèles à sa direction et par conséquent perpendiculaires à la ligne nord-sud de l'aiguille aimantée ; enfin il les dispose de manière que, dans leur partie inférieure, ces courants circulent dans le même sens que lui, c'est-à-dire d'orient en occident. Nous verrons bientôt qu'au lieu d'un seul courant terrestre, il convient d'en supposer un nombre indéfini tous parallèles et dirigés de l'est à l'ouest.

7. **Solénoïdes.** — Dirigé par la Terre, un courant circulaire mobile se met perpendiculairement à la direction de l'aiguille aimantée et va de l'est à l'ouest dans sa partie inférieure. Si l'on associe un certain nombre de courants circulaires de même sens, les forces directrices exercées sur chacun d'eux s'ajoutent et l'ensemble s'oriente avec plus de facilité. Des divers modes d'association que l'on pourrait imaginer, le plus remarquable est celui où les courants cir-

culaires sont disposés en une série rectiligne formant un cylindre que l'on nomme *solénoïde*.

Un fil de cuivre, dont les deux bouts se terminent en pointe et reposent dans les godets d'un support galvanique, est replié, comme le montre la figure 98, de manière à former une série de cercles parallèles entre eux et communiquant l'un avec l'autre par une petite portion rectiligne du fil. Le courant, parti du godet inférieur, par exemple, parcourt d'abord le demi-axe du cylindre ou de l'ensemble des cercles dans le sens de droite à gauche; puis il revient de gauche à droite en parcourant de proche en proche les divers cercles et les portions rectilignes qui les relient; enfin, après avoir parcouru le dernier cercle de droite, il revient de droite à gauche suivant l'autre demi-axe et se rend au godet supérieur. Les flèches de la figure complètent cette exposition.

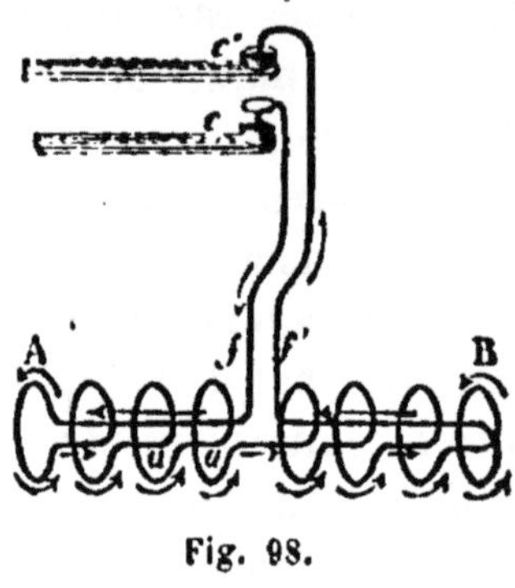

Fig. 98.

Trois choses sont à considérer dans un fil métallique ainsi disposé : 1° le courant rectiligne qui parcourt l'axe du cylindre de droite à gauche; 2° le courant rectiligne dirigé de gauche à droite et formé des portions droites du fil reliant les cercles l'un à l'autre; 3° l'ensemble des courants circulaires égaux, parallèles et de même sens. Les deux courants rectilignes sont égaux, parallèles et de sens contraire ; par conséquent, l'influence que la Terre peut exercer sur l'un est détruite par l'influence qu'elle exerce sur l'autre, et l'ensemble des deux courants n'a aucun effet sur l'orientation de l'appareil. Il n'y a donc à prendre en considération que la série des courants circulaires. Or chacun d'eux, envisagé isolément, doit, d'après ce qui précède, mettre son plan à angle droit avec la direction de l'aiguille aimantée. Donc l'axe du solénoïde, perpendiculaire lui-même aux plans des courants circulaires composants, doit prendre la direction de l'aiguille aimantée.

Mais ce n'est pas tout. Dans leur partie inférieure, les courants circulaires doivent se diriger de l'est à l'ouest. Cette condition comporte que l'une des extrémités du solénoïde se tourne vers le nord, et l'autre vers le sud, sans que les deux extrémités puissent intervertir leur direction, à moins que le courant ne change de sens par une mise en communication différente avec les pôles de la pile.

Et, en effet, l'expérience confirme admirablement ces prévisions. Quand un solénoïde est appendu au support galvanique, on le voit tourner sur ses pointes d'appui, osciller à la manière d'une aiguille aimantée dérangée de sa position d'équilibre, et s'arrêter enfin dans une invariable direction qui est la direction précise de la boussole. Une extrémité, toujours la même, se tourne vers le nord ; l'autre, toujours la même encore, se tourne vers le sud. Si la communication avec la pile n'est pas intervertie, l'extrémité nord ne peut garder la position sud où l'on viendrait à la placer, pas plus que l'extrémité sud ne peut garder la position nord. Chacune a son orientation déterminée, hors de laquelle la stabilité de l'équilibre est impossible. La cause en est dans la direction des courants circulaires. Lorsque la position d'équilibre est obtenue, on constate en effet, d'après l'enroulement du fil et l'ordre de communication avec la pile, que, dans la partie inférieure de chaque cercle, le courant marche de l'est à l'ouest, ce qui dirige vers le nord invariablement la même extrémité.

Pour plus de simplicité dans la construction, au lieu de disposer le fil métallique en une série de cercles parallèles reliés par des coudes rectilignes, on l'enroule en une spirale à tours plus ou moins serrés. Les deux bouts libres se replient suivant l'axe et se redressent au milieu du cylindre en deux tiges qui servent à la suspension (fig. 99). Il est bien entendu que les divers tours ne doivent pas être en contact, à moins d'être recouverts d'une matière isolante, qui oblige l'électricité de les parcourir

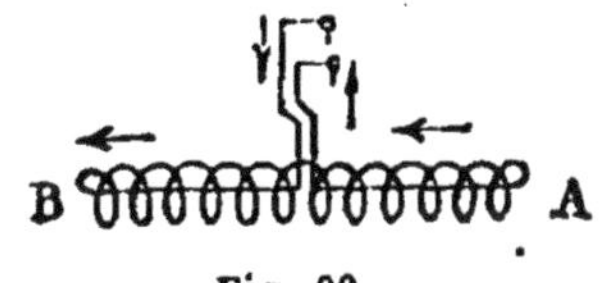

Fig. 99.

tous par ordre sans se porter de l'un à l'autre avant l'heure. Avec un fil de cuivre revêtu de soie, les divers tours du solénoïde peuvent se toucher sans inconvénient et former un cylindre continu.

Dans le cas d'un enroulement spiral continu, chaque tour de spire peut être assimilé à un cercle qui serait relié au suivant par un coude rectiligne égal au pas de la spire. Les faits sont donc les mêmes qu'en adoptant la disposition d'abord décrite, c'est-à-dire que le solénoïde prend la direction même de l'aiguille aimantée, la direction nord-sud, et que de plus les courants circulaires marchent de l'est à l'ouest dans leur partie inférieure, orientation dont l'effet est de porter toujours au nord la même extrémité, toujours au sud encore la même extrémité.

8. Action des solénoïdes entre eux. — C'est déjà un fait bien remarquable de retrouver dans un fil métallique enroulé en une série de cercles parallèles ou en tours de spire parcourus par un courant, l'une des propriétés les plus frappantes d'un aimant mobile, savoir : l'orientation qu'une aiguille aimantée, pouvant tourner autour d'un pivot vertical, prend sous l'influence de la Terre. Mais la ressemblance entre les aimants et les solénoïdes ne s'arrête pas là : elle se poursuit dans la série entière des propriétés.

Un solénoïde mobile étant dans sa position d'équilibre sous l'influence directrice de la Terre, une de ses extrémités se tourne vers le nord, l'autre vers le sud. Donnons à l'extrémité tournée vers le nord le nom de *pôle austral*, comme on le fait pour la pointe nord de l'aiguille aimantée ; et à l'autre extrémité le nom de *pôle boréal*. Un second solénoïde a pareillement son pôle austral tourné vers le nord dans la position d'équilibre stable, et son pôle boréal tourné vers le sud.

Or, si l'on présente le pôle boréal d'un solénoïde tenu à la main (fig. 100) au pôle austral d'un solénoïde mobile, il y a attraction entre les deux pôles. Il y a de même attraction entre le pôle austral du premier solénoïde et le pôle boréal du second. Mais il y a répulsion entre le pôle austral de l'un

et le pôle austral de l'autre, de même qu'entre le pôle boréal
du premier et le pôle boréal du second. En somme, les
attractions et les répulsions entre solénoïdes sont soumises
aux mêmes lois que les attractions et les répulsions entre
aimants; c'est-à-dire que *les pôles de même nom se repoussent*
et *les pôles de nom contraire s'attirent.*

Nous avons reconnu au commencement de ce chapitre
que deux courants parallèles et de sens contraire se repoussent. Il n'en faut pas davantage pour se rendre compte
des attractions et des
répulsions entre solé-
noïdes.   Supposons
deux solénoïdes mo-
biles, ayant l'un et
l'autre   l'orientation
que leur fait prendre
l'influence directrice
du globe terrestre. Ces
deux solénoïdes ont les
pôles de même nom
tournés vers le nord,
savoir le pôle austral
pour l'un comme pour

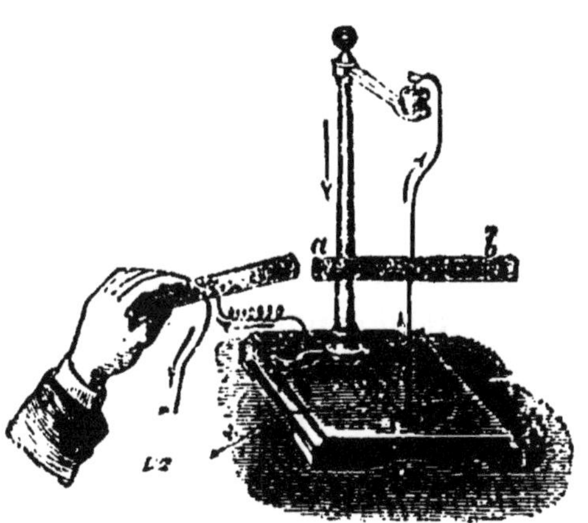

Fig. 100.

l'autre. Considérons ces deux pôles spécialement. Il est visible que les courants qui les parcourent sont dirigés de la
même manière puisqu'ils vont de part et d'autre de l'est à
l'ouest dans la partie inférieure. Or, si l'on veut présenter
au pôle austral de l'un des solénoïdes le pôle austral de
l'autre, il faudra nécessairement renverser bout à bout ce
dernier solénoïde, dont les courants se porteront alors de
l'ouest à l'est dans la partie inférieure. On aura ainsi, en
face les uns des autres, des courants circulaires parallèles
mais de sens contraire. De là résulte une répulsion entre les
deux pôles de même nom.

Par la pensée, rétablissons maintenant les deux solénoïdes
dans leur orientation commune nord-sud. Si nous voulons
présenter au pôle austral de l'un le pôle boréal de l'autre

tenu à la main, il suffira de transporter ce dernier parallèlement à lui-même, sans dérangement aucun dans son orientation, et de mettre son pôle boréal ou son extrémité sud à la suite du pôle austral ou extrémité nord du solénoïde mobile. Dans ce cas, aucun renversement n'a lieu ; les courants circulaires mis en face les uns des autres marchent dans le même sens, de part et d'autre de l'est à l'ouest, et par conséquent il y a attraction entre les pôles de nom contraire.

En résumé, pour mettre en face l'un de l'autre deux pôles du même nom, l'un des solénoïdes doit être renversé bout à bout, ce qui met en présence des courants parallèles de sens contraire et par suite amène une répulsion; mais, pour mettre en face deux pôles de nom contraire, il suffit de porter un solénoïde au bout de l'autre sans renversement. Les courants circulent alors dans un même sens et produisent l'attraction entre les pôles de nom contraire.

9. Action des solénoïdes sur les aimants et des aimants sur les solénoïdes. — Un solénoïde fixe étant présenté à une aiguille aimantée mobile autour d'un pivot vertical, il y a pareillement attraction ou répulsion : attraction si le pôle du solénoïde et le pôle de l'aiguille mis en présence sont de nom contraire, répulsion si ces pôles sont de même nom. Réciproquement un barreau aimanté attire ou repousse un solénoïde mobile : il l'attire si les pôles mis en présence sont de nom contraire, il le repousse si ces pôles sont de même nom.

10. Les solénoïdes donnent la déclinaison et l'inclinaison. — Suspendu au support galvanique qui nous a servi jusqu'ici, un solénoïde peut tourner dans un plan horizontal à la manière d'une aiguille aimantée disposée sur un pivot vertical. Nous savons que, dans ces conditions, le solénoïde prend une direction déterminée, qui est précisément celle de l'aiguille de déclinaison. Disposons le mode de suspension de manière que le solénoïde puisse tourner dans un plan vertical autour d'un axe horizontal, et, abandonné à lui-même, le cylindre galvanique se comportera absolument comme l'aiguille d'inclinaison. Il se maintiendra vertical, son pôle austral en bas, si le plan dans lequel il peut se mouvoir est perpendiculaire au plan du méridien magnétique ; il inclinera son extrémité australe de 60 degrés au-dessous de l'horizon de Paris, si le plan dans lequel il peut se mouvoir se confond avec celui du méridien. Suivant son mode de suspension, un solénoïde est donc assimilable soit à l'aiguille de déclinaison, soit à l'aiguille d'inclinaison.

11. Théorie des aimants. — Dans toute circonstance, un aimant se comporte comme un solénoïde et un solénoïde se comporte comme un aimant. Il est dès lors extrêmement probable que la même cause est en jeu dans l'un et dans l'autre, et qu'un aimant ne diffère pas d'un solénoïde. Cette manière de voir, hardie conception d'Ampère qui débarrasse la physique des fluides magnétiques et leur substitue l'électricité, a jusqu'ici merveilleusement interprété tous les faits connus ; elle a même permis d'en prévoir et d'en réaliser une foule d'autres, qui sont venus enrichir la science de la manière la plus inattendue, et chaque jour reçoivent de nouvelles applications. D'après Ampère, un aimant n'est autre qu'un solénoïde où circulent des courants d'une perpétuelle activité. Avant l'aimantation du fer ou de l'acier, ces courants préexistent ; chaque molécule matérielle a le sien que l'on peut concevoir comme circulaire. Mais comme ils sont confusément dirigés, qui dans un sens qui dans l'autre, ils paralysent mutuellement leurs effets. Si l'on parvient à leur donner une direction concordante, leurs forces élémentaires s'ajoutent en une énergie commune et le barreau est aimanté. La friction d'un barreau d'acier avec le pôle d'un aimant n'amène rien de nouveau dans le barreau ; elle ne fait qu'orienter les courants moléculaires tous dans un même sens. Si cette orientation commune persiste, l'aimantation persiste aussi. C'est le cas de l'acier, qui une fois frictionné avec un aimant, reste lui-même aimanté. Si cette orientation commune n'est que temporaire, si elle disparaît et fait place à la confusion primitive quand cesse l'action coordinatrice de l'aimant, l'aimantation disparaît aussi. C'est le cas du fer doux, aimanté tant qu'il est en rapport avec un aimant, et non aimanté dès qu'il n'est plus sous son influence. Ce qu'on nomme *force coercitive* de l'acier, c'est-à-dire la propriété de conserver l'aimantation qu'on lui a communiquée d'une manière ou de l'autre, ne serait donc qu'une sorte de rigidité qui maintiendrait les courants moléculaires dans l'orientation concordante qu'on leur a une fois imprimée.

Dans un barreau aimanté, les courants moléculaires circulent tous dans un même sens. Or chaque file de molécules, allant en ligne droite d'un bout à l'autre du barreau, forme un solénoïde de la longueur du barreau et infiniment délié. Ces solénoïdes élémentaires ou les diverses files de molécules dont le barreau est composé, ajoutent leurs actions, car ils sont tous parcourus dans le même sens. Le barreau lui-même peut donc être considéré comme un solénoïde équivalant à la somme des solénoïdes élémentaires entrant dans sa constitution. C'est ainsi que désormais sera considéré tout barreau aimanté. Soit AB ce barreau (fig. 101). Il faut le concevoir comme parcouru transversalement à sa longueur par des courants infiniment rapprochés, infiniment nombreux et tous de même sens, comme l'indiquent les flèches tracées sur les faces du barreau. Pour déterminer la direction de ces courants, il faut supposer le barreau suspendu et dans sa position d'équilibre nord-sud. Les courants se dirigent alors comme dans un solénoïde, c'est-à-dire de l'est à l'ouest dans la partie inférieure.

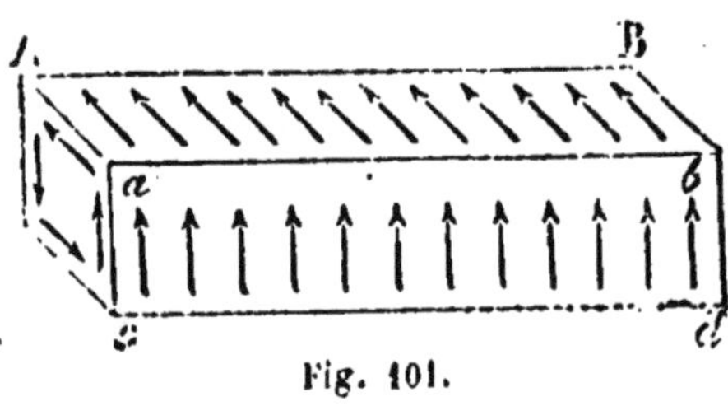

Fig. 101.

Ce que nous venons de dire d'un aimant s'applique aussi au globe terrestre au point de vue de magnétisme. La Terre, qui se comporte comme un aimant, est assimilable à un solénoïde dont les courants marchent de l'orient à l'occident et dont les pôles se trouvent aux deux points que l'aiguille d'inclinaison nous a fait reconnaître comme les pôles magnétiques du Globe. Le solénoïde terrestre dirige les solénoïdes ordinaires et l'aiguille aimantée, de manière que les courants voisins soient parallèles et de même sens. Tel est le motif qui fait marcher de l'est à l'ouest les courants de nos barreaux aimantés et de nos solénoïdes orientés par l'action de la Terre.

CHAPITRE VI

AIMANTATION PAR LES COURANTS. — ÉLECTRO-AIMANTS. — PRINCIPES DE TÉLÉGRAPHIE ÉLECTRIQUE.

1. Aimantation par les courants. — Aimanter un barreau, c'est, d'après les idées d'Ampère, donner une orientation commune aux courants moléculaires qui préexistent dans le fer et dans l'acier; mais confusément dirigés dans tous les sens à la fois. L'action directrice d'un courant suffisamment multipliée autour d'un barreau doit provoquer cette orientation concordante, et déterminer l'aimantation, permanente dans l'acier, temporaire dans le fer. L'expérience est admirablement d'accord avec la théorie.

Autour d'un tube de verre, on enroule en spirale un fil de cuivre communiquant avec les pôles d'une pile, et dans le tube on introduit une aiguille *ab* de fer ou d'acier (fig. 102).

Fig. 102.

A l'instant, l'aiguille de fer est aimantée ; mais, une fois hors du tube, elle perd son aimantation : ses courants moléculaires, à direction concordante, tant qu'ils sont sous l'influence du courant directeur qui parcourt la spire enveloppante, reprennent leur état de confusion hors de cette influence. Une aiguille d'acier est un peu plus lente à s'aimanter; mais, par contre, elle garde indéfiniment son aimantation lorsqu'elle est hors de la spire; en d'autres termes, l'orientation commune imprimée à ses courants moléculaires par le courant spiral est permanente.

Le sens des courants du barreau est le même que celui du courant du fil spiral, qui, par son attraction, les oriente. On voit dès lors par quel artifice on peut déterminer à l'avance la nature des pôles de l'aiguille soumise à l'expérimentation. On suppose dans le conducteur spiral le personnage imaginaire d'Ampère tourné vers l'aiguille, et de manière que le courant entre par les pieds et sorte par la tête. Ainsi disposé, l'observateur a le pôle austral de l'aiguille à sa gauche.

2. **Points conséquents.** — Généralement, un barreau aimanté n'a que deux pôles, situés vers ses deux extrémités. C'est là que s'attache en plus grande quantité la limaille de fer dans laquelle on roule le barreau. D'autres fois, il y en a un plus grand nombre, distribués sur la longueur du barreau et alternant de nom. Pour aimanter par la méthode de la simple touche décrite plus haut, on recommande de frictionner le barreau d'acier à diverses reprises avec l'un des pôles d'un aimant, et d'opérer la friction avec régularité, en allant toujours dans le même sens. Or, si en opérant les frictions, on laisse chaque fois stationner quelque temps le pôle de l'aimant sur le milieu du barreau, au lieu de le conduire d'une manière continue d'un bout à l'autre, en ce point milieu il se développe un pôle. Les deux extrémités ont en outre chacun le leur. Si le barreau est roulé dans de la limaille de fer, celle-ci s'attache en trois points : au milieu et aux deux extrémités. La station prolongée du pôle frictionnant peut se faire au premier tiers de la longueur du barreau, puis au second tiers. Le barreau possède alors quatre pôles. Ainsi de suite. On nomme *points conséquents*, les pôles autres que ceux des extrémités. Il y a alternance de noms

dans la série entière des pôles. Si, par exemple, on fric-
tionne avec le pôle boréal d'un aimant, la dernière extrémité
frottée du barreau sera un pôle de nom contraire ou un pôle
austral ; et s'il s'est développé deux points conséquents, la
série des pôles, en commençant par la dernière extrémité
frottée, sera formée d'un pôle austral, d'un pôle boréal, d'un
pôle austral et enfin d'un pôle boréal. Avec un seul point
conséquent au milieu, la série serait : un pôle austral, un
pôle boréal, et enfin un pôle austral. Dans ce cas, les deux
extrémités du barreau seraient de même nom.

L'aimantation par les courants reproduit ces particularités. A cet effet, le fil spiral (fig. 103) s'enroule d'abord dans

Fig. 103.

un sens ; puis change brusquement de direction et s'enroule
dans l'autre. Cette inversion de l'enroulement peut se répéter plusieurs fois. Or, en chaque point où l'enroulement du
fil change de sens, il naît un pôle dans le barreau, outre les
pôles des deux extrémités. Il y a, d'ailleurs, alternance de
noms dans la série entière.

3. **Électro-aimants.** — Sous l'influence d'un courant enroulé autour de lui, le fer acquiert instantanément les propriétés magnétiques ; il les perd instantanément aussi dès
que le courant cesse de circuler. Toutefois, pour que la disparition du magnétisme soit complète quand le courant ne
passe plus, il faut que le fer soit d'une grande pureté et recuit
à diverses reprises. Pour peu qu'il soit aciéré par la présence
de faibles traces de carbone, pour peu qu'il soit écroui, il
conserve en partie l'aimantation que le courant lui a communiquée. Pur et bien recuit, le fer prend le nom de fer
doux. Alors il s'aimante et se désaimante avec une extrême
facilité, suivant que le courant agit sur lui ou n'agit plus.
Cette propriété est celle dont on fait le plus fréquemment
usage dans les belles applications que les courants ont reçues.

Sur une bobine de bois s'enroule à tours pressés un fil de cuivre *ab*, revêtu de soie (fig. 104). Dans la bobine est placé un cylindre de fer doux *c*. Enfin le fil est mis en rapport avec les deux pôles d'une pile. Dès que le circuit est établi, les pro-

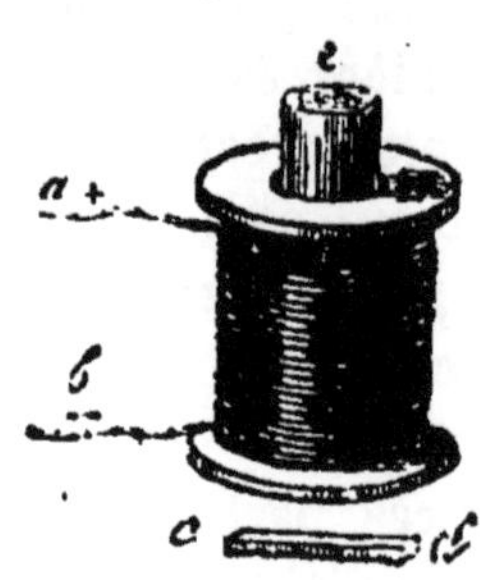

Fig. 104.

priétés magnétiques apparaissent dans le cylindre de fer, comme on le constate en approchant de l'un ou l'autre pôle une armature en fer doux *cd*. Cette armature est attirée et fortement retenue par le pôle du cylindre. Mais si l'on interrompt la communication, le barreau de fer redevient inactif à l'instant et l'armature se détache. Le rétablissement du circuit réveille de nouveau les propriétés magnétiques dans le fer, son interruption les fait encore disparaître. Le barreau de fer est un puissant aimant dès que le courant circule autour de lui ; il cesse de l'être dès que le courant ne circule plus. Pour rappeler l'aimant en lequel le fer doux se transforme à la condition d'être sous l'influence de courants électriques, on a donné à l'appareil que nous venons de décrire le nom d'*électro-aimant*.

Fig. 105.

On donne fréquemment à l'électro-aimant la forme que représente la figure 105. Le cylindre de fer doux est courbé en fer à cheval. Sur une des branches on enroule à tours pressés, en commençant par l'extrémité, un fil de cuivre revêtu de soie. Quand cette branche est couverte dans une portion plus ou moins grande de sa longueur, on fait franchir au fil l'intervalle séparant les deux branches, et l'on passe à la seconde, sur laquelle on continue à enrouler le fil en finissant par l'extrémité. Une armature en fer doux, à laquelle on suspend un poids, sert à apprécier l'énergie d'attraction de l'électro-aimant lorsque le courant parcourt le fil dont il est enveloppé. Enfin, l'appareil est maintenu par un support en bois (fig. 106).

Fig. 106.

D'autres fois, l'électro-aimant se compose de deux bobines pareilles à celle de la figure 104. Dans ce cas, les deux cylindres de fer plongeant dans les bobines sont reliés à leurs extrémités supérieures par une pièce de fer transversale.

La puissance d'un électro-aimant augmente avec l'intensité du courant, la longueur du fil enroulé et la grosseur du barreau de fer doux. On a construit des électro-aimants qui supportaient un millier de kilogrammes et plus.

4. Magnétisme et diamagnétisme. — On connaît depuis longtemps un petit nombre de substances, le fer, le

nickel, le cobalt, le manganèse, le fer surtout, qui sont atti-
rables à l'aimant, et pour ce motif portent le nom de substances magnétiques. Approché du pôle d'un aimant, le fer
est attiré parce qu'il s'aimante lui-même sous l'influence de
ce pôle; quand cette influence cesse, il revient à son état
habituel et ne présente plus de signes de magnétisme.

Ces quelques métaux sont-ils les seules substances qu'un
aimant puisse influencer? Pour quels motifs le fer et ses con-
génères magnétiques, nickel, cobalt, etc., obéiraient-ils à
l'aimant, tandis que l'immense majorité des corps serait in-
différente à son action? Il y avait là, pour le moins, une
exception bien singulière. Les forces naturelles n'ont pas de
ces préférences exclusives; elles n'agissent pas sur un corps
pour cesser brusquement d'agir sur un autre. Leur action
est générale, mais variable en intensité d'une substance à
l'autre. La pesanteur étend ses lois sur toute matière; la
chaleur échauffe, dilate tous les corps; la lumière les illu-
mine tous, l'électricité les électrise tous. Pour un esprit ré-
fléchi, il devenait donc très probable que le magnétisme
exerce son action bien au delà des limites anciennement
connues. L'énorme puissance des électro-aimants a permis
de vérifier ce logique soupçon.

Tous les corps obéissent au magnétisme, comme ils obéissent tous à la pesanteur. Mais ici deux résultats inverses se
présentent, de même que dans une aiguille aimantée se
trouvent deux pôles inverses, l'un attirant, l'autre repoussant
le même pôle d'une seconde aiguille. Certains corps sont attirés par l'aimant. On les nomme corps *magnétiques*. Tels sont
le fer, le cobalt, le nickel, le manganèse, le platine, etc.
D'autres, en bien plus grand nombre, sont repoussés. On les
nomme corps *diamagnétiques*. Ce sont le bismuth, le plomb,
le zinc, le cuivre, le verre, le charbon, le soufre, la plupart
des matières organiques, etc. Si de l'un des pôles d'un électro-aimant à branches verticales, on approche une bille de
fer suspendue à un fil de cocon, le fer est attiré; avec une
bille de bismuth, le résultat est inverse, le bismuth est repoussé. Le fer est magnétique, le bismuth est diamagnétique.

Ces deux métaux sont, du reste, en tête des deux séries inverses : l'une attirée, l'autre repoussée.

Pour donner à l'expérience plus de sensibilité et constater des attractions ou des répulsions qui passeraient inaperçues à cause de leur faiblesse sans des précautions spéciales, on réduit le corps à expérimenter en une mince aiguille que l'on suspend avec un fil de cocon entre les pôles d'un fort électro-aimant à branches verticales. Si le corps est attiré, il s'oriente dans la direction des deux pôles qui l'attirent. C'est ainsi que se comportent le platine, le fer, etc. S'il est repoussé, il se met à angle droit avec la ligne des pôles. C'est ce que l'on observe avec le cuivre, le plomb, le charbon, etc.

Les liquides eux-mêmes sont attirés ou repoussés, magnétiques ou diamagnétiques. Le liquide à essayer est mis dans un verre de montre que l'on place entre les deux pôles d'un fort électro-aimant. S'il est attiré, le liquide reflue vers les pôles et s'amasse vers les bords du verre de montre, en laissant au milieu une cavité ; s'il est repoussé, il gagne la partie centrale du verre, où il forme une colline transversale. Les principaux liquides magnétiques sont les dissolutions des sels où entre un métal magnétique, fer, cobalt, nickel, etc. L'eau, le mercure, l'alcool, le sang, etc., sont diamagnétiques.

Pour expérimenter les gaz, on les renferme dans un tube en verre très mince, ou bien on les fait absorber par une baguette de charbon ; et l'on suspend le tube ou la baguette entre les pôles de l'électro-aimant. Seul, l'oxygène est magnétique : il s'oriente suivant la direction des pôles, bien que le verre ou le charbon qui le contiennent soient repoussés et tendent par eux-mêmes à prendre la direction perpendiculaire. Tous les autres gaz, l'hydrogène et le gaz de l'éclairage surtout, sont repoussés ou diamagnétiques. Les flammes, spécialement celles qui renferment en suspension beaucoup de particules charbonneuses, sont diamagnétiques. Placées entre les pôles d'un électro-aimant, elles sont repoussées et prennent des formes très curieuses qui dépendent de leur distance aux pôles.

La théorie d'Ampère rend compte, avec la même facilité, du magnétisme et du diamagnétisme. Sous l'influence des courants d'un aimant, les courants moléculaires se coordonnent dans le corps approché et prennent une direction commune. Si l'orientation est de même sens que dans le pôle de l'aimant, il y a attraction ; si elle est de sens contraire, il y a répulsion. Il resterait à savoir pour quels motifs l'orientation se fait tantôt dans un sens et tantôt dans le sens opposé. Ici sans doute intervient la structure moléculaire, qui nous garde encore tant de secrets et devant laquelle il convient d'être d'une extrême réserve.

5. Télégraphie électrique. — La plus belle application que les électro-aimants aient encore reçue est celle de la télégraphie électrique, qui, en quelque sorte, supprime la distance pour la transmission de la pensée. Déjà, en 1820, Ampère, jetant dans l'avenir son regard scrutateur, voyait dans l'électricité le serviteur le plus docile et le plus prompt de l'intelligence humaine ; il proposait même un appareil de signaux télégraphiques par les courants. Des fils conducteurs en même nombre que les lettres de l'alphabet partaient d'une station et se rendaient dans une autre où, par leur influence, quand le courant passait, ils mettaient en mouvement chacun une aiguille aimantée, comme cela se fait dans un galvanomètre. Des mouvements respectifs de ces diverses aiguilles, correspondant chacune à une lettre différente, résultait une série de signaux apte, comme l'écriture, à traduire la pensée.

Trop compliqué, à cause de la multiplicité de ses fils, l'appareil imaginé par Ampère ne reçut jamais d'application. D'ailleurs, la pile, telle qu'on la connaissait alors, était insuffisante : très variable d'intensité, elle ne pouvait être employée à un travail permanent, régulier. Depuis Ampère, les piles à courant constant ont comblé cette lacune ; en outre, des appareils bien plus simples ont été imaginés, et la télégraphie électrique est arrivée au point de perfection où elle est aujourd'hui par le concours des Wheastone, des Morse, des Masson, des Bréguet, et de bien d'autres encore.

Exposons d'abord le principe de la télégraphie électrique
dans ce qu'il a d'essentiel et de plus simple. — Un électro-
aimant à branches verticales E (fig. 107) est en rapport avec
une pile, que nous supposerons, pour plus de simplicité, réduite à un élément formé d'une lame de zinc Z et d'une lame
de cuivre C, plongeant dans un bocal plein d'eau acidulée.
Au-dessus de l'électro-aimant, est suspendue, au moyen d'un

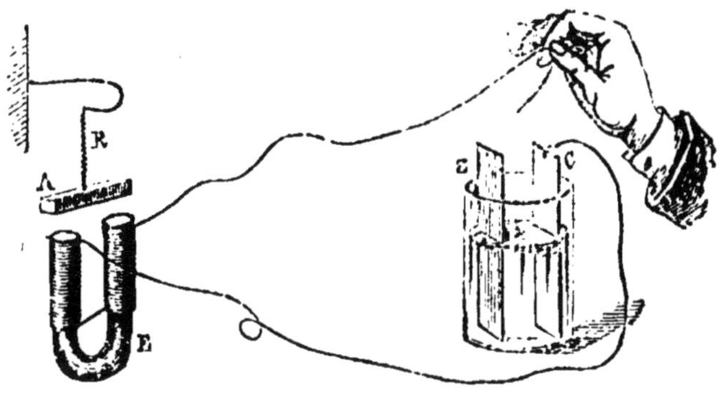

Fig. 107.

faible ressort R, une armature en fer doux A. La longueur
des deux bouts de fil métallique, qui se rendent de l'électro-
aimant à la pile, est d'une longueur arbitraire ; elle comprend 10, 20, 30 mètres ou davantage, n'importe. De la sorte,
l'électro-aimant peut se trouver, par exemple, à l'extrémité
d'un appartement ou d'une longue table, et la pile à l'autre
extrémité. Cette distance représentera pour le moment l'é-
norme trajet que le courant franchit quand, d'une ville à
l'autre, d'une extrémité de la France à l'autre, il transmet les
dépêches.

D'une main nous saisissons l'un des bouts du fil, l'autre
bout restant en rapport avec la pile. Le bout libre étant soulevé, le courant ne passe pas ; l'électro-aimant est donc inactif et l'armature A est tenue à distance par le ressort R. A
l'instant où le bout libre du fil est appliqué sur Z, le courant
passe, le fer E s'aimante, et l'armature attirée vient s'appliquer sur les deux pôles. On retire encore le fil, le courant ne

passe plus, le fer E se désaimante et le ressort soulève l'armature. Si, par deux, trois, quatre fois, on établit et on interrompt rapidement le courant, l'armature est attirée ce même nombre de fois, et vient à deux, à trois, à quatre reprises choquer avec rapidité les pôles de l'électro-aimant. Si long que soit le fil reliant l'électro-aimant à la pile, il est impossible de saisir un intervalle entre l'instant où le circuit est établi ou interrompu et celui où l'armature vient choquer les pôles ou les abandonne soulevée par le ressort. Le mouvement rythmique, cadencé, du bout libre du fil sur la plaque Z, est reproduit avec une parfaite précision par l'armature choquant les pôles. A l'instant précis où le fil touche la pile, l'armature s'applique sur l'électro-aimant ; à l'instant précis où le fil est soulevé, l'armature est aussi soulevée.

Cette aimantation et cette désaimantation instantanées de l'électro-aimant, séparé de la pile par un fil conducteur plus ou moins long, sont la conséquence de la rapidité extrême avec laquelle un courant se propage dans un fil métallique. Pour parcourir un fil de cuivre enroulé par onze ou douze fois autour de la Terre, il faut une seconde à l'électricité. Les allées et les venues de l'armature, reproduisant instantanément et avec une merveilleuse fidélité les allées et les venues du bout libre du fil qui établit le circuit en s'appliquant sur Z, et l'interrompt quand il est soulevé, peuvent déjà constituer des signaux télégraphiques.

Donnons à un choc de l'armature contre l'électro-aimant la valeur de la lettre A, à deux celle de B, à trois celle de C, et ainsi de suite ; n'aurons-nous pas là un alphabet de convention, propre à transmettre le discours le plus complexe à n'importe quelle distance? Un pareil alphabet télégraphique serait trop lent à cause de la multiplicité des chocs nécessaires pour représenter telle ou telle autre lettre; aussi a-t-on recours à d'autres moyens plus expéditifs, dont nous allons nous occuper. Mais, d'abord, précisons bien ce que vientde nous apprendre l'appareil rudimentaire qui précède, car, sous une forme ou sous l'autre, son jeu se retrouvera partout.

Deux stations sont à distinguer : celle qui envoie la dépêche, celle qui la reçoit. Dans la première, se trouve la pile
qui lance le courant dans le fil conducteur. La manipulation
par laquelle la dépêche est transmise consiste à interrompre
et rétablir tour à tour le circuit, suivant certaines lois conven-
tionnelles. C'est ce que l'on fait au moyen d'un appareil appelé *manipulateur*. Dans la seconde station se trouvent un
électro-aimant et une armature qui, par ses allées et venues,
traduit en signes conventionnels la dépêche issue de la première station. Cet électro-aimant et son armature, sous quelque forme que soit utilisé le mouvement de va-et-vient, forment le *récepteur*, c'est-à-dire l'appareil qui reçoit la dépêche.
Enfin, un fil conducteur relie les deux stations.

6. **Fils conducteurs et poteaux.** — Quelles qu'en soient
les dispositions de détail, tout télégraphe électrique se compose nécessairement, à une extrémité, d'une pile, ordinaire-

Fig. 108.

ment celle de Daniell, et d'un manipulateur ou appareil pour
établir ou interrompre le circuit ; à l'autre extrémité, d'un
récepteur, consistant en un électro-aimant et un contact ou
armature. Enfin, un fil conducteur relie la pile à l'électro-
aimant. Dans l'exposé qui précède, le fil conducteur fait par
deux fois le trajet ; il va de la pile à l'électro-aimant et revient
de celui-ci à la pile. De ces deux branches du fil, une seule
est indispensable ; l'autre est supprimée. On n'en laisse qu'un
bout, plus ou moins long, rattaché à la pile, et un autre bout
pareil du côté de l'électro-aimant. Ces deux tronçons du fil

retranché plongent profondément dans le sol humide, comme
le montre la figure 108. Dans ces conditions, le courant s'é-
tablit d'un côté par le fil restant, et de l'autre par les deux
tronçons du fil supprimé et le sol, qui est un excellent conducteur de l'électricité. A l'avantage de l'économie de la moitié du fil, cette disposition en réunit un autre : le sol offre
moins de résistance au passage du courant, et l'on n'a pas
besoin de piles aussi énergiques.

Les fils télégraphiques sont en fer et recouverts d'une
mince couche de zinc qui les préserve de l'oxydation. Comme
les poteaux qui les supportent peuvent conduire l'électricité,

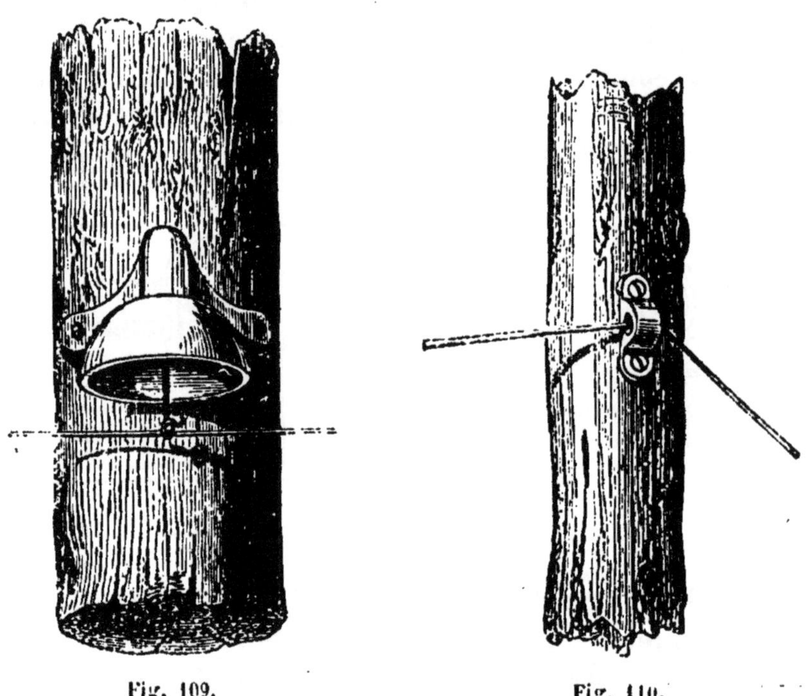

Fig. 109.   Fig. 110.

surtout lorsqu'ils sont mouillés par la pluie, il faut que les
fils ne les touchent pas, sinon le courant qui les parcourt
serait dévié en route. A cet effet, chacun d'eux est supporté
par un crochet implanté au fond d'une petite cloche en porcelaine renversée et clouée au poteau (fig. 109). La porce-

laine, conduisant mal l'électricité, empêche toute communication électrique entre le fil et le poteau. Si le fil doit brusquement changer de direction, on emploie le support de la figure 110. Enfin, pour tendre les fils, un poteau spécial, placé de kilomètre en kilomètre, porte un *tendeur*, c'est-à-dire l'appareil que représente la figure 111.

7. **Télégraphe de Morse. Manipulateur.** — L'appareil télégraphique de l'américain Morse est celui dont l'usage a jusqu'ici généralement prévalu. Le manipulateur (fig. 112) est formé d'un socle en bois qui porte un levier métallique K, pouvant tourner autour d'un axe sur un support en cuivre S. Le levier est armé d'une poignée en bois P, sur laquelle presse, comme nous allons

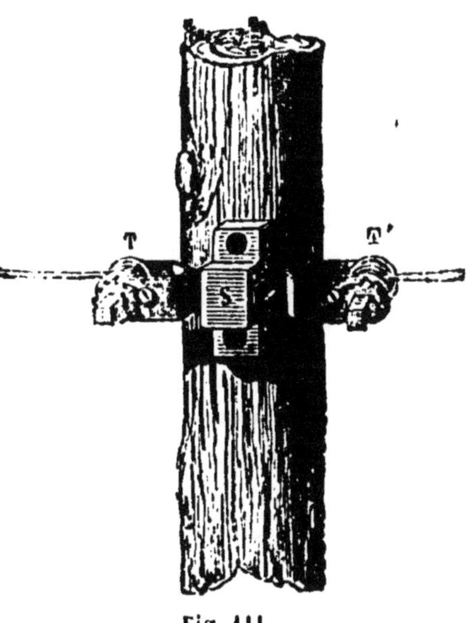

Fig. 111.

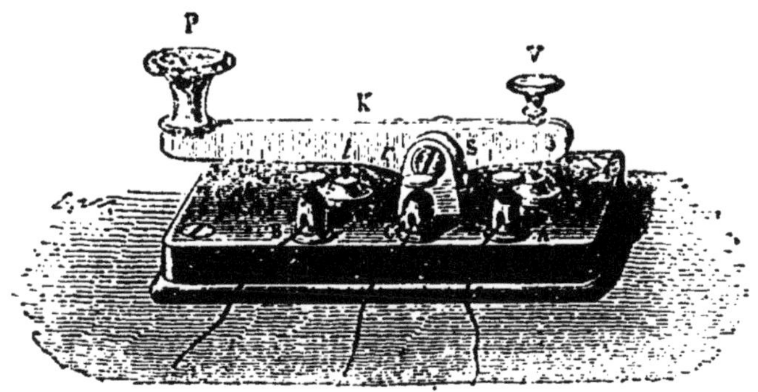

Fig. 112.

le voir, la main de la personne qui transmet la dépêche. A l'autre extrémité du levier est une vis V, dont la pointe repose

14.

sur un contact en cuivre *a*, communiquant avec la borne métallique A. Négligeons pour le moment cette borne, le contact *a* et la vis V, pour nous occuper exclusivement du reste du manipulateur. Une borne C reçoit le fil de la ligne télégraphique et le met en communication avec l'appui S, et, par suite, avec le levier K. Une autre borne métallique B est en rapport au moyen d'un fil métallique, d'une part avec le contact en cuivre *b* fixé sur le socle; d'autre part avec le pôle positif de la pile accompagnant le manipulateur. Quant au pôle négatif, il est en communication avec le sol, ainsi que nous venons de le voir. Le levier K porte une pointe métallique *t*, tenue à distance du contact *b* par un ressort *r*, qui maintient la branche SP du levier soulevée.

Si l'on presse avec la main sur la poignée P, la pointe *t* s'abaisse sur le contact *b* ; et le courant, venu de la pile, arrive par le fil B, traverse la borne métallique, se propage par le contact *b*, la pointe *t*, le levier K, le support S, la borne C et s'élance dans le fil de ligne en rapport avec cette borne. En ce moment, le circuit est établi, le courant passe, et, au poste de réception, l'armature de l'électro-aimant vient s'appliquer sur ce dernier. Le contact entre l'électro-aimant et son armature se continue tant que le courant passe; enfin, tant que la main de celui qui envoie la dépêche presse sur la poignée du manipulateur. On cesse la pression, le ressort *r* soulève le levier, la pointe *t* n'appuie plus sur le contact *b* et le circuit se trouve interrompu. A cet instant, au poste de réception, l'armature quitte l'électro-aimant par le jeu d'un ressort qui l'entraîne. L'employé qui manœuvre le manipulateur peut à volonté, on le voit, lancer le courant dans le fil de ligne ou le suspendre; il peut encore, en appuyant plus ou moins longtemps sur la poignée P, prolonger ou raccourcir le passage du courant et donner à l'alternative de communication et d'interruption tel rythme qu'il voudra.

Examinons maintenant le rôle de la vis V, de la borne A et de son fil. Tout poste télégraphique doit pouvoir tour à tour envoyer des dépêches ou en recevoir; il doit être muni d'un manipulateur pour les envoyer, d'un récepteur pour les recevoir. Le même fil de ligne sert aux deux opérations. Le fil C est en rapport permanent avec le levier K du manipulateur. Lorsque l'employé a fini d'envoyer sa dépêche et qu'il attend la réponse, il abandonne la poignée P. Le levier, poussé par le ressort, appuie la pointe de la vis V sur le contact *a*. Un fil métallique, maintenu par la borne A, est en communication, d'une part, avec ce contact *a*, et d'autre part avec l'électro-aimant du récepteur de la même station. C'est ce fil qui va s'enrouler sur l'électro-aimant, et puis s'enfonce dans le sol. Le courant venu de la station éloignée s'établit donc par le fil de ligne aboutissant à la borne C, par l'appui S, par la courte branche du levier, la pointe de la vis, le contact *a*, la borne et le fil A, le récepteur de la station où nous sommes et finalement le sol. Dans ces conditions, la borne A et la vis V du manipulateur servent à mettre en communication permanente le fil de ligne avec le récepteur de la même station ; mais c'est le manipulateur de la station éloignée qui ouvre ou ferme le circuit.

8. **Télégraphe de Morse. Récepteur.** — L'électro-aimant du récepteur de Morse a ses branches verticales E (fig. 113). L'armature en fer doux est un levier DOA, pouvant

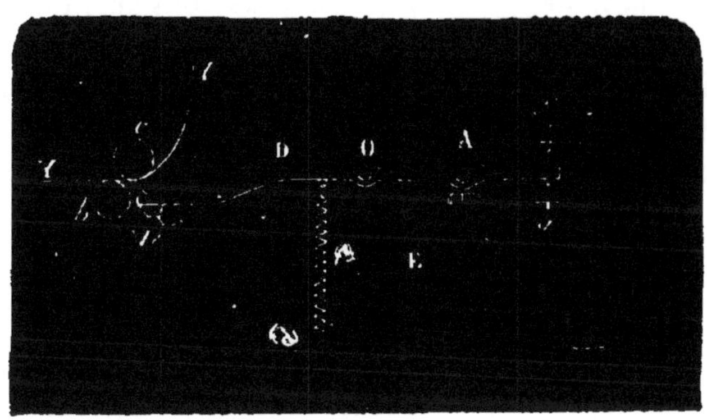

Fig. 113.

tourner autour d'un axe O. Une de ses extrémités porte une pointe oblique V, pouvant appuyer sur une bandelette de papier YY, qui se déroule avec une vitesse uniforme au moyen d'un mouvement spécial d'horlogerie non représenté dans la figure, et qui glisse entre deux cylindres conducteurs a et b. L'autre extrémité du levier est bornée dans son excursion oscillatoire par deux vis g et f, sur lesquelles elle vient tour à tour butter. Enfin, un ressort r agit sur la longue branche de l'armature.

Lorsque le courant ne passe pas dans l'électro-aimant par suite de l'interruption du circuit que le manipulateur du poste d'envoi vient d'opérer, le ressort r fait abaisser la branche D, élever la branche A, qui vient butter contre f, et la pointe V n'est plus en contact avec la bandelette de papier, dont le déroulement se continue toujours par le mécanisme d'horlogerie. Lorsque le courant passe, A, malgré l'antagonisme du ressort r, vient se mettre en contact avec les pôles de l'électro-aimant qui l'attire ; la pointe V est soulevée et appuie sur la bandelette de papier, où elle trace un gaufrage, un sillon, plus long, plus court, suivant la durée du passage du courant, durée que règle le manipulateur de la station d'envoi d'après le temps que l'expéditeur appuie sur sa poignée. Si le courant est à plusieurs reprises établi ou supprimé par le jeu du manipulateur de la station d'envoi, et pendant des durées tantôt plus longues, tantôt plus courtes, la pointe du récepteur trace sur le papier mobile une série de traits, longs ou courts, correspondant au passage du courant, et laisse entre ces traits des intervalles correspondant au non-passage du courant. De la combinaison de ces traits, on peut aisément former un alphabet de convention.

De simples sillons gravés sur le papier par une pointe sèche sont de lecture pénible ; on les remplace avec avantage par des traits laissés par une molette imprégnée d'encre d'imprimerie. Cette molette se voit en n (fig. 114). Elle est en contact continu avec un tampon t, d'une grande mobilité sur son axe, et imprégné d'encre d'imprimerie à la manière des rouleaux des imprimeurs. Ce tampon est le réservoir à encre ; la molette s'en charge en frottant contre lui. La bandelette de papier YY, qu'un mécanisme d'horlogerie déroule

d'un mouvement uniforme, ne touche pas la molette lorsque
le courant ne passe pas. Mais quand le courant passe, l'attraction de l'électro-aimant sur la branche de l'armature à
droite de la figure fait soulever la branche à gauche, et le

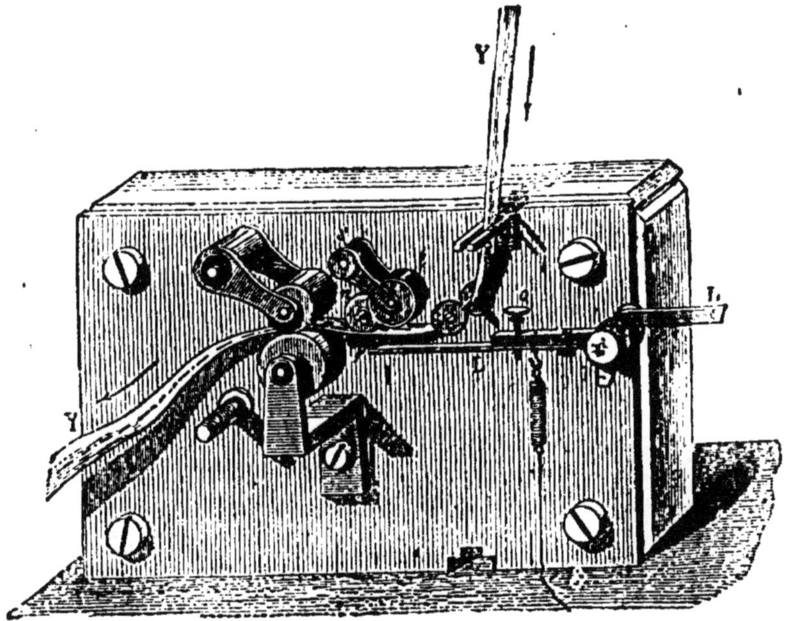

Fig. 111.

talon *p* pousse la bande de papier et la met en contact avec
la molette. Un trait à l'encre, long ou court, suivant la durée
du passage du courant, résulte de ce contact.

9. **Signes télégraphiques de l'appareil Morse.** — Deux
genres de traits, un long et un court, suffisent, par la variété
des combinaisons, à représenter les diverses lettres de l'alphabet. Comme exemple, nous nous bornerons à reproduire
les cinq voyelles dans le système de signaux Morse.

Lettres.		Signes.
A	....	■ ▬
E	....	■
I	....	■ ■
O	....	■ ■ ■
U	....	■ ■ ■

Plusieurs traits, courts ou longs, entrent le plus souvent dans le signe d'une lettre. Ces traits sont régulièrement espacés entre eux. Pour distinguer les diverses lettres consécutives d'un même mot, on distance davantage leurs signes; enfin, on distance plus encore les mots pour éviter toute confusion. Ainsi, *un ami* s'écrit :

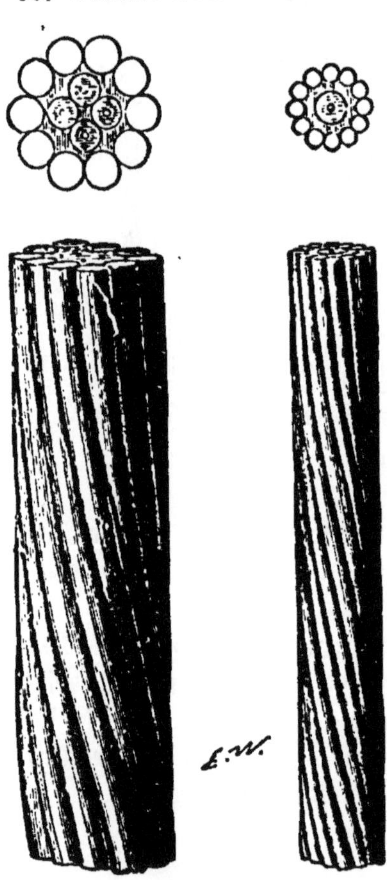

10. Câbles sous-marins. — Lorsque les deux stations à relier télégraphiquement sont séparées par un bras de mer, le fil de ligne est enveloppé d'une substance isolante, en particulier de gutta-percha, et enfin défendu par une armature en fil de fer galvanisé enroulé en hélice. Le câble, ainsi formé, peut contenir plusieurs fils conducteurs qui se suppléent mutuellement, ou n'en contenir qu'un seul, comme le montre la figure 115. Il est immergé dans la mer, sur le fond de laquelle il repose sans autres précautions, impossibles à prendre ici. Pour le rendre moins lourd, on peut ne le revêtir de son armature en fil de fer galvanisé que dans le voisinage des côtes et sur les hauts-fonds où le frottement et la rupture sont à craindre; dans le reste de son étendue,

Fig. 115.

il ne porte alors qu'une enveloppe de corde de chanvre, enroulée sur le fourreau isolant de gutta-percha. Les câbles télégraphiques sous-marins les plus importants qu'on ait encore établis sont les deux qui relient aux États-Unis, à travers l'Atlantique, d'une part la France, d'autre part l'Angleterre.

CHAPITRE VII

NOTIONS SUR L'INDUCTION ÉLECTRIQUE.

1. Ampère et Faraday. — La théorie d'Ampère, sur le magnétisme, est le point de départ d'une branche très importante de la physique due aux ingénieuses recherches du savant anglais Faraday. Puisqu'un courant électrique développe le magnétisme dans un barreau de fer, puisqu'un aimant est assimilable à un solénoïde, c'est-à-dire à un courant que nous pouvons faire naître sous l'influence d'une spire en rapport avec une pile ; réciproquement, le barreau aimanté doit développer un courant dans une spire métallique soumise simplement à son influence. L'électricité conduit au magnétisme ; par cette réciprocité que la logique conçoit entre la cause et l'effet, le magnétisme doit conduire à l'électricité. Guidé par cette idée mère, Faraday fut conduit aux expérimentations que nous allons décrire en leurs points essentiels.

2. Courants d'induction. — Sur une bobine en bois A (fig. 116) s'enroulent côte à côte deux fils de cuivre enveloppés de soie, pour qu'il n'y ait pas de communication électrique entre eux. Leur longueur est considérable, d'une centaine de mètres, par exemple, ou même davantage. L'un est, par ses deux extrémités, en communication permanente avec un galvanomètre G ; l'autre B est en rapport avec les deux pôles d'une pile non représentée dans la figure. Le courant qui le parcourt peut être établi ou interrompu au moyen du godet à mercure C. Le premier est le fil *induit*, le second est le fil *inducteur*.

L'aiguille du galvanomètre étant au repos dans la direction du méridien magnétique, on plonge l'extrémité du fil B
dans le godet à mercure. Aussitôt le courant de la pile circule dans le fil inducteur de la bobine, et, dans le même
instant, l'aiguille du galvanomètre est déviée, mais après
quelques oscillations elle revient à sa position d'équilibre.
Donc, sous l'influence du courant qui parcourt le fil induc-

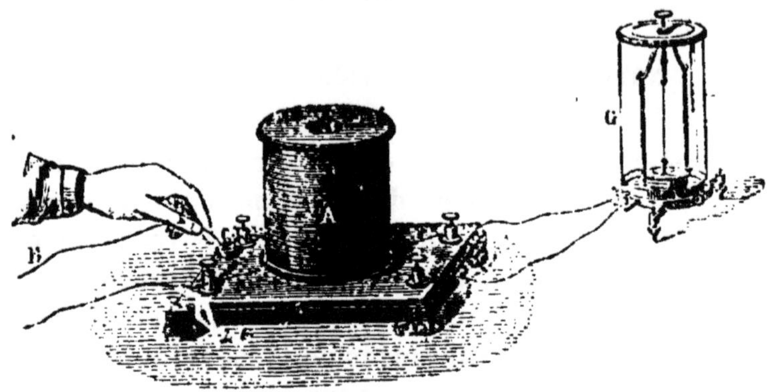

Fig. 116.

teur, il se développe instantanément un courant dans le fil
induit. En d'autres termes, par sa seule influence, sans communication électrique aucune, le *courant inducteur* fait naître
un *courant induit* dans le fil voisin. Mais ce courant induit
est de très courte durée, car l'aiguille, vivement chassée au
moment où la communication du fil inducteur avec la pile a
été établie, revient à sa position d'équilibre, et reste au repos
tant que se continue le passage du courant inducteur. En
outre, d'après le sens de la déviation de l'aiguille, on reconnaît que le courant induit circulait dans son fil suivant
une direction inverse de celle du courant inducteur.

Quand l'aiguille du galvanomètre est retombée au repos,
on interrompt la communication en C. Le courant inducteur
cesse, et, à l'instant même, l'aiguille éprouve une nouvelle
déviation inverse de la première, puis reprend sa position
d'équilibre. Voilà donc un second courant induit, de très
courte durée comme le premier, mais cette fois-ci circulant

dans le même sens que le courant inducteur, dont l'arrêt subit a provoqué son apparition.

Si la communication avec la pile est rétablie, puis supprimée, les mêmes faits se reproduisent. L'aiguille accuse un courant induit de sens inverse au moment où le courant inducteur commence, et un courant induit de même sens au moment où le courant inducteur finit. Donc : un courant qui commence développe dans un fil voisin un courant induit de très courte durée et *inverse*, c'est-à-dire d'une direction contraire à celle du courant inducteur; un courant qui finit développe dans un fil voisin un courant induit de très courte durée et *direct*, c'est-à-dire de même sens que le courant inducteur.

3. **Induction par un solénoïde.** — Au lieu d'enrouler le fil inducteur et le fil induit côte à côte sur la même bobine,

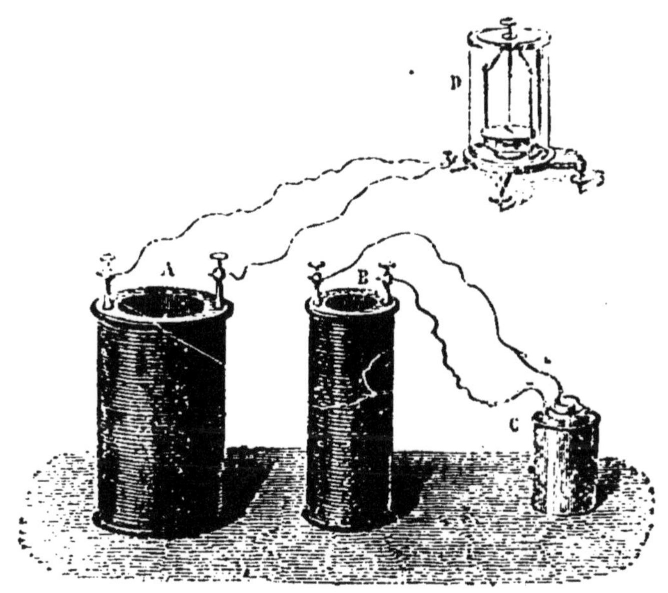

Fig. 117.

nous les enroulons à part sur des bobines distinctes, ainsi que le représente la figure 117. Le premier A est en communication permanente avec un galvanomètre, le second B est en communication permanente avec une pile. Si nous plon-

geons la bobine inductrice B dans la bobine induite A, nous
reproduirons la première expérience avec de légères modifications de détail : au lieu de l'accompagner dans un enroulement commun, le fil induit enveloppera le fil inducteur ;
mais il est aisé de prévoir que l'influence de ce dernier se
traduira par les mêmes résultats. En effet, à l'instant même
où la bobine B est plongée dans la bobine A, l'aiguille du
galvanomètre est déviée et accuse un courant induit inverse ;
puis elle revient au repos. A l'instant où la bobine inductrice
est retirée, l'aiguille est déviée une seconde fois en indiquant
un courant induit direct.

La bobine inductrice, employée dans cette expérience,
n'est autre qu'un solénoïde à tours nombreux et superposés.
Un solénoïde développe donc un courant induit inverse au
moment où son influence commence, et un courant induit
direct au moment où son influence finit.

4. **Induction par un aimant.** — La théorie d'Ampère

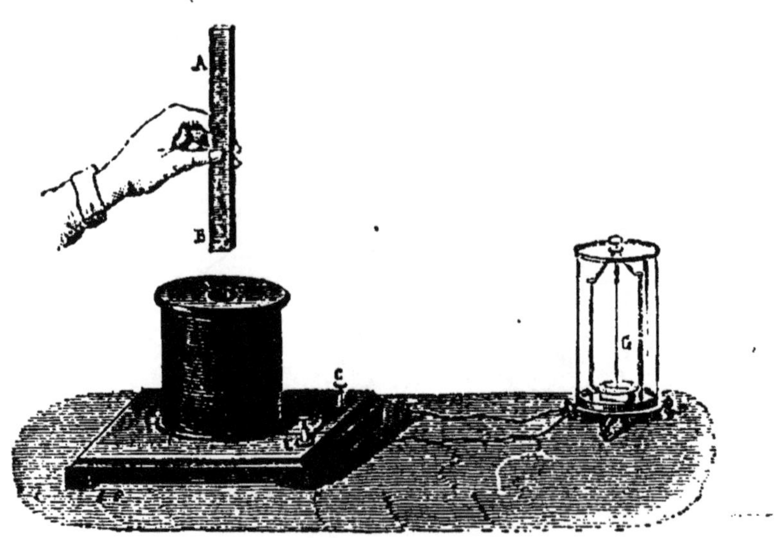

Fig. 118.

assimile un aimant à un solénoïde. Si cette théorie est fondée, un barreau aimanté doit pouvoir remplacer la bobine
inductrice ou solénoïde de la précédente expérience. Les ré-

sultats confirment admirablement la théorie. A l'instant où l'on plonge un barreau aimanté AB dans une bobine à un seul fil (fig. 118), et à l'instant où ce barreau est retiré, le galvanomètre indique un courant induit. D'ailleurs ce courant est inverse dans le premier, et direct dans le second, par rapport au courant du solénoïde théorique auquel le barreau est assimilé. De cette expérience fondamentale, il résulte que, si l'électricité est une source de magnétisme, réciproquement, le magnétisme peut devenir une source d'électricité.

5. Induction par l'aimantation et la désaimantation du fer doux. — La bobine B (fig. 119) contient un cylindre

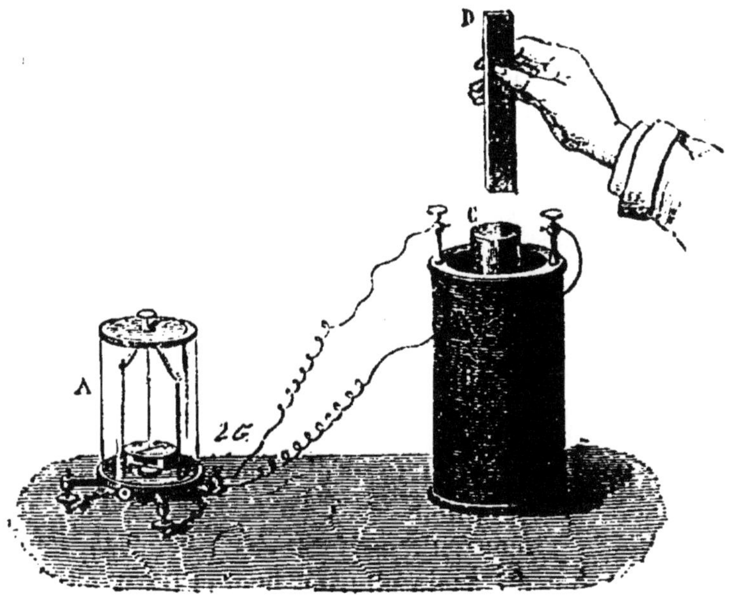

Fig. 119.

de fer doux C. On approche ou l'on éloigne de ce cylindre un barreau aimanté D. Quand le barreau se rapproche, le fer doux s'aimante et la bobine est dans le même cas que si l'on plongeait un aimant dans son intérieur. Un courant induit, inverse de celui du solénoïde théorique, dont le fer aimanté fait fonction, doit donc se développer dans le fil de la bobine. Lorsque l'aimant s'éloigne, le cylindre de fer se désaimante, et la bobine est dans le même cas que si l'on retirait un aimant de sa cavité. Un courant induit direct doit donc apparaître. L'expérience est en tout conforme à ces prévisions. Le galvanomètre accuse un courant induit inverse à l'instant où l'aimant s'approche, et un courant induit direct à l'instant où l'aimant s'éloigne.

6. **Emploi du fer doux pour augmenter l'intensité des courants induits.** — La bobine inductrice I reçoit dans sa cavité un cylindre de fer doux C (fig. 120). Lorsque le cou-

Fig. 120.

rant de la pile P passe, le fer s'aimante par l'action de la bobine inductrice à la manière d'un électro-aimant; et les courants qui le parcourent, en tant que solénoïde, sont de même sens que celui de la pile. La bobine B est ainsi soumise à une double influence dont les effets s'ajoutent : influence du courant inducteur de la bobine I, influence du barreau aimanté C. Le courant induit acquiert de la sorte une plus grande intensité. Lorsque la communication avec la pile est interrompue, la double influence se reproduit encore, car le barreau se désaimante en même temps que finit le courant inducteur.

7. **Induction par l'action de la terre.** — Suivant les

vues d'Ampère, la terre est magnétiquement assimilable à un solénoïde dirigé parallèlement à l'aiguille d'inclinaison, et dont les courants circuleraient de l'est à l'ouest. C'est sous l'influence de ce solénoïde terrestre que se dirigent et s'orientent les solénoïdes, à la manière des aimants. Il est donc tout rationnel d'admettre que, sous l'influence seule de la Terre, des courants induits peuvent apparaître dans des spirales cylindriques convenablement disposées. '

CC' (fig. 121) est une de ces spirales. Elle est en rapport avec un galvanomètre très sensible A. On l'oriente dans la

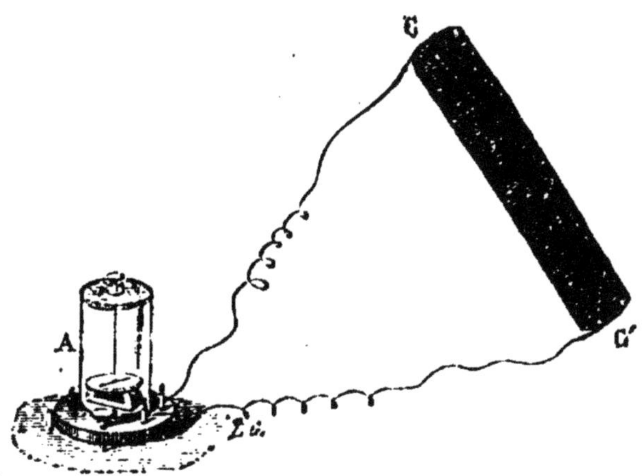

Fig. 121.

direction de l'aiguille d'inclinaison, position la plus favorable pour lui faire éprouver l'influence du solénoïde terrestre ; puis, d'un mouvement brusque, on met fin à cette influence en disposant la spirale perpendiculairement à sa première direction. Eh bien, dans le passage rapide de l'une de ces positions à l'autre, le cylindre spiral fait dévier l'aiguille du galvanomètre. Il est donc parcouru par des courants induits au moment où commence l'action de la terre et au moment où elle finit.

8. Caractères généraux des courants d'induction. — Les courants d'induction se distinguent par un double caractère de ceux que la pile provoque dans le fil interpolaire.

D'abord ils n'ont qu'une très courte durée, car l'aiguille du galvanomètre, vivement chassée à l'instant du passage du courant induit, revient au repos après quelques oscillations, et y persiste tant que se maintient le même état des choses, c'est-à-dire tant qu'un nouveau courant induit n'est pas développé par la reprise ou la cessation du courant inducteur. En second lieu, les courants d'induction sont remarquables par leur puissance physiologique, et d'une manière générale par leur aptitude à se propager dans des conducteurs résistants. Si, par exemple, les fils conducteurs de la bobine A (fig. 116), au lieu de se rendre à un galvanomètre, sont terminés par des poignées métalliques que l'on saisit avec les mains préalablement mouillées avec de l'eau acidulée, on éprouve, chaque fois que la communication avec le couple voltaïque est rétablie ou interrompue, une forte secousse, comme n'en donnerait pas une pile composée de nombreux éléments. Durée momentanée, intensité considérable, même dans des conducteurs très résistants; tels sont donc les caractères généraux des courants induits.

9. **Machine de Clarke.** — Cette machine donne naissance à des courants induits par l'alternative de l'aimantation et de la désaimantation du fer doux. Elle est basée sur les faits qui se produisent quand on emploie l'appareil de la figure 119. Seulement, dans l'appareil de Clarke, l'aimant est immobile, et c'est le barreau de fer doux, avec son enveloppe de fil de cuivre recouvert de soie, qui se déplace pour s'aimanter et se désaimanter tour à tour.

Un puissant aimant B (fig. 122) est fixé à un support en bois. Devant les pôles de cet aimant se meut, au moyen d'une roue D, armée d'une manivelle, une double bobine C dont l'axe est occupé de part et d'autre par un cylindre de fer doux. Une traverse extérieure en fer relie les deux cylindres. Lorsque les deux bobines sont placées, comme le représente la figure, en face des pôles de l'aimant, le fer doux s'aimante et le fil est parcouru par un courant induit, qui cesse à l'instant. Mais entraînées par la rotation de la roue, les bobines se mettent dans une position perpendiculaire à la première, c'est-à-dire en face de l'intervalle qui sépare les deux branches de l'aimant. Alors également éloigné des deux pôles, qui exercent sur lui des influences contraires, le fer doux se désaimante, et un nouveau courant induit se développe, de sens inverse du premier. La moitié de la révolution accomplie, la double bobine se trouve encore en face des pôles, d'où résultent l'aimantation et un courant induit ;

Fig. 122.

puis elle vient en face de l'intervalle des deux branches, ce qui amène la désaimantation et le courant induit correspondant. En somme, pour une révolution complète, par deux fois, le fer doux s'aimante quand les bobines sont en face des pôles, et par deux fois il se désaimante quand les bobines sont en face de l'intervalle des branches de l'aimant. Ces alternatives d'aimantation et de désaimantation, que l'on peut rendre aussi rapides qu'on le désire en communiquant à la roue D une vitesse convenable, produisent des courants induits dans les fils de la double bobine.

La traverse en fer reliant les deux cylindres de fer doux porte un axe métallique que recouvre une enveloppe de bois ou d'ivoire, matière isolante. Sur cette enveloppe d'ivoire sont fixées deux demi-viroles en laiton, séparées l'une de l'autre par une étroite fente longitudinale. Les fils des bobines se réunissent par un bout et viennent se mettre en rapport avec l'une des demi-viroles ; les deux autres bouts, également réunis, communiquent avec l'axe métallique, et finalement avec la deuxième demi-virole par l'intermédiaire d'une petite tige de laiton traversant l'ivoire. Les deux demi-viroles sont donc les pôles de l'appareil : à chacune d'elles se rendent les bouts homologues des deux bobines. Deux ressorts en acier x et y s'appliquant tantôt sur l'une, tantôt sur l'autre des demi-viroles, à mesure que l'axe tourne, conduisent le courant dans des bandes métalliques fixées sur une pièce de bois E. De ces bandes, le courant se propage dans le conducteur mis en rapport avec elles.

10. **Effets de la machine de Clarke.** — Le courant induit, développé par l'action d'un aimant, est apte à produire tous les effets qu'on obtient avec la pile. Si l'on met un voltamètre F (fig. 122) en rapport avec l'appareil de Clarke, et que l'on fasse tourner la roue D, de l'hydrogène apparaît dans une éprouvette, de l'oxygène dans l'autre, avec la proportion de deux volumes du premier gaz pour un volume du second, absolument comme lorsqu'on décompose l'eau par un courant voltaïque.

L'interversion du courant induit, tantôt direct, tantôt inverse dans la double bobine, changerait, si des dispositions n'étaient prises, l'ordre électrique des éprouvettes, tour à tour positives ou négatives, de manière que dans chacune il se dégagerait, non de l'hydrogène pur et de l'oxygène pur, mais un mélange des deux gaz. Au moyen de la double virole, qui change l'ordre des communications quand change la direction du courant dans les bobines, le conducteur extérieur est parcouru par un courant de sens invariable, et chaque éprouvette ne reçoit ainsi qu'un seul gaz.

Pour les effets physiologiques, on emploie des bobines à fil très long et fin. A la place des conducteurs qui se rendent au voltamètre dans la figure 122, on met deux fils de cuivre terminés par des poignées métalliques P, P' que l'on saisit avec les mains mouillées d'eau acidulée. On éprouve alors dans les bras, aux articulations surtout, un engourdissement continu. Les secousses deviennent violentes quand on interrompt par intervalles rapides le passage du courant à travers le corps, ce que l'on obtient en faisant toucher et séparant tour à tour les deux poignées. Du reste, un troisième ressort v (fig. 123), ajouté aux deux premiers x et y, permet la

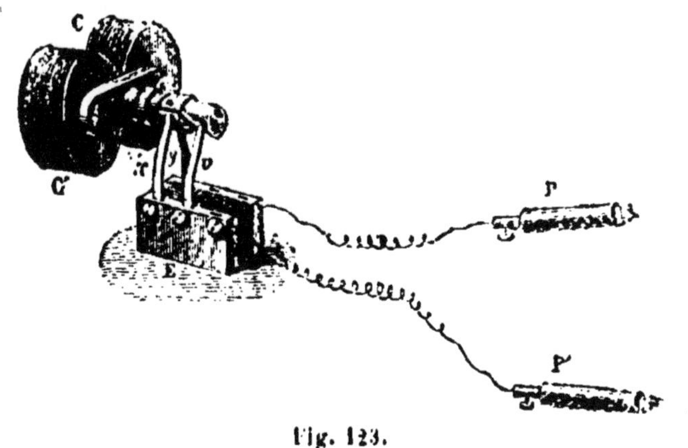

Fig. 123.

dérivation du courant sans cette manœuvre des poignées. A cet effet, chaque demi-virole se continue par un prolongement incrusté dans l'ivoire. Quand la rotation amène au contact de v le prolongement d'une demi-virole, le courant s'établit entre les ressorts x et v, qui présentent moins de résistance que le corps de l'opérateur. Mais quand v touche simplement l'ivoire, le courant n'a d'autre voie que x et y, et, par suite, le corps de l'opérateur. Au moyen de ces reprises et de ces interruptions du passage du courant à travers le corps, la commotion gagne beaucoup en intensité.

Les effets calorifiques et les effets lumineux exigent des

bobines à fil gros et court. Pour obtenir des étincelles, on met du mercure dans une petite capsule métallique *c* (fig. 124) disposée à côté du ressort *x* alors unique. La partie centrale et métallique de l'axe de la double bobine, partie en rapport avec deux bouts homologues et réunis des fils, constitue l'un des pôles de l'appareil. L'autre est formé par la virole sur laquelle s'appuie le ressort *x*. Le premier pôle ou l'axe porte une aiguille métallique *a*, qui, entraînée par la

Fig. 124.   Fig. 125.

rotation, vient de sa pointe effleurer le mercure. Chaque fois que l'effleurement a lieu, une étincelle éclate entre la pointe et le bain mercuriel. Si l'on verse sur le mercure une mince couche d'alcool ou d'éther, l'étincelle en détermine l'inflammation. Enfin, pour faire rougir un fil métallique court et fin, on le dispose entre les deux branches du support *f* (fig. 125).

11. Machine de Ruhmkorff. — La source la plus puissante d'électricité est la machine de Ruhmkorff, dont le principe repose sur les faits décrits au paragraphe 6 de ce chapitre. Un courant inducteur produit par une pile agit sur un fil induit d'une grande longueur. Un faisceau de fils de fer doux ajoute son action à celle du courant inducteur.

Le faisceau de fils de fer (fig. 126) est enveloppé d'un cylindre de carton. Sur ce cylindre s'enroule le fil inducteur, de 2 millimètres de diamètre et d'une quarantaine de mètres de longueur. Ses extrémités sortent à travers deux plaques de verre, terminant de part et d'autre la bobine, et viennent se fixer aux deux colonnes métalliques C et D. Au-dessus du fil inducteur s'enroule le fil induit. Son diamètre est de ¼ de millimètre, sa longueur atteint jusqu'à 10 et même 30 kilomètres ; il fait sur la bobine, avec la première longueur, de 25000 à 30000 tours (1). Ses extrémités traversent la plaque de verre de droite et viennent se relier à deux boutons métalliques F, E, que supportent deux colonnes de verre. Ces deux boutons sont les pôles de l'appareil. C'est là que se fixent les fils conducteurs ou rhéophores f, f' ame-

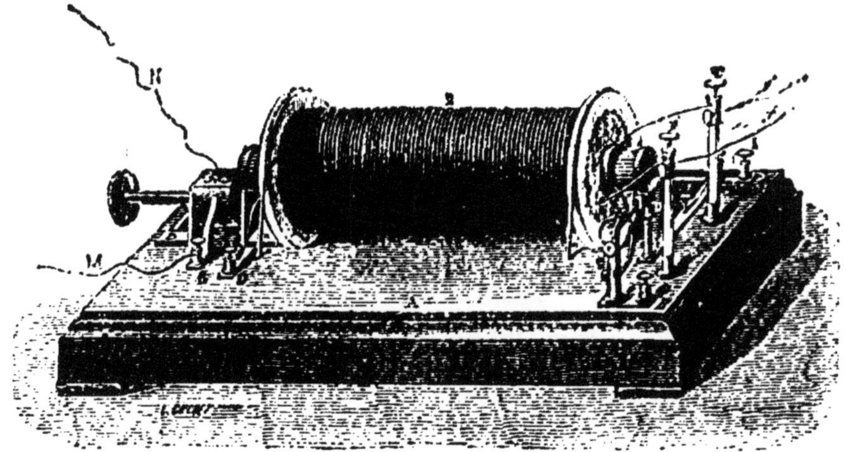

Fig. 126.

nant le courant en tel point que veut l'expérimentateur. L'énorme puissance de cet appareil rend insuffisante l'enveloppe de soie. Pour bien isoler les divers tours, les deux fils sont enveloppés de coton enduit de gomme laque. En outre, les couches successives des fils sont séparées l'une de l'autre par un enduit de poix-résine.

La bobine est complétée par un *commutateur* et un *interrupteur*. Le commutateur a pour effet d'établir ou d'interrompre à volonté la communication avec la pile sans toucher à l'appareil, car il serait très dangereux de laisser fonctionner

(1) Dans les machines les plus puissantes construites par M. Ruhmkorff, le fil induit a 1/10 de millimètre de diamètre et mesure jusqu'à 100 kilomètres de longueur.

la bobine pendant que l'on prépare une expérience. Un attouchement en un moment d'oubli pourrait avoir de graves conséquences. De grandes précautions sont nécessaires avec ce formidable engin d'électricité, et il faut n'oublier jamais d'interrompre le courant inducteur quand l'attention doit se porter autre part. D'autres fois, il s'agit de renverser le sens du courant inducteur. Reprise, interruption, changement de sens, tout cela s'obtient en tournant comme il convient le bouton du commutateur.

12. **Commutateur.** — Sur un cylindre en ivoire, sont fixées deux demi-viroles en laiton A et A' (fig. 127) laissant entre elles une bande d'ivoire libre. L'axe métallique ab est interrompu au milieu. La demi-virole A communique avec

Fig. 127.

la partie postérieure de cet axe au moyen d'un pivot métallique plongeant dans l'épaisseur du cylindre; la demi-virole A' communique de la même manière avec la partie antérieure de l'axe. Deux ressorts en acier se relient de droite et de gauche à une colonne métallique C et touchent tantôt l'ivoire, tantôt les demi-viroles du cylindre. La pile est mise en rapport avec la colonne C et sa pareille de l'autre côté. Si le bouton V est tourné de manière que les ressorts touchent l'ivoire, le courant est interrompu. S'il est tourné de façon que les ressorts touchent les demi-viroles métalliques, le courant passe et se propage à travers les supports du cylindre, qui aboutissent aux colonnes D et B, d'où part le fil inducteur. Vient-on enfin à renverser l'ordre de contact des demi-viroles, le sens du courant est interverti.

Revenons maintenant à la figure 126. Le commutateur étant tourné comme il convient, le courant de la pile qui arrive par le fil M traverse le ressort, la demi-virole en contact avec lui, le support de droite, une bande de cuivre appliquée sur la table de l'appareil et arrive ainsi au fil inducteur D. Il sort de la bobine du côté opposé et arrive à la colonne C. De là, il se propage par le marteau D et par une bande de cuivre fixée sur la table, bande qui se continue derrière l'appareil. Finalement cette bande le conduit au support de gauche du commutateur, à la demi-virole correspondante, au second ressort et au fil N en communication avec ce dernier.

13. **Interrupteur.** — Pour que le courant induit incessamment se reproduise, il faut que le courant inducteur soit soumis à des alternatives rapides de reprise et d'interruption, car, répétons-le encore, le courant induit ne se manifeste qu'au moment où cesse et au moment où recommence le passage du courant inducteur. Ce passage et ce non-passage alternatifs du courant de la pile à travers le fil inducteur sont obtenus au moyen de l'*interrupteur* dont on voit les détails à droite de la figure 126. La bande de cuivre porte un cylindre vertical appelé l'*enclume*. Un *marteau* D en fer doux est mobile à charnière sur la colonne C. Par son propre poids, il vient s'appuyer sur l'enclume. Alors le circuit est fermé, et le courant de la pile passe. Mais sous l'influence de ce courant, le faisceau de fils de fer, dont la tête fait saillie hors de la bobine, s'aimante et attire le marteau de fer doux. Celui-ci se relève donc et vient s'appliquer contre le faisceau. A l'instant, le courant cesse de passer parce que le circuit se trouve interrompu. Le non-passage du courant amène la désaimantation du faisceau de fils de fer, et le marteau retombe par son propre poids. Le circuit est rétabli, le courant passe et les mêmes faits recommencent. Par ces allées et venues rapides entre l'enclume et la tête du faisceau, le marteau ferme ainsi le circuit inducteur et l'interrompt tour à tour. Une vis qui

permet de rapprocher plus ou moins l'enclume règle la rapidité des oscillations du marteau.

14. Effets de la machine de Ruhmkorff. — Si les rhéophores f, f' (fig. 126) sont terminés par des poignées que l'on saisit à pleines mains, une médiocre bobine de Ruhmkorff communiquant avec un ou deux éléments de Bunsen donne des commotions insupportables. Si la bobine est forte, les commotions sont foudroyantes, et il serait plus que téméraire de s'y exposer. Telle de ces machines rivalise de brutale puissance avec la foudre. Pour obtenir des étincelles, on fixe aux pôles deux gros fils de cuivre dont on met les extrémités libres en regard. Avec un fil induit de 100 kilomètres de longueur, les étincelles éclatent à un demi-mètre de distance. Leur fracas est comparable à celui d'une décharge continue d'armes à feu. Une seule serait mortelle. Elles percent des blocs de verre d'un décimètre d'épaisseur. On obtient des effets lumineux admirables en faisant éclater l'étincelle entre les deux boules d'un œuf électrique dans lequel on a fait le vide après y avoir introduit quelques gouttes d'un liquide volatil, alcool, éther, huile de naphte, essence de térébenthine. Une large lueur s'étend d'un bout à l'autre, divisée en couches transversales alternativement brillantes et sombres et dans une continuelle agitation.

FIN.

TABLE DES MATIÈRES

FIN DE LA TABLE DES MATIÈRES.

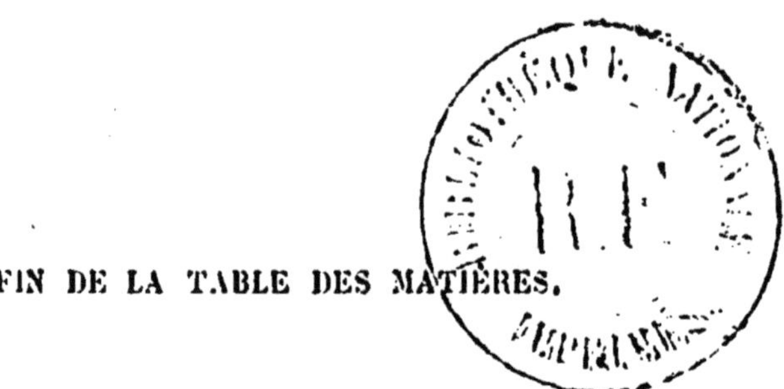

7410-83. — CORBEIL. Typ. et stér. de Crété